嵌入式 Linux 编程与实践教程

王粉花　主编

李　擎　王尚君　栗　辉　编著

U0312058

科学出版社

北　京

内 容 简 介

本书是一部讲述嵌入式 Linux 编程技术并指导实践的教材。全书结合大量应用实例，详细介绍嵌入式 Linux 系统内核、系统管理、编程基础、基于 C 语言的应用编程技术及嵌入式 Linux 系统的设计开发方法。

全书共 10 章，内容包括嵌入式系统概述、嵌入式 Linux 操作系统基础、嵌入式 Linux 编程基础、嵌入式 Linux 文件编程、嵌入式 Linux 进程控制、嵌入式 Linux 进程间通信、嵌入式 Linux 多线程编程、嵌入式 Linux 网络编程、嵌入式 Linux 系统构建、嵌入式 Linux 数据采集系统开发等。其中第 9 章系统介绍开发嵌入式 Linux 系统的方法，包括硬件电路板的设计、交叉编译环境的构建、Bootloader 的移植、嵌入式 Linux 内核的定制与编译等全过程。第 10 章以嵌入式 Linux 数据采集系统为例，详细介绍嵌入式 Linux 应用系统的设计开发过程。

本书可作为高等院校控制类和信息类相关专业嵌入式 Linux 程序设计课程的教材，也可供嵌入式 Linux 技术爱好者和从事嵌入式 Linux 系统设计的开发人员参考使用。

图书在版编目（CIP）数据

嵌入式 Linux 编程与实践教程 / 王粉花主编；李擎，王尚君，栗辉编著.
—北京：科学出版社，2016.3
ISBN 978-7-03-047920-4

Ⅰ．①嵌⋯　Ⅱ．①王⋯ ②李⋯ ③王⋯ ④栗⋯　Ⅲ．①Linux 操作系统
—程序设计—高等学校—教材　Ⅳ．①TP316.89

中国版本图书馆 CIP 数据核字（2016）第 059200 号

责任编辑：潘斯斯　张丽花 / 责任校对：郭瑞芝
责任印制：徐晓晨 / 封面设计：迷底书装

科 学 出 版 社 出版
北京东黄城根北街 16 号
邮政编码：100717
http://www.sciencep.com

北京中科印刷有限公司 印刷
科学出版社发行　各地新华书店经销

*

2016 年 3 月第 一 版　　开本：787×1092　1/16
2019 年 1 月第二次印刷　　印张：18 1/2
字数：439 000

定价：**59.00 元**
（如有印装质量问题，我社负责调换）

前　言

从 20 世纪 70 年代单片机推出开始，嵌入式技术走过了 40 多年的独立发展道路。随着我国城市信息化和行业信息化的持续深入，嵌入式技术已成为信息产业中发展最快、应用最广的计算机技术之一，并被广泛应用于网络通信、消费电子、医疗电子、工业控制和智能交通等领域，可以说嵌入式技术无处不在。与此同时，嵌入式行业以其应用领域广、人才需求大、行业前景好等诸多优势，成为当前最热门的行业之一。相比之下，由于嵌入式领域入门门槛较高、技术较新，国内专业的嵌入式人才比较紧缺。因此，近几年来，各高校纷纷开设嵌入式系统相关课程。

嵌入式操作系统是指用于嵌入式系统的操作系统，是一种用途广泛的系统软件，负责嵌入式系统的全部软硬件资源的分配、任务调度，控制、协调并发活动，能够通过装载某些模块来达到系统所要求的功能。由于 Linux 具有开放源代码、内核小、效率高、适用于多种 CPU 和多种硬件平台等优势，所以 Linux 特别适合作为嵌入式操作系统。

本书结合大量应用实例，详细介绍嵌入式 Linux 系统内核、系统管理、编程基础、基于 C 语言的应用编程技术及嵌入式 Linux 系统的设计开发方法，可供智能科学与技术、自动化、测控技术与仪器、计算机科学与技术、电子科学与技术、通信工程、信息安全、物联网工程等相关专业高年级本科生学习和研究生选用。本书的案例、习题与实践可供教师课堂教学或学生课后自学使用。

本书总体编写思路如下。

第一部分即第 1 章，整体讲述嵌入式系统的定义与特点，分析其应用领域、发展历程与发展趋势，剖析嵌入式系统的组成结构，重点阐述各种主流嵌入式操作系统的发展历程、应用现状及特点。

第二部分共两章，详细介绍嵌入式 Linux 内核结构、系统管理及编程基础。其中第 2 章分析嵌入式 Linux 内核结构和文件结构，结合操作实例详细介绍嵌入式 Linux 系统配置过程和基本操作命令的使用方法；第 3 章论述嵌入式 Linux 编程基础，重点介绍 GCC 编译器、GDB 程序调试器及 Makefile 工程管理，为嵌入式 Linux 程序设计打下基础。

第三部分共五章，详细论述嵌入式 Linux 基于 C 语言的编程技术。其中第 4 章为嵌入式 Linux 文件编程，首先介绍虚拟文件系统、Linux 文件类型、文件系统组成及文件描述符，然后详细介绍基于 Linux 操作系统的基本文件 I/O 操作和基于 C 语言库函数的标准 I/O 操作的编程方法，包括文件的打开、关闭、读写及定位等编程技术，最后介绍 Linux 时间编程，包括时间的获取、转换、显示及延时等编程技术；第 5 章为嵌入式 Linux 进程控制，首先介绍进程控制理论基础，包括进程定义、进程特点、进程状态、进程 ID、进程互斥、临界资源与临界区、进程同步、进程调度及调度算法、死锁等概念和方法，然后详细介绍进程控制编程技术；第 6 章为嵌入式 Linux 进程间通信，在介绍进程通信目的、发展历程及分类的基础上，详细介绍管道通信、信号通信、共享内存通信、消息队列通信及信号量通信的编程技术；第 7 章为嵌入式 Linux 多线程编程，详细介绍线程设计、线程属性及线程数据处理的编程方法；第 8 章为嵌入式 Linux 网络编程，首先介绍网络模型、TCP/IP 协议族、套接字、网络地址、字节序等相关概念，然后详细介绍基于套接字的编程方法，最后重点介绍基于 TCP 的网络程序设计技术和基于 UDP 的网络程序设计技术。

第四部分共两章，详细介绍在 ARM9 2440 嵌入式开发板上搭建嵌入式 Linux 系统，并设计开发一个嵌入式 Linux 应用系统的全过程。其中第 9 章为嵌入式 Linux 系统构建，讲述 ARM9 2440 目标板硬件构建和嵌入式系统开发环境搭建方法，包括目标板硬件电路设计、宿主机开发环境搭建和基础软件移植等技术；第 10 章以一个嵌入式 Linux 数据采集系统为例，讲述嵌入式 Linux 应用系统的开发过程。

本书在仔细梳理嵌入式 Linux 系统所涵盖主要编程技术的基础上，理出一条学习编程的循序渐进的路线，并详细阐述了其中的关键技术。作为教材，本书具有以下特色。

（1）知识点由浅入深，内容融会贯通。首先介绍嵌入式系统相关概念和主流嵌入式操作系统，剖析嵌入式 Linux 内核结构，讲述嵌入式 Linux 系统管理方法及编程基础，可以引导读者学会 Linux 系统配置、基本操作命令、GCC 编译器和 GDB 调试器应用及 Makefile 工程管理等技术。在此基础上，论述嵌入式 Linux 基于 C 语言的编程技术，涉及文件编程、进程控制、进程间通信、多线程编程及网络编程等技术，可以使读者掌握 Linux 平台上 C 语言编程的核心知识和技术；最后部分可使读者学会在 ARM9 2440 嵌入式开发板上搭建嵌入式 Linux 系统的方法，进一步开发出一个嵌入式 Linux 应用系统。知识点分布既有连续性，又有一定的跨越性，可满足不同层次教学的需求。

（2）案例丰富，面向实际应用。针对每一个知识点，本书都设计了相应的编程案例，便于读者学以致用。

（3）实践指导贯穿全书。本书既可以作为理论教学用教材，也可以作为实践教学用教材。

（4）例题、习题齐全，方便教学。在总结作者多年教学经验的基础上，本书编排了丰富的例题和习题，非常适合教学和自学。

本书由王粉花主编，负责制定本书编写大纲、指导文字写作和组织工作，栗辉负责全书的统稿工作。王粉花编写了第 1~8 章；李擎编写了第 9 章；王尚君和栗辉编写了第 10 章。

本教材的编写和出版得到了北京科技大学"十二五"教材建设经费的资助。由于作者水平有限，书中难免存在不足之处，敬请广大读者批评指正。作者的电子信箱是：wangfenhua@ustb.edu.cn。

王粉花

2015 年 12 月于北京科技大学

目　　录

第1章 绪 论

嵌入式系统的应用已涉及生产、工作、生活各个方面。从家用电子电器产品中的冰箱、洗衣机、电视、微波炉到 MP3、DVD；从轿车控制到火车、飞机的安全防范；从手机、电话到 PDA；从医院的 B 超、CT 到核磁共振器；从机械加工中心到生产线上的机器人、机械手；从航天飞机、载人飞船到水下核潜艇，到处都有嵌入式系统和嵌入式技术的应用。嵌入式技术无所不在，嵌入式技术和设备的应用在我国国民经济和国防建设的各个方面存在着广泛的应用，有着巨大的市场。可以说它是信息技术的一个新的发展，是信息产业的一个新亮点，也是当前最热门的技术之一。

1.1 嵌入式系统概述

1.1.1 嵌入式系统定义与特点

1. 嵌入式系统的定义

按照历史性、本质性、普遍性要求，嵌入式系统应定义为：嵌入到对象体系中的专用计算机系统。"嵌入性""专用性"与"计算机系统"是嵌入式系统的三个基本要素。对象系统是指嵌入式系统所嵌入的宿主系统。

根据 IEEE（电气和电子工程师协会）的定义，嵌入式系统是"控制、监视或者辅助装置、机器和设备运行的装置"（devices used to control, monitor, or assist the operation of equipment, machinery or plants）。从中可以看出嵌入式系统是软件和硬件的综合体，还可以涵盖机械等附属装置。

目前国内一个普遍被认同的定义是：以应用为中心，以计算机技术为基础，软硬件可裁剪，适应应用系统对功能、可靠性、成本、体积、功耗严格要求的专用计算机系统。它一般由嵌入式微处理器、外围硬件设备、嵌入式操作系统以及用户的应用程序四部分组成，用于实现对其他设备的控制、监视或管理等功能。

2. 嵌入式系统的特点

从上面的定义可以看出，嵌入式系统具有以下几个重要特征。

(1) 系统内核小。由于嵌入式系统一般应用于小型电子装置，系统资源相对有限，所以其内核比传统的操作系统要小得多。例如，Enea 公司的 OSE 分布式系统，内核只有 5KB，而 Windows 的内核有几吉字节，真是天壤之别。

(2) 专用性强。嵌入式系统的个性化很强，其中的软件系统和硬件的结合非常紧密，一般进行的针对硬件系统的移植，即使在同一系列的产品中也需要根据系统硬件的变化不断进行修改，这种修改和通用软件的升级是完全不同的两个概念。

(3) 系统精简。嵌入式系统一般没有系统软件和应用软件的明显区分，不要求其功能设计及实现上过于复杂，这样既有利于控制系统成本，也有利于实现系统安全。

（4）高实时性的系统软件（OS）。嵌入式软件一般具有较高的实时性，并对软件代码的质量和可靠性有较高要求。

（5）嵌入式软件开发要想走向标准化，就必须使用多任务的操作系统。为了合理地调度多任务，利用系统资源、系统函数以及和专家库函数接口，用户必须自行选配 RTOS（Real Time Operating System），这样才能保证程序执行的实时性、可靠性，并缩短开发时间，保证软件质量。

（6）嵌入式系统开发需要采用交叉编译的方式。由于宿主机和目标机的体系结构不同，在宿主机（如 X86 平台）上可以运行的程序在目标机（如 ARM 平台）上无法运行，因此嵌入式软件开发采用交叉编译方式在一个平台上生成可以在另一个平台上执行的代码。编译最主要的工作就是将程序转化成运行该程序的 CPU 所能识别的机器代码。进行交叉编译的主机称为宿主机，也就是普通的通用计算机，宿主机系统资源丰富，方便使用各种集成开发环境和调试工具等。程序实际运行的环境称为目标机，也就是嵌入式系统环境。

1.1.2 嵌入式系统应用领域

嵌入式系统无疑是当前最热门、最有发展前途的 IT 应用领域之一。嵌入式系统用在一些特定专用设备上，通常这些设备的硬件资源（如处理器、存储器等）非常有限，并且对成本很敏感，有时对实时响应要求很高。特别是随着消费家电的智能化，嵌入式系统更显重要。像我们平常见到的手机、PDA、电子字典、可视电话、VCD/DVD/MP3 Player、数字相机（DC）、数字摄像机（DV）、机顶盒（Set Top Box）、高清电视（HDTV）、游戏机、智能玩具、交换机、路由器、数控设备或仪表、汽车电子、家电控制系统、医疗仪器、航天航空设备等都是典型的嵌入式系统。

2013～2014 年度的行业调查数据显示，目前嵌入式产品应用最多的三大领域依然是工业控制、消费电子与通信设备，所占比例分别是 25%、17% 和 13%，三大领域所占比例之和为 55%，跟 2012 年的情况基本持平。而占据 9% 的"其他"一项选择中，参与调查者主要选择的是电力设备、智能电网、物联网、仪器仪表、教育等行业。我们有理由相信，这些都充分表明，未来嵌入式系统将会走进 IT 产业的各个领域，成为推动整个产业发展的核心中坚力量。

当前，人类处在数字信息技术和网络技术高速发展的后 PC 时代，国内外的嵌入式系统已经广泛应用到各个行业、各个学科以及人们的日常生活中。放眼全球，手机、互联网、智能家电、智能交通等嵌入式移动互连已经在世界的各个角落得以应用。在现如今的物联网时代，嵌入式系统又面临着新的机遇。

1. 工业控制

嵌入式系统的发展提高了工业控制的自动化程度。随着精密仪器、高精尖技术、生产工艺技术等方面的发展，系统中控制任务可能越来越多且越来越复杂，信息处理往往要经过复杂的算法，因此对嵌入式系统的性能要求越来越高，要求嵌入式系统具有更高的处理能力、更高的可靠性和更强的实时性。

2. 消费电子

嵌入式系统正在越来越广泛地应用于消费电子产品领域，并为之带来了更高的附加值。

如人们日常使用的智能手机、数字电视、便携式多媒体播放器、数码相机、数码相框、可视电话等，嵌入式技术正在人们的生活中占据着越来越重要的地位。在近几年的消费电子产业保持良好的增长势头中，创新成为产业持续高速发展的源动力，是带动和促进消费电子产业升级和产业融合的增长引擎。由 3D 打印、4G 手机、可穿戴设备、曲面超高清电视等更是掀起了消费电子产品创新的热潮。而嵌入式技术成为了创新的主要手段。

3. 网络通信设备

网络通信设备中，嵌入式系统发挥了重要的作用。路由器内部可以划分为控制平面和数据通道，数据通道的主要任务就是数据转发，对于软件转发式路由器来说，系统中的 CPU 中一定要有一个操作系统来完成一定的工作才能实现软件转发功能。由于路由器的功能相对单一，主要工作就是数据转账，因此嵌入式系统最能适应其工作。在市场份额方面，路由器和交换机占了绝对的比例。2013 年，全球电信级路由器和交换机市场创下销售新纪录，总额达到 400 亿美元。

4. 汽车电子

嵌入式系统在汽车电子中的应用可以分为 3 个阶段：底层的汽车 SCM(Single Chip Microcomputer) 系统主要用于任务相对简单、数据处理量小和实时性要求不高的控制场合，如雨刷、车灯系统、仪表盘及电动门窗等；第二代汽车嵌入式系统能够完成简单的实时任务，目前在汽车电控系统中得到了最广泛的应用，如 ABS 系统、智能安全气囊、主动悬架及发动机管理系统等；第三代汽车 SOC 系统是嵌入式技术在汽车电子上的高端应用，满足了现代汽车电控系统功能不断扩展、逻辑渐趋复杂、子系统间通信频率不断提高的要求，代表着汽车电子技术的发展趋势，汽车嵌入式 SOC 系统主要应用在混合动力总成、底盘综合控制、汽车定位导航、车辆状态记录与监控等领域。

5. 军工电子

在 20 世纪 60 年代，武器控制中就开始采用嵌入式计算机系统，后来用于军事指挥控制和通信系统，所以军事国防历来就是嵌入式系统的一个重要应用领域。现在各种武器控制(如火炮控制、导弹控制、智能炸弹制导引爆装置)、坦克、舰艇、轰炸机等，陆海空各种军用电子装备、雷达、电子对抗军事通信装备、野战指挥作战用各种专用设备等都可以看到嵌入式系统的影子。应用嵌入式技术的武器在伊拉克战争中就曾经被广泛使用。

6. 信息家电

从技术方式上讲，信息家电是将数字技术和网络技术集成在电冰箱、洗衣机等传统家用电器上。世界各大厂商也正提出许多有关智能家居的解决方案，但业界还没有形成统一的标准，各国正在研究适合本国国情的智能家居系统。而现代嵌入式系统的发展，正好能以低成本、快速的方式满足这些需求。

7. 医疗设备

近年来，越来越多的高科技手段开始运用到医疗仪器的设计中。心电图、脑电图等生理参数检测设备、各种类型的监护仪器、超声波、X 射线成影设备、核磁共振仪器以及各式各样的物理治疗仪都开始在各地医院广泛使用。从庞大的要占用一整间房的核磁共振成像扫描仪到便携式和手持仪器，再到如心脏起搏器等植入式设备都采用嵌入式系统。

另外，医疗仪器作为一个特殊的行业，又要求设备能够达到更高级别的环保要求。如何进一步智能化、专业化、小型化，同时做到低功耗、零污染，将会是一个无止境的追求过程，这为嵌入式系统在医疗仪器中的应用提供了更广阔的天地和更高的要求。

8. 航空航海

在航空航海领域，嵌入式系统可以作为火箭发射的主控系统，可以作为卫星信号测控系统，可以是飞机上的飞控系统，也可以做成瞄准系统，还可以作为水下航行器的控制系统。例如，小型水下航行器嵌入式控制系统可用于探测海底地貌和资源，采集信息和数据处理等，而且能对航行器的姿态、航速、航深及航行路线进行自动控制。

1.1.3　嵌入式系统发展历程与发展趋势

嵌入式系统的出现最初是基于单片机的。从 20 世纪 70 年代单片机出现到今天各式各样的嵌入式微控制器、微处理器的大规模应用，嵌入式系统少说也有近 40 年的历史。纵观嵌入式系统的发展历程，大致经历了以下四个阶段。

1. 无操作系统阶段

嵌入式系统最初的应用是基于单片机的，大多以可编程控制器的形式出现，具有监测、伺服、设备指示等功能，通常应用于各类工业控制、家电、汽车电子和武器装备中，一般没有操作系统的支持，只能通过汇编语言对系统进行直接控制。这些装置已经初步具备了嵌入式的应用特点，但是这时的应用只是使用 8 位的芯片，执行一些单线程的程序，还谈不上系统的概念。

这个阶段嵌入式系统的主要特点是：系统结构和功能相对单一，处理效率较低，存储容量较小，几乎没有用户接口。由于这种嵌入式系统功能简单、价格低廉，因而在工业控制领域得到了十分广泛的应用。

2. 简单操作系统阶段

20 世纪 80 年代，随着微电子工艺水平的不断提高，集成电路制造商开始把嵌入式应用中所需要的微处理器、I/O 接口、串行接口以及 RAM、ROM 等部件全部集成到一片超大规模集成电路中，制造出面向 I/O 设计的微控制器，并一举成为嵌入式系统领域中异军突起的新秀。与此同时，嵌入式系统的程序员开始用商业级的操作系统编写嵌入式应用软件，这使得可以获取更短的开发周期、更低的开发资金和更高的开发效率，出现了真正意义上的嵌入式系统。确切地说，这个时候的操作系统是一个实时核，这个实时核包含了许多传统操作系统的特征，包括任务管理、任务间通信、同步与互斥、中断支持、内存管理等功能。其中有代表性的有 Ready System 公司的 VRTX、ISI(Integrated System Incorporation) 的 PSOS、IMG 的 VxWorks、QNX 公司的 QNX 等。这些嵌入式操作系统都具有嵌入式的典型特点：它们均采用占先式调度，响应时间很短，任务执行时间可以确定，实时性较强；系统内核很小，可裁剪、扩充和移植，并且能够移植到各种不同体系架构的微处理器上；可靠性高，适合于嵌入式应用。这些嵌入式实时多任务操作系统的出现，扩大了应用开发人员的开发范围，同时使嵌入式系统有了更为广阔的应用空间。

这个阶段嵌入式系统的主要特点是：出现了大量可靠性高、功耗低的嵌入式 CPU(如 PowerPC 等)，各种简单的嵌入式操作系统开始出现并得到迅速发展。相应的嵌入式操作系统虽然比较简单，但已经初步具备了一定的兼容性和扩展性，内核精巧且效率高，主要用来控制系统负载和监控应用程序的运行。

3. 实时操作系统阶段

20 世纪 90 年代，在分布式控制、柔性制造、数字化通信和信息家电等巨大需求的引领下，嵌入式系统进一步飞速发展，面向实时信号处理算法的 DSP 产品向着高速、高精度、低功耗的方向发展。随着硬件实时性要求的提高，嵌入式系统的软件规模也不断扩大，逐渐形成了实时多任务操作系统，并开始成为嵌入式系统的主流。

这时候更多的公司看到了嵌入式系统的广阔发展前景，开始大力发展自己的嵌入式操作系统，出现了 Palm OS、WinCE、嵌入式 Linux、Lynx、Nucleux，以及国内的 Hopen、DeltaOs 等嵌入式操作系统。

这个阶段嵌入式系统的主要特点是：操作系统的实时性得到了很大改善，已经能够运行在各种不同类型的微处理器上，具有高度的模块化和扩展性。此时的嵌入式操作系统已经具备了文件和目录管理、设备管理、多任务、网络、图形用户界面等功能，并提供了大量的应用程序接口，从而使得应用软件的开发变得更加简单。

4. 面向 Internet 阶段

近年来，随着通信技术、网络技术和半导体技术的飞速发展，Internet 技术正在逐渐向工业控制和嵌入式系统设计领域渗透，嵌入式系统的设计步入了崭新的时代。实现 Internet 互连是当前嵌入式系统发展的重要方向，通过为现有嵌入式系统增加 Internet 接入能力来扩展其功能，使得家用电器、工业控制装置或仪器、安全监控系统、汽车电子等各种智能设备的 Internet 互连成为可能。

嵌入式技术与 Internet 技术的结合正推动着嵌入式技术的飞速发展，嵌入式系统的研究和应用产生了显著变化，这个阶段嵌入式系统的主要特点如下。

(1)新的微处理器层出不穷，嵌入式操作系统自身结构的设计更加便于移植，能够在短时间内支持更多的微处理器。

(2)嵌入式系统的开发成了一项系统工程，开发厂商不仅要提供嵌入式软硬件系统本身，还要提供强大的硬件开发工具和软件支持包。

(3)通用计算机上使用的新技术、新观念开始逐步移植到嵌入式系统中，如嵌入式数据库、移动代理、实时 CORBA 等，嵌入式软件平台得到进一步完善。

(4)各类嵌入式 Linux 操作系统迅速发展，由于具有源代码开放、系统内核小、执行效率高、网络结构完整等特点，很适合信息家电等嵌入式系统的需要，目前已经形成了能与 Windows CE、Palm OS 等嵌入式操作系统进行有力竞争的局面。

(5)网络化、信息化的要求随着 Internet 技术的成熟和带宽的提高而日益突出，以往功能单一的设备(如电话、手机、冰箱、微波炉等)功能不再单一，结构变得更加复杂，网络互连成为必然趋势。

未来嵌入式系统的主要发展趋势有以下几方面。

(1)小型化、智能化、网络化、可视化。随着电子技术、网络技术的发展和人们生活需求的不断提高，嵌入式设备(尤其是消费类产品)正朝着小型化、便携式和智能化的方向发展，如目前的上网本、MID(移动互联网设备)、便携投影仪等。对嵌入式而言，可以说已经进入了嵌入式 Internet 时代(有线网、无线网、广域网、局域网的组合),嵌入式设备和 Internet 的紧密结合更为人们的日常生活带来了极大的方便。嵌入式设备功能越来越强大,未来冰箱、洗衣机等家用电器都将实现网上控制;异地通信、协同工作、无人操控场所、安全监控场所等的可视化也已经成为现实,而且随着网络运载能力的提升,可视化将得到进一步完善。人工智能、模式识别技术也将在嵌入式系统中得到应用,使得嵌入式系统更加人性化、智能化。

(2)多核技术的应用。人们需要处理的信息越来越多,这就要求嵌入式设备运算能力更强,因此需要设计出更强大的嵌入式处理器,多核技术处理器在嵌入式中的应用将更为普遍。

(3)低功耗、绿色环保。在嵌入式系统的硬件和软件设计中都在追求更低的功耗,以求嵌入式系统能获得更长的可靠工作时间,如手机的通话和待机时间、MP3 听音乐的时间等。同时,绿色环保型嵌入式产品将更受人们的青睐,在嵌入式系统设计中也会更多地考虑辐射和静电等问题。

(4)云计算、可重构、虚拟化等技术被进一步应用到嵌入式系统中。简单地讲,云计算是将计算分布在大量的分布式计算机上,这样只需要一个终端,就可以通过网络服务来实现需要的计算任务,甚至是超级计算任务。云计算(Cloud Computing)是分布式处理(Distributed Computing)、并行处理(Parallel Computing)和网格计算(Grid Computing)的发展,在未来几年里,云计算将得到进一步的发展与应用。

可重构性是指在一个系统中,其硬件模块或(和)软件模块均能根据变化的数据流或控制流对系统结构和算法进行重新配置(或重新设置)。可重构系统最突出的优点就是能够根据不同的应用需求改变自身的体系结构,以便与具体的应用需求相匹配。

虚拟化是指计算机软件在一个虚拟的平台上而不是在真实的硬件上运行。虚拟化技术可以简化软件的重新配置过程,易于实现软件的标准化。其中 CPU 的虚拟化可以实现单 CPU 模拟多 CPU 并行运行,允许一个平台同时运行多个操作系统,并且都可以在相互独立的空间内运行而互不影响,从而提高工作效率和安全性。虚拟化技术是降低多内核处理器系统开发成本的关键。虚拟化技术是未来几年最值得期待和关注的关键技术之一。

(5)嵌入式软件开发平台化、标准化、系统可升级、代码可复用将更受重视。嵌入式操作系统将进一步开放、开源、标准化、组件化。嵌入式软件开发平台化也将是今后的一个趋势,越来越多的嵌入式软硬件行业标准将出现,最终的目标是使嵌入式软件开发简单化,这也是一个必然规律。同时随着系统复杂度的提高,系统可升级和代码复用技术在嵌入式系统中得到更多应用。另外,因为嵌入式系统采用的微处理器种类多,且不够标准,所以在嵌入式软件开发中将更多地使用跨平台的软件开发语言与工具。目前,Java 语言正在被越来越多地应用到嵌入式软件开发中。

(6)嵌入式系统软件将逐渐 PC 化。移动互联网的发展,将进一步促进嵌入式系统软件 PC 化。如前所述,结合跨平台开发语言的广泛应用,未来嵌入式软件开发的概念将被逐渐淡化,也就是说,嵌入式软件开发和非嵌入式软件开发的区别将逐渐减小。

(7)融合趋势。嵌入式系统软硬件融合、产品功能融合、嵌入式设备和互联网的融合趋势加剧。嵌入式系统设计中软硬件结合将更加紧密,软件将是其核心。消费类产品将在运算能力和便携方面进一步融合。传感器网络的迅速发展,将极大地促进嵌入式技术和互联网技术的融合。

(8)安全性。随着嵌入式技术和互联网技术的结合发展,嵌入式系统的信息安全问题日益凸显,保证信息安全也成为嵌入式系统开发的重点和难点。

1.1.4 嵌入式系统组成

嵌入式系统结构分为五层，即硬件层、驱动层、操作系统层、中间件层和应用软件层，如图 1-1 所示。

应用软件层
中间件层
操作系统层
驱动层
硬件层

图 1-1 嵌入式系统结构

1. 硬件层

硬件层是嵌入式系统的基础。嵌入式系统硬件层一般包括嵌入式处理器、存储器(SDRAM、ROM、Flash 等)、I/O 接口(A/D、D/A、串口、并口、USB 口等)、输入/输出设备(键盘、LCD 等)和系统总线。

1) 嵌入式处理器

嵌入式处理器是嵌入式系统硬件层的核心部件，分为嵌入式微控制器(Embedded Microcontroller Unit, EMCU)、嵌入式 DSP 处理器(Embedded Digital Signal Processor, EDSP)、嵌入式微处理器(Embedded Micro Processor Unit，EMPU)和嵌入式片上系统(Embedded System on Chip，ESoC)等几类。

(1) 嵌入式微控制器。嵌入式微控制器是将整个计算机系统集成到一个芯片中，芯片内部集成 ROM/E^{2}PROM、RAM、总线、总线逻辑、定时器/计数器、看门狗、I/O、串行口、脉宽调制输出、A/D、D/A、Flash RAM 等各种必要的功能和外设，由于其片上外设资源比较丰富，适合于控制，故称微控制器，其典型代表是单片机。

嵌入式微控制器的最大特点是单片化、体积小、功耗和成本低、可靠性高，比较有代表性的包括 51 系列、AVR 系列、PIC16 系列等。EMCU 目前仍然被广泛应用，并占嵌入式系统约 70%的市场份额。

(2) 嵌入式 DSP 处理器。嵌入式 DSP 处理器是用于信号处理方面的专用处理器，由于其在系统结构和指令算法方面进行了特殊设计，因而具有很高的编译效率和指令执行速度，并在数字滤波、FFT、谱分析等各种仪器上得到广泛应用。

最为广泛应用的是 TI 的 TMS320C2000/C5000/C6000 系列，另外如 Intel 的 MCS-296 和 Siemens 的 TriCore 也有各自的应用范围。EDSP 的应用趋势是和微处理器的融合，如 TI 的 OMAP3630(用于 MOTO ME525+手机)，就是把一个 ARM 的 Cortex A8 内核和一个 DSP 内核 C64X 集成在一个芯片上，同时意味着控制和数字信号的结合。

(3) 嵌入式微处理器。嵌入式微处理器是由通用计算机中的 CPU 演变而来的。在应用设计中，将嵌入式微处理器装配在专门设计的电路板上，只保留和嵌入式应用有关的母版功能，这样可以大幅度减小系统体积和功耗。为了满足嵌入式应用的特殊要求，嵌入式微处理器虽然在功能上和标准微处理器基本是一样的，但在工作温度、抗电磁干扰、可靠性等方面一般都作了各种增强设计。

嵌入式微处理器的体系主要取决于它所采用的存储结构和指令系统。有很多种不同的嵌入式微处理器体系，即使是在同一体系中也可能具有不同的时钟速度和总线数据宽度，集成不同的外部接口和设备。据不完全统计，目前全世界嵌入式微处理器的品种数量已经超过千种，有几十种嵌入式微处理器体系，主流的体系包括 ARM、MIPS、PowerPC、X86 等。

(4) 嵌入式片上系统。嵌入式片上系统指的是在单个芯片上集成一个完整的系统，对所有或部分必要的电子电路进行包分组的技术。SoC 追求系统最大限度的集成，其最大特点是在单一芯片中实现软硬件的无缝结合，直接在芯片内实现 CPU 内核并嵌入操作系统模块。此外，它还根据应用需要集成了许多功能模块，包括 CPU 内核(ARM、MIPS、DSP 或其他微处理器核心)、通信接口单元(USB、TCP/IP、GPRS、GSM、IEEE 1394、蓝牙)，以及其他功能模块等。SoC 是与其他技术并行发展的，如绝缘硅(SoI)，它可以提供增强的时钟频率，从而降低微芯片的功耗。SoC 在声音、图像、影视、网络及系统逻辑等应用领域中发挥着重要作用。

SoC 运用 VHDL 等硬件描述语言实现，而不需要再像传统的系统设计一样，绘制庞大而复杂的电路板，不再需要一点点地焊接导线和芯片，只需要使用准确的语言并综合时序设计，直接在器件库中调用各种事先准备好的模块电路(标准)，然后通过仿真就可以直接交付芯片厂商进行规模化的生产。

SoC 具有功耗低、体积小、系统功能灵活、运算速度高、成本低等优势，创造了巨大的产品价值与市场需求，是嵌入式系统将来的发展趋势。

2)存储器

存储器用来存放代码和数据。嵌入式系统的存储器包含高速缓冲存储器(Cache)、主存和辅助存储器。

(1)高速缓冲存储器(Cache)。Cache 是介于微处理器和主存储器之间的高速小容量存储器，由静态存储芯片(SRAM)组成，容量比较小，但速度比主存高得多，接近于微处理器的速度。它和主存储器一起构成一级存储器，Cache 和主存储器之间信息的调度和传送是由硬件自动进行的。在需要进行数据读取操作时，微处理器尽可能地从 Cache 中读取数据，而不是从主存中读取，这样就大大改善了系统的性能，提高了微处理器和主存之间的数据传输速率。

Cache 的主要目标就是：减小存储器(如主存和辅助存储器)给微处理器内核造成的存储器访问瓶颈，使处理速度更快，实时性更强。

在嵌入式系统中，Cache 全部集成在嵌入式微处理器内，可分为数据 Cache、指令 Cache 或混合 Cache，Cache 的大小依不同处理器而定。一般中高档的嵌入式微处理器才会把 Cache 集成进去。

(2)主存。主存即内存，是嵌入式微处理器能直接访问的寄存器，用来存放系统和用户的程序及数据。它可以位于微处理器的内部或外部，其容量为 256KB~1GB，根据具体应用而定，一般片内存储器容量小、速度快，片外存储器容量大。

常用作主存的存储器有以下几种类型。

ROM 类：NOR Flash、EPROM 和 PROM 等。

RAM 类：SRAM、DRAM 和 SDRAM 等。

其中，NOR Flash 凭借其可擦写次数多、存储速度快、存储容量大、价格便宜等优点，在嵌入式领域得到了广泛应用。

(3)辅助存储器。辅助存储器即外存，用来存放大数据量的程序代码或信息，其特点是存储容量大，但读取速度与主存相比就慢很多，用来长期保存用户的信息。

嵌入式系统中常用的外存有硬盘、NAND Flash、CF 卡、MMC 和 SD 卡等。

3)I/O 接口与 I/O 设备

嵌入式处理器需要和外界交互信息，I/O 接口正是沟通嵌入式处理器和 I/O 设备之间的媒介和桥梁，I/O 接口通过和片外其他设备或传感器连接来实现微处理器与外部设备的信息交互功能。I/O 设备的种类很多，可从一个简单的串行通信设备到非常复杂的 802.11 无线设备。

目前嵌入式系统中常用的外设接口有通用输入/输出口、定时器、中断控制器、PWM 输出口、A/D 转换口、D/A 转换口、RS-232 接口（串行通信接口）、Ethernet（以太网接口）、USB（通用串行总线接口）、音频接口、LCD 控制接口、I²C（现场总线）、SPI（串行外围设备接口）和 IrDA（红外线接口）等。

4）系统总线

（1）总线概念。总线是 CPU 与存储器和设备通信的机制，是计算机各部件之间传送数据、地址和控制信息的公共通道。

总线按照相对于 CPU 的位置分为片内总线和片外总线。片内总线即内部总线，用来连接 CPU 内部各主要功能部件，是 CPU 内部的寄存器、算术逻辑部件、控制部件以及总线接口部件之间的公共信息通道；片外总线泛指 CPU 与外部器件之间的公共信息通道，是 CPU 与存储器（RAM 和 ROM）和 I/O 接口之间进行信息交换的通道，通常所说的总线大多是指片外总线。几乎所有的总线都要传输三类信息：数据、地址和控制/状态信号。相应地，每一种总线都可认为是由数据总线、地址总线和控制总线构成。

（2）总线的性能指标。总线的性能指标有总线位宽、总线频率及总线带宽。总线位宽指的是总线能同时传送的二进制数据的位数，或数据总线的位数，即常说的 16 位、32 位、64 位等总线宽度的概念，例如，32 位总线能够同时传送 32 位二进制数据。总线频率即总线的时钟频率，以 MHz 为单位，它是指用于协调总线上的各种操作的时钟信号的频率，是衡量总线工作速度的一个重要参数，工作频率越高，表明总线工作速度越快。总线带宽又称总线的数据传送率，是指在单位时间内总线上传送的数据量，可用每秒最大传送的数据量来衡量，单位是字节/秒（B/s）或兆字节/秒（MB/s）。总线带宽越大，传输速率越高。与总线密切相关的两个因素是总线位宽和总线频率，它们之间的关系是：总线带宽＝（总线位宽/8）×总线频率。例如，总线宽度为 32 位，频率为 66MHz，则总线带宽＝(32/8)×66MHz = 264MB/s。

总线宽度、总线频率、总线带宽三者之间的关系就像高速公路上的车道数、车速和车流量的关系。车流量取决于车道数和车速，车道数越多、车速越快，车流量越大。同样，总线带宽取决于总线宽度和总线频率，总线宽度越宽，总线频率越高，则总线带宽越大。当然，单方面提高总线宽度或总线频率都只能部分提高总线带宽，并容易达到各自的极限。只有两者配合才能使总线带宽得到更大的提升。

（3）总线结构。嵌入式系统的体系结构常采用比较复杂的多总线结构，如图 1-2 所示。

ARM 研发的 AMBA（Advanced Microcontroller Bus Architecture）提供了一种特殊的机制，可将 RISC 处理器集成在其他 IP 芯核和外设中，2.0 版 AMBA 标准定义了三组总线：AHB（Advanced High-performance Bus）、ASB（Advanced System Bus）和 APB（Advanced Peripheral Bus）。

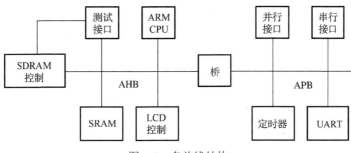

图 1-2 多总线结构

AHB 用于高性能系统模块的连接，支持突发模式数据传输和事务分割；可以有效连接处理器、片上和片外存储器，支持流水线操作。ASB 是第一代 AMBA 系统总线，同 AHB 相比，它数据宽度要小一些，支持的典型数据宽度为 8 位、16 位、32 位，可由 AHB 替代。APB 用于较低性能外设的简单连接，一般是接在 AHB 或 ASB 系统总线上的第二级总线，通过桥和 AHB/ASB 相连，它主要是为了满足不需要高性能流水线接口或不需要高带宽接口设备的互连，APB 的总线信号经改进后全部和时钟上升沿相关。

桥将来自 AHB/ASB 的信号转换为合适的形式，以满足挂在 APB 上的设备的要求。桥要负责锁存地址、数据以及控制信号，同时要进行二次译码以选择相应的 APB 设备。

2. 驱动层

驱动层是嵌入式系统中介于硬件与操作系统之间不可或缺的重要部分，它为操作系统层提供了设备的操作接口。使用任何外部设备都需要有相应的驱动程序支持，目的是使上层软件不必理会硬件设备的具体内部操作，只需调用驱动层程序提供的接口即可。驱动层一般包括硬件抽象层、板级支持包和设备驱动程序。

1) 硬件抽象层

硬件抽象层 (Hardware Abstraction Layer，HAL) 是位于操作系统内核与硬件电路之间的接口层，本质上就是一组对硬件进行操作的 API，其作用是将硬件抽象化。也就是说，可通过程序来控制所有硬件电路 (如 CPU、I/O、存储器等) 的操作。这样就使得系统的设备驱动程序与硬件设备无关，即隐藏了特定平台的硬件接口细节，为操作系统提供了虚拟硬件平台，从而大大提高了系统的可移植性。从软硬件测试的角度来看，软硬件的测试工作都可分别基于硬件抽象层来完成，使得软硬件测试工作的并行进行成为可能。在定义抽象层时，需要规定统一的软硬件接口标准，设计工作需要基于系统需求来做。抽象层一般应包含相关硬件的初始化、数据的输入/输出操作、硬件设备的配置操作等功能。

2) 板级支持包

HAL 只是对硬件的一个抽象，对一组 API 进行定义，却不提供具体的实现。通常 HAL 各种功能的实现是以板级支持包 (Board Support Package，BSP) 的形式来完成对具体硬件的操作的。BSP 主要实现对操作系统的支持，为上层驱动程序提供访问硬件设备寄存器所需的函数，使之能够更好地运行于硬件主板。BSP 的特点有以下两点。

(1) 硬件相关性，BSP 程序直接对硬件进行操作。

(2) 操作系统相关性，不同操作系统的软件层次结构不同，硬件抽象层的接口定义不同，因此具体实现也不一样。

BSP 具体功能体现在以下两方面。

(1) 系统启动时，完成对硬件的初始化。例如，对系统内存、寄存器以及设备的中断进行设置。这是比较系统化的工作，要根据嵌入式开发所选用的 CPU 类型、硬件以及嵌入式操作系统的初始化等多方面决定 BSP 应实现哪些功能。

(2) 为驱动程序提供访问硬件的手段。驱动程序经常要访问设备的寄存器、对设备的寄存器进行操作，BSP 就是为驱动程序提供访问硬件设备寄存器的函数包。

3) 设备驱动程序

系统安装设备后，只有在安装相应的驱动程序之后才能使用，驱动程序为上层软件提供设备的操作接口。上层软件只需调用驱动程序提供的接口，而不用理会设备的具体内部操作。

驱动程序的好坏直接影响着系统的性能。驱动程序不仅要实现设备的基本功能函数，如初始化、中断响应、发送、接收等，使设备的基本功能能够实现；而且因为设备在使用过程中还会出现各种各样的差错，所以好的驱动程序还应该有完备的错误处理函数。

3. 操作系统层

嵌入式系统中的操作系统具有一般操作系统的核心功能，负责嵌入式系统中全部软硬件资源的分配、调度工作，控制、协调并发活动。它仍具有嵌入式的特点，属于嵌入式操作系统(Embedded Operating System，EOS)。随着 Internet 技术的发展、信息家电的普及应用及 EOS 的微型化和专业化，EOS 开始从单一的弱功能向高专业化的强功能方向发展。嵌入式操作系统在系统实时高效性、硬件的相关依赖性、软件固化以及应用的专用性等方面具有较为突出的特点。EOS 除了具备一般操作系统最基本的功能，如任务调度、同步机制、中断处理、文件处理等功能外，还有以下特点。

(1) 可裁剪性，支持开放性、可伸缩性的体系结构。

(2) 强实时性，EOS 实时性一般较强，可用于各种设备控制当中。

(3) 统一的接口，提供各种设备的驱动接口。

(4) 操作方便、简单，提供友好的 GUI 和图形界面，追求易学易用。

(5) 提供强大的网络功能，支持 TCP/IP 及其他协议，提供 TCP/UDP/IP/PPP 支持及统一的 MAC 访问层接口，为各种移动计算设备预留接口。

(6) 强稳定性，弱交互性。嵌入式系统一旦开始运行就不需要用户过多的干预，这就要求负责系统管理的 EOS 具有较强的稳定性。嵌入式操作系统的用户接口一般不提供操作命令，它通过系统的调用命令向用户程序提供服务。

(7) 固化代码。在嵌入式系统中，嵌入式操作系统和应用软件被固化在嵌入式系统计算机的 ROM 中。

(8) 更好的硬件适应性，也就是良好的移植性。

主流的嵌入式操作系统有 Windows CE、Palm OS、Linux、VxWorks、pSOS、QNX、LynxOS 以及应用在智能手机和平板电脑上的 Android、iOS 等。有了嵌入式操作系统，编写应用程序就更加快速、高效、稳定。

4. 中间件层

中间件是一类软件，运行在嵌入式操作系统和应用软件之间，用于协调两者之间的服务。嵌入式中间件为嵌入式应用提供开发和运行平台，通过提供 API 函数，使第三方能够直接利用中间件平台开发应用程序，且应用软件可直接在中间件环境下运行。简单而言，嵌入式中间件是使嵌入式应用独立于具体软硬件平台的核心软件环境。

嵌入式中间件通常包括数据库、网络协议、图形支持及相应开发工具等。例如，嵌入式 CORBA、嵌入式 Java、嵌入式 DCOM、MySQL、TCP/IP、GUI 等都属于这一类软件。

5. 应用软件层

嵌入式应用软件是针对特定应用领域，基于某一固定的硬件平台，用来达到用户预期目标的计算机软件。由于用户任务可能有时间和精度上的要求，所以有些嵌入式应用软件需要特定嵌入式操作系统的支持。嵌入式应用软件和普通应用软件有一定的区别，它不仅要求其准确性、安全性和稳定性等方面能够满足实际应用的需要，而且要尽可能地进行优化，以减少对系统资源的消耗，降低硬件成本。目前我国市场上已经出现了各式各样的嵌入式应用软件，包括浏览器、Email 软件、文字处理软件、通信软件、多媒体软件、个人信息处理软件、智能人机交互软件、各种行业应用软件等。嵌入式系统中的应用软件是最活跃的力量，每种应用软件均有特定的应用背景，尽管规模较小，但专业性较强，嵌入式应用软件不像操作系统和中间件那样受制于国外产品垄断，是我国嵌入式软件的优势领域。

1.2　嵌入式操作系统

1.2.1　嵌入式操作系统简介

嵌入式操作系统是指用于嵌入式系统的操作系统。嵌入式操作系统是一种用途广泛的系统软件，负责嵌入式系统的全部软硬件资源的分配、任务调度，控制、协调并发活动，它必须体现其所在系统的特征，能够通过裁剪某些模块来达到系统所要求的功能。嵌入式操作系统通常包括与硬件相关的底层驱动软件、系统内核、设备驱动接口、通信协议、图形界面、标准化浏览器等。

目前在嵌入式领域广泛使用的操作系统有嵌入式 Linux、Windows Embedded、VxWorks等，以及应用在智能手机和平板电脑中的 Android、iOS 等。

1.2.2　嵌入式 Linux

1. 嵌入式 Linux 的发展历程

Linux 是 UNIX 的一种克隆系统，从 1991 年问世到现在，Linux 经过二十几年时间已经发展成为功能强大、设计完善的操作系统之一，不仅可以与各种传统的商业操作系统分庭抗争，在新兴的嵌入式操作系统领域也获得了飞速发展。

Linux 的出现，最早开始于一位名叫 Linus 的计算机业余爱好者，当时他是芬兰赫尔辛基大学的学生。他的目的是想设计一个代替 Minix(是由一位名叫 Tanenbaum 的计算机教授于1987 年编写的一个操作系统，主要用于学生学习操作系统原理)的操作系统。这个操作系统可用于 386、486 或奔腾处理器的个人计算机上，并且具有 UNIX 操作系统的全部功能，因而开始了 Linux 雏形的设计。有人认为，Linux 的发展有很大原因是 Tanenbaum 为了保持 Minix 的小型化，能让学生在一个学期内学完，而没有接纳全世界许多人对 Minix 的扩展要求，因此这激发了 Linus 编写 Linux 的兴趣，Linus 正好抓住了这个好时机。

1991 年 10 月 5 日，Linus Torvalds 在新闻组 comp.os.minix 发布了大约有 1 万行代码的Linux v0.01 版本。

到了 1992 年，大约有 1000 人在使用 Linux，值得一提的是，他们基本上都属于真正意义上的 Hacker。

1993 年，大约有 100 余名程序员参与了 Linux 内核代码的编写/修改工作，其中核心组由5 人组成，此时 Linux 0.99 的代码有大约有 10 万行，用户有 10 万人左右。

1994 年 3 月，Linux 1.0 发布，代码量 17 万行，当时是按照完全自由免费的协议发布，随后正式采用 GPL 协议。至此，Linux 的代码开发进入良性循环。很多系统管理员开始在自己的操作系统环境中尝试 Linux 开发，并将修改的代码提交给核心小组。由于拥有了丰富的操作系统平台，因而 Linux 的代码中也充实了对不同硬件系统的支持，大大提高了跨平台移植性。

1995 年，此时的 Linux 可在 Intel、Digital 以及 Sun SPARC 处理器上运行了，用户量也超过了 50 万人，相关介绍 Linux 的 Linux Journal 期刊也发行了超过 10 万册之多。

1996 年 6 月，Linux 2.0 内核发布，此内核有大约 40 万行代码，并可以支持多个处理器。此时的 Linux 已经进入了实用阶段，全球大约有 350 万人使用。

1997 年夏，影片《泰坦尼克号》在制作特效中使用的 160 台 Alpha 图形工作站中，有 105 台采用了 Linux 操作系统。

1998 年是 Linux 迅猛发展的一年。1 月，小红帽高级研发实验室成立，同年 RedHat 5.0 获得了 InfoWorld 的操作系统奖项。4 月 Mozilla 代码发布，成为 Linux 图形界面上的王牌浏览器。RedHat 宣布商业支持计划，多名优秀技术人员开始商业运作。王牌搜索引擎 Google 现身，采用的也是 Linux 服务器。值得一提的是，Oracle 和 Informix 两家数据库厂商明确表示不支持 Linux，这个决定给予了 MySQL 数据库充分的发展机会。同年 10 月，Intel 和 Netscape 宣布小额投资红帽软件，这被业界视为 Linux 获得商业认可的信号。同月，微软在法国发布了反 Linux 公开信，这表明微软公司开始将 Linux 视为一个对手来对待。12 月，IBM 发布了适用于 Linux 的文件系统 AFS 3.5 以及 Jikes Java 编辑器和 Secure Mailer 及 DB2 测试版，IBM 的此番行为可以看作与 Linux 的第一次亲密接触。迫于 Windows 和 Linux 的压力，Sun 逐渐开放了 Java 协议，并且在 UltraSparc 上支持 Linux 操作系统。1998 年可说是 Linux 与商业接触的一年。

1999 年，IBM 宣布与 RedHat 公司建立伙伴关系，以确保 RedHat 在 IBM 机器上正确运行。3 月，第一届 LinuxWorld 大会的召开，象征着 Linux 时代的来临。IBM、Compaq 和 Novell 宣布投资 RedHat 公司，以前一直对 Linux 持否定态度的 Oracle 公司也宣布投资。5 月，SGI 公司宣布向 Linux 移植其先进的 XFS 文件系统。对于服务器来说，高效可靠的文件系统是不可或缺的，SGI 的慷慨移植再一次帮助了 Linux 确立在服务器市场的专业性。7 月，IBM 启动对 Linux 的支持服务并发布了 Linux DB2，从此结束了 Linux 得不到支持服务的历史，这可以视为 Linux 真正成为服务器操作系统一员的重要里程碑。

2000 年初始，Sun 公司在 Linux 的压力下宣布 Solaris 8 降低售价。事实上 Linux 对 Sun 造成的冲击远比对 Windows 来得更大。2 月 RedHat 发布了嵌入式 Linux 的开发环境，Linux 在嵌入式行业的潜力逐渐被发掘出来。4 月，拓林思公司宣布了推出中国首家 Linux 工程师认证考试，从此使 Linux 操作系统管理员的水准可以得到权威机构的资格认证，此举大大增加了国内 Linux 爱好者的学习热情。伴随着国际上的 Linux 热潮，国内的联想和联邦推出了"幸福 Linux 家用版"，同年 7 月，中国科学院与新华科技合作发展红旗 Linux，此举让更多的国内个人用户认识到了 Linux 这个操作系统的存在。11 月，Intel 与 Xteam 合作，推出基于 Linux 的网络专用服务器，此举结束了在 Linux 单向顺应硬件商硬件开发驱动的历史。

2001 年新年就爆出新闻，Oracle 宣布在 OTN 上的所有会员都可免费索取 Oracle 9i 的 Linux 版本，从几年前的"绝不涉足 Linux 系统"到如今的主动"献媚"，足以体现 Linux 的发展迅猛。IBM 则决定投入 10 亿美元扩大 Linux 系统的运用，此举犹如一针强心剂，令华尔街的投资者闻风而动。8 月红色代码爆发，引得许多站点纷纷从 Windows 操作系统转向 Linux 操作系统，12 月 RedHat 为 IBM s/390 大型计算机提供了 Linux 解决方案，从此结束了 AIX（Advanced Interactive eXecutive，是 IBM 基于 AT&T UNIX System V 开发的一套类 UNIX

操作系统,运行在 IBM 专有的 Power 系列芯片设计的小型机硬件系统之上,它可以在所有的 IBM p 系列和 IBM RS/6000 工作站、服务器和大型并行超级计算机上运行)孤单独行无人伴的历史。

2002 年是 Linux 企业化的一年。2 月,微软公司迫于各洲政府的压力,宣布扩大公开代码行动,这是 Linux 开源带来的深刻影响的结果。3 月,内核开发者宣布新的 Linux 系统支持 64 位计算机。

2003 年 1 月,NEC 宣布将在手机中使用 Linux 操作系统,这代表着 Linux 成功进军手机领域。

2004 年 1 月,SuSE 合并到了 Novell,Asianux、MandrakeSoft 也在五年中首次宣布季度赢利。3 月 SGI 宣布成功实现了 Linux 操作系统支持 256 个 Itanium 2 处理器。6 月的统计报告显示在世界 500 强超级计算机系统中,使用 Linux 操作系统的已经占到了 280 席,抢占了原本属于各种 UNIX 的份额。9 月 HP 开始网罗 Linux 内核代码人员,以影响新版本的内核朝对 HP 有利的方向发展,而 IBM 则准备推出 OpenPower 服务器,仅运行 Linux 系统。

2. Linux 操作系统十大发行版本

Linux 操作系统十大发行版本包括 Ubuntu、openSUSE、Fedora、Debian GNU/Linux、Mandriva Linux、Linux Mint、PCLinuxOS、Slackware Linux、Gentoo Linux 及 FreeBSD,其图标如图 1-3 所示。

图 1-3   Linux 十大发行版本图标

1)Ubuntu

Ubuntu 于 2004 年 9 月首次发行,自发行以来,该系统的成长和发展都十分迅速,它的邮件列表很快即被热切的用户和激动的开发者的讨论所充满。在接下来的几年里,Ubuntu 成长为最流行的 Linux 桌面版本。

为何 Ubuntu 会取得如此成功?首先,这个项目的发起人是 Shuttleworth——一个极有魅力的南非富翁、一个前 Debian 开发员和世界第二个太空游客,他注册在马恩岛的 Canonical 公司目前正在资助这个项目;其次,Ubuntu 从其他类似发行版的错误中汲取教训并且从开始就避免重蹈覆辙,它用 wiki 风格的文档、有创意的错误报告机制和面向终端用户的专业方法创建了一个完美的基于网络的底层结构;最后,感谢它富有的创始人使得 Ubuntu 有能力向全世界的爱好者免费发送 CD,这对版本的快速传播很有帮助。

在技术方面,Ubuntu 基于 Debian 的 Sid(不稳定分支),但是通过一些杰出的软件包,如 GNOME、Firefox 和 OpenOffice.org 等可以升级到它们的最新版本。 Ubuntu 有 6 个月的发布周期,偶尔还会出现提供安全升级 3~5 年的长期支持版,这取决于版本号。

2）openSUSE

openSUSE 的起源可以追溯到 1992 年，当时 4 个德国的 Linux 爱好者 Dyroff、Fehr、Mantel 和 Steinbild 以 SUSE（软件和系统开发）Linux 的名字发起了这个项目。在最初的几年里，这个年轻的公司主要出售套装软盘，包括 Slackware Linux 的德文版，但是在 SUSE Linux 于 1996 年 5 月随着 4.2 版本的发布而成为一个独立的发行版之后就停止了。接下来的时间里，开发者采用了 RPM 软件包管理形式也推荐了一个容易使用的图形系统管理员工具——YAST。频繁的发行、卓越的打印文档以及遍及欧洲和北美的随店可买导致该版本普及率不断增长。

SUSE Linux 在 2003 年末被 Novell 公司购买，随之很快就在开发、许可证和使用方面产生重大变化，YAST 在 GPL 许可证下发行，ISO 镜像可以在公共下载服务器上自由下载，意义最重大的是版本的开发第一次向公众开放。从 openSUSE 项目的设立和 2005 年 10 月 10.0 版本发布以来，这个版本在两个感官世界变得完全自由。openSUSE 的代码构成了 Novell 的商业产品的底层系统，一开始称为 Novell Linux，后来改名为 SUSE Linux 企业桌面版和 SUSE Linux 企业服务器版。

今天，openSUSE 有着庞大的满意用户群，它在用户中取得如此高分的最主要原因包括友好而绚丽的桌面环境（KDE 和 GNOME）、出色的系统管理效率，以及对那些购买盒装版本的用户来说，对任何版本都可用的最棒的打印文档。

3）Fedora

尽管 Fedora 在 2004 年 9 月才正式发布，但它的起源可以追溯到 1995 年被两个 Linux 空想者 Young 和 Ewing 以 RedHat 之名发起的 Linux。公司的第一个产品 RedHat Linux 1.0 "母亲节" 在同年发布并且很快跟着推出一些错误修复的升级。1997 年，RedHat 推出了它的革命性的带有依赖协议的 RPM 软件包管理系统和其他高级功能，极大地促进了该发行版在大众中的迅速崛起，并且超过了 Slackware Linux 成为世界上使用最广泛的 Linux 发行版。接下来的几年里，RedHat 制定了一个有规律的、6 月周期的发行标准。

2003 年，在 RedHat Linux 9 发布之后，公司对其产品线进行了大幅度的改革。公司对其商业产品——著名的 RedHat 企业版保留了 RedHat 商标，并且推出了 Fedora Core，一个由 RedHat 发起但是面向社区的为 Linux 爱好者而设计的版本。很快 Linux 社区便开始接受了这一新的版本作为 RedHat 逻辑上的续版，同时，以它新颖的产品线和其他有趣的提议，如它的 RedHat 认证工程师认证，RedHat 也成为世界上最大最赚钱的 Linux 公司。

Fedora 是当前可用的最有新意的发行版之一。它对 Linux 内核、glibc 和 GCC 的贡献广为人知，而且它对 SELinux 功能、Xen 虚拟技术和其他企业级功能的综合在企业用户中非常受欢迎。

4）Debian GNU/Linux

Debian GNU/Linux 于 1993 年首次发布。它的发起人是 Murdock，设想通过数百个志愿者开发人员在空余时间创造一个完全的非商业项目。Debian 在不到十年的时间里变成了最大的 Linux 发行版，甚至可能会成为有史以来最大的软件合作项目。

Debian GNU/Linux 的成功可以归结为如下几条。

它的开发者由超过 1000 名志愿者组成，它的软件包有超过 20000 种软件，对 11 种处理器构架进行编译，并且它为超过 120 种基于 Debian 的发行版和 live CD 提供支持，这些数字是其他任何基于 Linux 的发行版所无法比拟的。Debian 实际的发展根据递增的稳定性有 3

个分支，即不稳定版、测试版和稳定版，这种先进的集成和软件包的稳定性及其功能，再加上这个项目完善的质量控制机制，为 Debian 赢得了当前最佳体验和最少错误的发行版之一的美誉。

然而，这种冗长而复杂的发展风格也有其不利的一面：稳定版的发布不是特别及时并且会迅速落伍，特别是自从新稳定版每 1~3 年才发布一次之后。那些喜欢最新软件和技术的用户不得不使用潜在很多错误的测试版或者不稳定版。

5）Mandriva Linux

Mandriva Linux 由 Duval 在 1998 年 7 月以 Mandrake Linux 之名首次发布。开始，它只是一个 RedHat Linux 加上更为友好的 KDE 桌面的改进版，但随后的发行版又增加了各种用户友好型的应用，如新的安装软件、高级硬件检测和直观的硬盘分区工具。基于这些改进措施，Mandrake Linux 发展壮大了起来。在吸引到风险投资并且转型为商业项目之后，新成立的 MandrakeSoft 的命运在从 2003 年初的几近破产到 2005 年的几项收购中起伏很大。后来，与巴西的 Conectiva 合并之后，公司将名字改为 Mandriva。

Mandriva Linux 首先是个桌面发行版，它最受喜爱的特点是尖端的软件、高质量的系统管理套件（Drakconf）、64 位版本中杰出的执行能力以及广阔的国际化支持。Mandriva 在其他许多流行的发行版之前很久就通过广泛的 beta 测试版和频繁的稳定版有了开放的开发模式。最近的几年里，Mandriva 也开发了一系列可安装的 live CD 并且推出了 Mandriva Flash，这是存在于可引导的 USB 设备中的一个完整的 Mandriva Linux 系统。同时它是第一个为上网本（如 ASUS Eee PC）提供开箱即用支持的主流发行版本。

6）Linux Mint

Linux Mint 是一个基于 Ubuntu 的发行版，于 2006 年被一个出生于法国但在爱尔兰工作和生活的 IT 专家 Lefebvre 首次发布。开始时他维护着一个网站，致力于为 Linux 用户提供帮助、建议和有用的文档，后来看到了开发一个能解决主流产品诸多使用缺陷的 Linux 发行版的潜在价值，在向他网站上的用户求得反馈意见之后，他着手建立当今人们更愿意称为"Ubuntu 改进版"的 Linux Mint。

Linux Mint 不仅仅是一个增加了一系列应用程序和改进的桌面主题的 Ubuntu。自从它诞生以来，开发者一直在添加各种图形化的 Mint 工具来增强实用性。这包括一个设置桌面环境的套件——Mint 桌面，为了方便导航而做的优美的 Mint 菜单，一个易用的软件安装工具——Mint 安装，还有一个软件更新工具——Mint 更新。然而，Linux Mint 最大的优点之一是开发者听从于用户，并且总是很快采纳好的建议。

在 Linux Mint 可以免费下载的同时，项目组从捐助、广告和专业服务支持中获得收益。Linux Mint 没有固定的发布周期或者一张计划好的功能单，但是在每个 Ubuntu 的稳定发行版发布之后的几个星期之后，就可以期待着新的 Linux Mint。除了提供 GNOME 桌面的主版本之外，项目组也出品了使用其他桌面环境（如 KDE、Xfce 和 Fluxbox）的半正规的社区版。

7）PCLinuxOS

PCLinuxOS 于 2003 年由被称为 Texstar 的 Reynolds 首次发布。在创造自己的发行版之前，Texstar 就因给流行版本建立及时更新的 RPM 软件包并且提供免费下载而在 Mandrake 的用户社区中成为广为人知的开发员。在 2003 年他决定创建一个新的发行版，最初基于 Mandrake Linux，目标是新手友好型，为私有的内核模块、浏览器补丁和媒体解码器提供开箱即用支持，并且有个简单直观的图形化安装界面就像 live CD 一样。多年的发展之后，PCLinux OS 迅速接近它的预期状态。在软件方面，PCLinux OS 是一个面向 KDE 的发行版，有一个可定制的而且总是及时更新的流行桌面环境。它不断增长的软件库也包含其他桌面，甚至也为其他许多通用任务提供大量的桌面软件。关于系统配置，PCLinux OS 保留了 Mandrake 的优秀控制中心的许多东西，但用 APT 和 Synaptic（一个图形化的软件包管理工具前端）替换了它的软件包管理系统。另一方面，PCLinux OS 没有任何形式的路线图或发展目标。除去项目中不断增长的社区参与，大部分的开发和决定仍归 Texstar 所有，在权衡发行版的稳定性时他总趋于保守。结果，PCLinux OS 的开发进程很漫长甚至直到所有已知的错误都解决了之后才发布一个新版本。PCLinux OS 至今没有发布 64 位版本的计划。

8）Slackware Linux

Slackware Linux 由 Volkerding 于 1992 年首次发布，是现今存在的最古老的 Linux 发行版。在最顶级的 Linux 内核版本 0.99pl11-alpha 之上建立，它迅速发展为最流行的 Linux 版本，一些评估认为它的市场占有率高达 1995 年安装的 Linux 的 80%。它的普及率随着 RedHat 和其他用户友好型的发行版的出现而戏剧性地下降，但 Slackware 仍然是个在面向技术的系统管理员和桌面用户中备受赞赏的操作系统。

Slackware 是个高端干净的发行版，只有极少数量的自定义工具。它使用一个简单的文本模式的系统安装软件和一个相对原始的无法解决软件依赖问题的软件包管理系统。结果，Slackware 被认为是当今最干净且错误最少的发行版之一，没有为 Slackware 进行特定的改进减少了将新的错误带入系统的可能性。所有的配置通过编写文件来实现。在 Linux 社区中有一个说法是如果你学 RedHat，你将只会 RedHat；但如果你学 Slackware，你将会 Linux。在当今许多 Linux 发行版坚持为缺乏技术的用户开发高定制性的产品时，这句话尤为正确。

尽管这个简单的哲学有其拥护者，但事实是今天的世界，Slackware 变得越来越像一个为其他新的有定制方案的系统做基础的"核系统"，而不是一个完整的有广泛的支持软件的发行版。唯一的例外是在服务器市场 Slackware 仍然很流行，但尽管这样，这个版本复杂的升级步骤以及缺乏官方支持的自动安全升级工具让它越来越没有竞争力。Slackware 对系统基础组件的保守态度意味着在它成为一个现代的桌面系统前还需大量手工的安装后才能工作。

9）Gentoo Linux

Gentoo Linux 的理念是被一个前 Stampede Linux 和 FreeBSD 开发员 Robbins 于 2000 年前后提出的，其主旨是开发一个 Linux 发行版，允许用户直接在自己的计算机上从源代码编译 Linux 内核和应用软件，这将保证一个高度优化和及时更新的系统。在这个项目于 2002 年 3 月发布了它的 1.0 版本的时候，Gentoo 的包管理工具被认为是一些二进制包管理系统的高级替代品，尤其是后来被广泛使用的 RPM。

Gentoo Linux 是为超级用户设计的。一开始，其安装是笨重和单调的，需要在命令行模式进行数小时甚至数天的编译来建造一个完整的 Linux 发行版；然而，2006 年项目组通过一个可安装的 live CD 和鼠标安装工具简化了安装步骤。除了为单命令模式安装提供一个总是及时更新的软件包，发行版的其他重要功能有杰出的安全性、广泛的配置选项、对许多构架的支持和不用重新安装就可保持系统及时更新。Gentoo 的文档也被认为是所有发行版中最棒的在线文档。

Gentoo Linux 在最近几年里失去了许多原有的赞誉，一些用户已经证实了这种费时的软件包编译只能带来微小的速度和优化效益。自从 Gentoo 的创始者辞职以来，新成立的 Gentoo

基金一直困顿于缺乏清晰的指引和频繁的开发者之间的冲突，这导致数位著名的 Gentoo 人员的高调离职。目前仍有待观察 Gentoo 是否可以重夺其原来创新性的品质。

10）FreeBSD

FreeBSD，一个 AT&T UNIX 通过伯克利软件分发的间接继承版，其漫长而动荡的历史可以追溯到 1993 年。与数千种被定义为完整软件方案的 Linux 发行版不同，FreeBSD 是一个建立在 BSD 内核和所谓的 userland 的基础上的紧凑整合起来的操作系统。像许多 Linux 发行版一样，由一大批易于安装的、绝大多数开源的应用软件来拓展 FreeBSD 内核，但这些通常由第三方开发者提供，而且不是严格意义上的 FreeBSD 的一部分。

FreeBSD 赢得了一个迅速、高性能和极为稳定的操作系统的赞誉，特别适合于网络服务器和类似任务。许多大型搜索引擎和配有关键任务的计算基础设备的组织已经在其计算机系统上部署和使用 FreeBSD 好几年了。与 Linux 相比，FreeBSD 是在一个限制性更少的许可证下建立的，这个许可证允许几乎毫无限制地对源代码进行任何目的的使用和修改。甚至苹果的 Mac OS X 都是由 FreeBSD 衍生出来的。除了操作系统内核，项目组也提供了可在 FreeBSD 核上进行简易安装的超过 15000 种软件的二进制格式和源代码。

尽管 FreeBSD 是桌面操作系统，但它与流行的 Linux 发行版相比并不出色。不算安装后对用户来说大量繁重的工作，命令行模式的系统安装软件就提供了太少的硬件识别和系统配置项目。在支持现代硬件方面，FreeBSD 通常落后于 Linux，特别是对流行台式机或笔记本的小配件的支持，如无线网卡或者数码相机。

嵌入式 Linux 是按照嵌入式操作系统的要求而设计的一种小型操作系统，它由一个内核及一些根据需要进行定制的系统模块组成。内核大小一般只有几百 KB，即使加上其他必需的模块和应用程序，所需的存储空间也很小。它具有多任务多进程的系统特征，有些还具有实时性。一个小型嵌入式 Linux 系统只需要引导程序、Linux 微内核、初始化进程 3 个基本元素。运行嵌入式 Linux 的 CPU 可以是 X86、Alpha、Sparc、MIPS、PPC 等。与这些芯片搭配的主板都很小，通常只有一张 PCI 卡大小，有的甚至更小。嵌入式 Linux 所需的存储器不是软磁盘、硬盘、Zip 盘、CD-ROM、DVD 这些众所周知的常规存储器，它主要使用 ROM、CompactFlash、M-Systems 的 Disk On Chip、Sony 的 Memory Stick、IBM 的 MicroDrive 等体积很小（与主板上的 BIOS 大小相近）且存储容量不太大的存储器。它的内存可以使用普通内存，也可以使用专用的 RAM。

嵌入式 Linux 既继承了 Internet 上无限的开放源代码资源，又具有嵌入式操作系统的特性，被广泛应用在移动电话、个人数字助理（PDA）、媒体播放器、消费性电子产品、医疗电子、交通运输计算机外设、工业控制以及航空航天等领域，具有十分广阔的应用前景。Linux 作为一种可裁剪的软件平台系统，很可能发展成为未来嵌入式设备产品的最佳资源。Linux 与生俱来的优秀网络功能更为今后的发展铺平了道路。因此，在保持 Linux 内核系统更小、更稳定、更具价格竞争力等优势的同时，对系统内核进行实时性优化，使之更加能够适应对工业控制领域高实时性的要求。这也正是嵌入式 Linux 操作系统在嵌入式工控系统中的发展所在。同时也使 Linux 成为嵌入式操作系统中的新贵。

3. 嵌入式 Linux 的优良特性

嵌入式 Linux 的开发和研究是操作系统领域中的一个热点，目前已经开发成功的嵌入式系统中，大约有一半使用的是 Linux。Linux 之所以能在嵌入式系统市场上取得如此辉煌的成果，与其自身的优良特性是分不开的。

1)广泛的硬件支持

Linux 能够支持 X86、ARM、MIPS、Alpha、PowerPC 等多种体系结构,是一个跨平台的系统。目前已经成功移植到数十种硬件平台,几乎能够运行在所有流行的 CPU 上。Linux 有着异常丰富的驱动程序资源,支持各种主流硬件设备和最新硬件技术,甚至可以在没有存储管理单元(MMU)的处理器上运行,这些都进一步促进了 Linux 在嵌入式系统中的应用。

2)内核高效稳定

Linux 内核的高效和稳定已经在各个领域内得到了大量事实的验证,Linux 的内核设计非常精巧,分成进程调度、内存管理、进程间通信、虚拟文件系统和网络接口五大部分,其独特的模块机制可以根据用户的需要,实时地将某些模块插入内核或从内核中移走。这些特性使得 Linux 系统内核可以裁剪得非常小巧,很适合于嵌入式系统的需要。

3)开放源码,软件丰富

Linux 是开放源代码的自由操作系统,它为用户提供了最大限度的自由度,由于嵌入式系统千差万别,往往需要针对具体的应用进行修改和优化,因而获得源代码就变得至关重要了。Linux 的软件资源十分丰富,每一种通用程序在 Linux 上几乎都可以找到,并且数量还在不断增加。在 Linux 上开发嵌入式应用软件一般不用从头做起,而是可以选择一个类似的自由软件作为原型,在其基础上进行二次开发。

4)优秀的开发工具

开发嵌入式系统的关键是需要有一套完善的开发和调试工具。传统的嵌入式开发调试工具是在线仿真器(In-Circuit Emulator,ICE),它通过取代目标板的微处理器,给目标程序提供一个完整的仿真环境,从而使开发者能够非常清楚地了解到程序在目标板上的工作状态,便于监视和调试程序。在线仿真器的价格非常昂贵,而且只适合作底层的调试,如果使用的是嵌入式 Linux,一旦软硬件能够支持正常的串口功能,即使不用在线仿真器也可以很好地进行开发和调试工作,从而节省了一笔不小的开发费用。嵌入式 Linux 为开发者提供了一套完整的工具链(Tool Chain),它利用 GNU 的 GCC 做编译器,用 GDB、KGDB、XGDB 做调试工具,能够很方便地实现从操作系统到应用软件各个级别的调试。

5)完善的网络通信和文件管理机制

Linux 至诞生之日起就与 Internet 密不可分,支持所有标准的 Internet 网络协议,并且很容易移植到嵌入式系统当中。此外,Linux 还支持 ext2、fat16、fat32、romfs 等文件系统,这些都为开发嵌入式系统应用打下了很好的基础。

4. 嵌入式 Linux 面临的挑战

目前,嵌入式 Linux 系统的研发热潮正在蓬勃兴起,并且占据了很大的市场份额,除了一些传统的 Linux 公司(如 RedHat、MontaVista 等)正在从事嵌入式 Linux 的开发和应用之外,IBM、Intel、Motorola 等著名企业也开始进行嵌入式 Linux 的研究。虽然前景一片灿烂,但就目前而言,嵌入式 Linux 的研究成果与市场的真正要求仍有一定差距,要开发出真正成熟的嵌入式 Linux 系统,还需要从以下几方面做出努力。

1)提高系统实时性

Linux 虽然已经被成功地应用到了 PDA、移动电话、车载电视、机顶盒、网络微波炉等各种嵌入式设备上,但在医疗、航空、交通、工业控制等对实时性要求非常严格的场合中还无法直接应用,原因在于现有的 Linux 是一个通用的操作系统,虽然它也采用了许多技术来加快系统的运行和响应速度，并且符合 POSIX 1003.1b 标准，但从本质上来说并不是一个嵌入式实时操作系统。Linux 的内核调度策略基本上是沿用 UNIX 系统的，将它直接应用于嵌入式实时环境会有许多缺陷，如在运行内核线程时中断被关闭，分时调度策略存在时间上的不确定性，以及缺乏高精度的计时器等。正因如此，利用 Linux 作为底层操作系统，在其上进行实时化改造，从而构建出一个具有实时处理能力的嵌入式系统，是现在日益流行的解决方案。

2) 改善内核结构

Linux 内核采用的是整体式结构(Monolithic)，整个内核是一个单独的、非常大的程序，这样虽然能够使系统的各个部分直接沟通，有效地缩短任务之间的切换时间，提高系统响应速度，但与嵌入式系统存储容量小、资源有限的特点不相符。嵌入式系统经常采用的是另一种称为微内核(Microkernel)的体系结构，即内核本身只提供一些最基本的操作系统功能，如任务调度、内存管理、中断处理等，而类似于文件系统和网络协议等附加功能则运行在用户空间中，并且可以根据实际需要进行取舍。Microkernel 的执行效率虽然比不上 Monolithic，却大大减小了内核的体积，便于维护和移植，更能满足嵌入式系统的要求。可以考虑将 Linux 内核部分改造成 Microkernel，使 Linux 在具有很高性能的同时，又能满足嵌入式系统体积小的要求。

3) 完善集成开发平台

引入嵌入式 Linux 系统集成开发平台，是嵌入式 Linux 进一步发展和应用的内在要求。传统上的嵌入式系统都是面向具体应用场合的，软件和硬件之间必须紧密配合，但随着嵌入式系统规模的不断扩大和应用领域的不断扩展，嵌入式操作系统的出现就成了一种必然，因为只有这样才能促成嵌入式系统朝层次化和模块化的方向发展。很显然，嵌入式集成开发平台也是符合上述发展趋势的，一个优秀的嵌入式集成开发环境能够提供比较完备的仿真功能，可以实现嵌入式应用软件和嵌入式硬件的同步开发，从而摆脱了"嵌入式应用软件的开发依赖于嵌入式硬件的开发，并且以嵌入式硬件的开发为前提"的不利局面。一个完整的嵌入式集成开发平台通常包括编译器、连接器、调试器、跟踪器、优化器和集成用户界面，目前 Linux 在基于图形界面的特定系统定制平台的研究上，与 Windows CE 等商业嵌入式操作系统相比还有很大差距，整体集成开发环境有待提高和完善。

1.2.3　Windows Embedded

Windows Embedded Compact(Windows CE)是微软公司嵌入式、移动计算平台的基础，它是一个开放的、可升级的 32 位嵌入式操作系统，是基于掌上电脑类的电子设备操作系统，是精简的 Windows 95，Windows CE 的图形用户界面相当出色。

Windows CE 操作系统是 Windows 家族中的成员，是专门针对掌上电脑(HPC)以及嵌入式设备所使用的系统环境设计的。这样的操作系统可使完整的可移动技术与现有的 Windows 桌面技术整合工作。Windows CE 被设计成针对小型设备(它是典型的拥有有限内存的无磁盘系统)的通用操作系统，Windows CE 可以通过设计一层位于内核和硬件之间的代码来设定硬件平台，这就是众所周知的硬件抽象层。

与其他微软 Windows 操作系统不同，Windows CE 并不是代表一个采用相同标准的对所有平台都适用的软件。为了足够灵活以达到适应广泛产品的需求，Windows CE 可采用不同的标准模式，这就意味着，它能够从一系列软件模式中作出选择，从而使产品得到定制。另外，一些可利用模式也可作为其组成部分，这意味着这些模式能够通过从一套可利用的组分作出选择，从而成为标准模式。通过选择，Windows CE 能够达到系统要求的最小模式，从而减少存储脚本和操作系统的运行。

Windows CE 中的 C 代表袖珍(Compact)、消费(Consumer)、通信能力(Connectivity)和伴侣(Companion)；E 代表电子产品(Electronics)。与 Windows 95/98、Windows NT 不同的是，Windows CE 是所有源代码全部由微软自行开发的嵌入式新型操作系统，其操作界面虽来源于 Windows 95/98，但 Windows CE 是基于 Win32 API 重新开发、新型的信息设备的平台。Windows CE 具有模块化、结构化和基于 Win32 应用程序接口和与处理器无关等特点。Windows CE 不仅继承了传统的 Windows 图形界面，并且在 Windows CE 平台上可以使用 Windows 95/98 上的编程工具(如 Visual Basic、Visual C++等)、使用同样的函数、使用同样的界面风格，使绝大多数的应用软件只需简单的修改和移植就可以在 Windows CE 平台上继续使用。Windows CE 并非是专为单一装置设计的，所以微软将旗下采用 Windows CE 系统的产品大致分为三条产品线，Pocket PC(掌上电脑)、Handheld PC(手持设备) 及 Auto PC。

从 1996 年的 1.0 版本问世以来，Windows CE 的版本历程如下。

1. 1.0 版本

Windows CE 1.0 是一种基于 Windows 95 的操作系统，其实就是单纯的 Windows 95 简化版本。20 世纪 90 年代中期卡西欧推出第一款采用 Windows CE 1.0 操作系统的蛤壳式 PDA，算是第一家推出名副其实掌上电脑的厂商。作为第一代的 Windows CE 1.0 于 1996 年问世，它最初的发展并不顺利。当时 Palm 操作系统在 PDA 市场上非常成功，几乎成为整个 PDA 产品的代名词，在这种情况下，微软公司被迫将最初的 Windows CE 不断改进的同时，也通过游说、技术支持、直接资助等手段聚集了大量合作厂商，使 Windows CE 类的 PDA 阵容越来越强大。

2. 2.0 版本

随着 Windows 95 的出现和 Windows 98 的成功，微软迅速发展，并迅速在 PC 操作系统业界建立了微软帝国。PDA 市场的发展潜力被众多分析家看好，在其操作系统发展已经非常稳定的前提下，又开始了在 PDA 市场上的全力冲刺，用 Windows CE 2.0 操作系统来打造与 Palm 非常类似的掌上产品。

Windows CE 2.0 不仅比 CE 1.0 快得多，而且是彩色显示，有众多新型 PDA 采用了新的 Windows CE 2.0 系统，大有取代 Pilot 的趋势，成为 PDA 操作系统新的标准。尽管 Windows CE 2.0 仍然要比 Pilot 的操作系统需要的空间大得多，但它具有 Windows 的界面，方便使用。而且与 Windows 的技术相似，第三方 Windows 应用软件开发商可以很容易地把自己的应用软件转换成可供 Windows CE 运行的版本，因此，Windows CE 可使用软件的种类很多。

3. 3.0 版本

Windows CE 3.0 是微软的 Windows Compact Edition，是一个通用版本，并不针对掌上产品，标准 PC、家电和工控设备上也可以安装运行，但要做许多客户化工作，当然也可以做掌上电脑。微软鼓励用户在任何硬件平台(Windows CE 3.0 支持 5 系列 CPU：X86、PowerPC、ARM、MIPS、SH3/4)上使用(为了和 VxWorks、Linux 等竞争)，所以早期的 Windows CE 运行在不同的硬件平台上，而且可以更换显示方向，以便为不同的平台服务。

2000 年微软公司将 Windows CE 3.0 正式改名为 Windows for Pocket PC，简称 Pocket PC，把 Pocket Word 和 Pocket Excel 等一些日常所需的办公软件的袖珍版装进了 Pocket PC 中，同时在娱乐方面的性能作了很大的改善，加入 Pocket PC 阵营的有 HP、Compaq、Casio 等一些著名厂商。2002 年智能手机商机再现，不少 PPC 厂商希望推出整合手机功能的 PPC，于是在 2002 年 8 月，专门为手机优化过的微软 Pocket PC 2002 Phone Edition 操作系统匆匆问世，2002 年 10 月，国内第一款 PPC 手机——多普达 686 上市了，随后熊猫推出了 CH860，联想推出了 ET180，越来越多的 Pocket PC 产品出现了。

4. 4.0 ~ 4.2 版本

Windows CE.NET（Windows CE 4.0）是微软于 2002 年 1 月推出的首个以.NET 为名的操作系统，从名字上就可以知道它是微软的.NET 的一部分。Windows CE.NET 是 Windows CE 3.0 的升级，同时加入.NET Framework 精简版，支持蓝牙和.NET 应用程序开发。

Windows CE. NET 4.2 是 Windows CE.NET 4.0/4.1 的升级版，对 Windows CE 先前版本的强大功能进行了进一步的扩充和丰富，基于其开发的设备将从这些微小但重要的变化中获得更好的性能和更强的 Windows 集成功能。微软在 Windows CE 4.2 版本时曾提供开放源代码，不过只针对研究单位，而程序代码较少，为 200 万行。

5. 5.0 版本

Windows CE 5.0 在 2004 年 5 月推出，微软宣布 Windows CE 5.0 扩大开放程序源代码。在这个开放源代码计划授权下，微软开放 250 万行源代码程序作为评估套件（Evaluationkit）。凡是个人、厂商都可以下载这些源代码加以修改使用，未来厂商定点生产时，再依执行时期（Run-time）授权，支付 Windows CE 5.0 核心每台机器 3 美元的授权费用，这也是微软第一个提供商业用途衍生授权的操作系统。

6. 6.0 版本

2006 年 11 月，微软公司最新的嵌入式平台 Windows Embedded CE 6.0 正式上市。作为业内领先的软件工具，Windows Embedded CE 6.0 将为多种设备构建实时操作系统，如互联网协议（IP）机顶盒、全球定位系统（GPS）、无线投影仪，以及各种工业自动化、消费电子以及医疗设备等。

在 Windows Embedded 诞生十周年之际，微软首次在"共享源计划（Microsoft Shared Source Programme）"中毫无保留地开放 Windows Embedded CE 6.0 内核，（GUI 不开放），比 Windows Embedded CE 的先前版本的开放比例整体高出 56%。"共享源计划"为设备制造商提供了全面的源代码访问，以进行修改和重新发布（根据许可协议条款），而且不需要与微软或其他方共享他们最终的设计成果。尽管 Windows 操作系统是一个通用型计算机平台，为实现统一的体验而设计，设备制造商可以使用 Windows Embedded CE 6.0 这个工具包为不同的非桌面设备构建定制化的操作系统映像。通过获得 Windows Embedded CE 源代码的某些部分，如文件系统、设备驱动程序和其他核心组件，嵌入式开发者可以选择他们所需的源代码，然后编译并构建自己的代码和独特的操作系统，迅速将他们的设备推向市场。

微软还将 Visual Studio 2005 专业版作为 Windows Embedded CE 6.0 的一部分一并推出。这对微软来说又是一次史无前例的突破。Visual Studio 2005 专业版包括一个被称为 Platform Builder 的功能强大的插件，它是一个专门为嵌入式平台提供的集成开发环境。这个集成开发环境使得整个开发链融为一体，并提供了一个从设备到应用都易于使用的工具，极大地加快了设备开发上市的速度。

Windows Embedded CE 6.0 重新设计的内核具有 32000 个处理器的并发处理能力，每个可处理 2GB 虚拟内存寻址空间，同时能保持系统的实时响应。这使得开发人员可以将大量强大的应用程序融入更智能化、更复杂的设备中。Windows Embedded CE 6.0 加入了新的单元核心数据和语音组件，这使得设备能够通过蜂窝通信网络建立数据连接和语音通话，从而实现机器对机器的通信应用场景，并构建相应的设备，如停车表、自动售货机和 GPS 设备等。Windows Embedded CE 6.0 包含的组件更便于开发者创建通过 Windows Vista 内置功能无线连接到远程桌面共享体验的投影仪。Windows Embedded CE 6.0 充分利用了多媒体技术，以开发网络媒体设备、数字视频录像机和 IP 机顶盒等。

7. 7.0 版本

在 2010 年 6 月 1~5 日的台北 COMPUTEX 展会上，微软正式公布了其嵌入式产品线最新的一员 Windows Embedded Compact 7。Windows Embedded Compact 7 的前身便是众所周知的 Windows Embedded CE（简称 WinCE）系统，随着版本号的升级，其正式改名为 Windows Embedded Compact 7。微软后来推出的 Windows Phone 7 所采用的内核正是使用了类似的 WinCE 7 内核。不仅如此，Windows Phone 平台也是基于 WinCE 平台而定制出来的产品。

此次发布的 Windows Embedded Compact 7 的改进如下。

(1) 对无缝连接技术的改进。Windows Embedded Compact 7 提供的各项技术可以支持与富媒体、在线服务、Windows PC、智能手机和其他手持设备的无缝连接。

(2) 改进连接和使用富媒体服务。Windows Embedded Compact 7 使用了新的媒体库来简化多媒体功能管理，并对 MPEG-4 和 HD 高清进行了支持，灵活的插件架构技术支持第三方内容扩展。

(3) 实现了和 Windows 7 的无缝对接。Windows Embedded Compact 7 利用 Windows Device Stage 简化了多媒体的管理，可以很轻松地在两者间同步数据和媒体文件。

(4) 完善 Office 和个人信息服务。Windows Embedded Compact 7 可支持 Office Viewers AirSync 和 Microsoft Exchange。

(5) 丰富用户体验。Windows Embedded Compact 7 提供的创新解决方案，可以为用户提供非同凡响的设备交互能力。

(6) 灵活的 UI 框架扩展。Windows Embedded Compact 7 为设备提供了一个更加丰富和直观的用户界面框架——Silverlight，设计师可以利用 Microsoft Expression Blend 构建出只限于想象力的界面效果。

(7) 丰富在线冲浪体验。Windows Embedded Compact 7 更新的 IE 浏览器引擎支持 Tab 标签页、Zooming 缩放等功能，支持 Adobe Flash 10.1 组件。

(8) 改进操控输入更具人性化。Windows Embedded Compact 7 内置了强大的触控交互方式，允许用户自定义手势，并为移动设备原生提供了多点操控支持。

8. 8.0 版本

2013 年 3 月 21 日，微软正式发布了 Windows Embedded 8 系列操作系统，从而将 Windows

8 技术带到一系列边缘设备上，Windows Embedded 8 将帮助企业利用物联网平台通过信息技术基础设施来获取、分析和执行有价值的数据。Windows Embedded 8 具有以下特点。

（1）Windows Embedded 8 缩短了开发周期，使设备制造商能够生产各种让客户满意的一流产品，从而在竞争中脱颖而出。他们拥有众多业务线解决方案，并针对那些可将数据转换为持续竞争优势的智能系统进行了优化。

（2）生产不同的设备，借助最新的 Microsoft 创新，制造商能够提供更多的沉浸式自然用户体验，以使他们的设备脱颖而出。设备制造商能够提供贯穿所有设备的独特品牌体验，进一步为其客户定义无与伦比的用户体验。

（3）基于信赖的技术，构建专用设备。Windows Embedded 8 使用来自 Windows 8 的最新安全技术，帮助保护专用设备上的客户敏感商业信息。制造商可以确保基于 Windows Embedded 8 所构建的设备高度可靠。

（4）扩展商业智能。制造商可以确保通过 Windows Embedded 8 所构建的设备针对智能系统进行优化。Microsoft 提供无缝企业标识和访问管理。可一同高效管理专用设备与 Windows PC，并将设备连接至 Windows Azure 和 Windows Server，以保证将客户数据转化为独特的竞争优势。

1.2.4　VxWorks 操作系统

VxWorks 操作系统是美国 WindRiver 公司于 1983 年设计开发的一种嵌入式实时操作系统（RTOS），是嵌入式开发环境的关键组成部分。它以良好的可靠性、卓越的实时性以及友好的用户开发环境，在嵌入式实时操作系统领域占据一席之地，并被广泛应用于通信、军事、航空、航天等高精尖技术及实时性要求极高的领域中，如卫星通信、军事演习、弹道制导、飞机导航等，现已成为事实的工业标准和军用标准。其微内核 Wind 是一个具有较高性能的、标准的嵌入式实时操作系统内核。

1. VxWorks 操作系统的特点

（1）高可靠性：稳定、可靠一直是 VxWorks 的一个突出优点，它已经成功地应用在美国的"勇气"号火星车中。

（2）高性能的 Wind 微内核设计：该内核支持所有的实时功能，如多任务、中断等，VxWorks 5.5 内核最小可以被裁剪到只有 8KB 左右。

（3）可裁剪性：可根据具体应用定制系统，使系统对资源的需求量小，利用率高。VxWorks 由一个体积很小的内核及一些可以根据需要进行定制的系统模块组成。

（4）实时性：实时性是指能够在限定时间内执行完规定的功能并对外部的异步事件作出响应的能力。VxWorks 的实时性非常好，其系统本身的开销很小，进程调度、进程间通信、中断处理等系统公用程序精练而有效，它们造成的延迟很短。

（5）支持应用程序的动态链接和动态下载：应用程序各模块可分别编译、下载、动态链接，方便易用。

（6）具有丰富的网络协议栈：特别适合于网络应用的相关场合。

（7）移植性：绝大部分系统代码是用 C 语言编写的，具有良好的移植性。

风河公司近日宣布，已经完成了对其实时操作系统（Real-Time Operating System，RTOS）的全面升级，足以支持业界客户抓住物联网所带来的新机遇。最新发布的风河 VxWorks 7 不仅进一步强化了风河公司在传统的航空、国防、医疗以及工业市场的领导地位，而且会在新兴的物联网应用领域大放异彩。

2. 最新发布的 VxWorks 7 功能的提升

(1)模块化：新的模块化架构，使用户能够对系统组件和协议实施高效且有针对性的升级，无须改变系统内核，从而最大限度地减少了测试和重新认证的工作量，确保客户系统始终能够采用最先进的技术。

(2)安全性：全套内置安全功能，包括安全数据存储、防篡改设计、安全升级、可信任引导、用户以及策略管理。

(3)可靠性：功能进一步增强，可以满足医疗、工业、交通、航空以及国防领域对于安全应用与日俱增的需求。

(4)可升级性：VxWorks 平台将微内核与标准内核融为一体，使用户能够在不同类别的设备上运用同一个 RTOS 基础，适用范围十分广泛，从小型消费者可穿戴设备到大型组网设备以及介于二者之间的各类设备，从而降低了开发和维护成本。

(5)连接性和图形：支持各种业界领先的标准和协议，如 USB、CAN、Bluetooth、FireWire 和 Continua 以及开箱即用的高性能组网功能。这个图形功能丰富的平台包括一个高效的基于公开发布 OpenVG 的栈、硬件辅助图形驱动以及 Tilcon 图形设计工具。

1.2.5 Android 系统

Android 是 Google 于 2007 年 11 月 5 日宣布的基于 Linux 平台的开源移动手机平台，该平台由操作系统、中间件、用户界面和应用软件组成，号称是首个为移动终端打造的真正开放的移动开发平台。它采用软件堆层(Software Stack，又名软件叠层)的架构，主要分为三部分。底层以 Linux 内核工作为基础，由 C 语言开发，只提供基本功能；中间层包括函数库(Library)和虚拟机(Virtual Machine)，由 C++开发；最上层是各种应用软件，包括通话程序、短信程序等，应用软件则由各公司自行开发，以 Java 编写程序的一部分。Android 系统基于 Linux 2.6 提供核心系统服务，如安全、内存管理、进程管理、网络堆栈、驱动模型。

Android 系统原来的公司名字就是 Android，这个仅成立 22 个月的高科技企业于 2005 年被 Google 公司收购，从此，Android 系统开始由 Google 接手研发，Android 系统的负责人以及 Android 公司的 CEO 安迪•鲁宾成为 Google 公司的工程部副总裁，继续负责 Android 项目的研发工作。

2007 年 11 月 5 日，Google 公司正式向外界展示了这款名为 Android 的操作系统，同时宣布建立一个全球性的联盟组织，该组织由 34 家手机制造商、软件开发商、电信运营商以及芯片制造商共同组成。这一联盟将支持 Google 发布的手机操作系统以及应用软件，将共同开发 Android 系统的开放源代码。

2008 年，在 Google I/O 大会上，Google 提出了 Android HAL 架构图，在同年 8 月 18 日，Android 获得了美国联邦通信委员会的批准，在 2008 年 9 月，Google 正式发布了 Android 1.0 系统，这也是 Android 系统最早的版本。当时，智能手机领域还是诺基亚的天下，Symbian 系统在智能手机市场中占有绝对优势，在这样的前提下，Google 发布的 Android 1.0 系统并不被外界看好，甚至有言论称最多一年 Google 就会放弃 Android 系统。

之后不久就有一款搭载 Android 1.0 系统的手机现身，这款手机就是 T-Mobile G1，手机是由运营商 T-Mobile 定制，台湾 HTC(宏达电)代工制造。T-Mobile G1 是世界上第一款使用 Android 操作系统的手机，手机的全名为 HTC Dream。这款手机采用了 3.17 英寸 480×320 分辨率的屏幕，手机内置 528MHz 处理器，拥有 192MB RAM 以及 256MB ROM。支持 WCDMA/HSPA 网络，理论下载速率为 7.2Mbit/s，并支持 WiFi 无限局域网络。

2009 年 4 月，Google 正式发布了 Android 1.5 手机操作系统，从 Android 1.5 版本开始，Google 开始将 Android 的版本以甜品的名字命名，Android 1.5 命名为 Cupcake(纸杯蛋糕)。Android 1.5 系统与 Android 1.0 相比有了很大的改进：拍摄/播放影片，并支持上传到 Youtube；支持立体声蓝牙耳机，同时改善了自动配对性能；采用最新的 WebKit 技术的浏览器，支持复制/粘贴和页面中搜索；GPS 性能大大提高；提供屏幕虚拟键盘；主屏幕增加音乐播放器和相框 widgets；应用程序自动随着手机旋转；短信、Gmail、日历，浏览器的用户接口大幅改进，如 Gmail 可以批量删除邮件；相机启动速度加快，拍摄图片可以直接上传到 Picasa；来电照片显示等。

随后 Google 为 T-Mobile G1 进行了系统的升级并且发布了全新的 HTC Magic 手机，HTC Magic 采用的是 3.2 英寸屏幕，分辨率为 320×480，手机内置 528MHz 处理器，内存升级为 288MB RAM 以及 512MB ROM，在运行速度上有了提升。在 2009 年，HTC Dream 以及 HTC Magic 成为当时仅次于 iPhone 的热门机型。

2009 年 9 月，谷歌发布了 Android 1.6 的正式版，并且推出了搭载 Android 1.6 正式版的手机 HTC Hero(G3)，凭借着出色的外观设计以及全新的 Android 1.6 操作系统，HTC Hero(G3) 成为当时全球最受欢迎的手机。Android 1.6 也有一个有趣的甜品名称，它被称为 Donut(甜甜圈)。Android 1.6 改进有：重新设计的 Android Market 手势；支持 CDMA 网络；文字转语音系统(text-to-speech)；快速搜索框；全新的拍照接口；查看应用程序耗电；支持虚拟私人网络(VPN)；支持更多的屏幕分辨率；支持 OpenCore2 媒体引擎；新增面向视觉或听觉困难人群的易用性插件。

作为 Android 1.6 系统最具有代表性的手机，HTC Hero(G3)采用了 3.2 英寸屏幕，分辨率为 320×480。手机内置 528MHz 处理器，采用 288MB RAM 以及 512MB ROM 的组合，手机采用了 Sense 界面，运行非常流畅。G3 采用了 500 万像素的摄像头。

2009 年 10 月，Google 发布了 Android 2.0 操作系统，并将 Android 2.0～2.1 系统的版本统称为 Éclair(松饼)，同样是一种甜品名称。新系统与旧系统相比进行了较大的改进。Android 2.0～2.1 的改进有：优化硬件速度；Car Home 程序；支持更多的屏幕分辨率；改良的用户界面；新的浏览器的用户接口和支持 HTML 5；新的联系人名单；更好的白色/黑色背景比率；改进 Google Maps 3.1.2；支持 Microsoft Exchange；支持内置相机闪光灯；支持数码变焦；改进的虚拟键盘；支持蓝牙 2.1；支持动态桌面的设计。

Android 2.0 版本的代表机型为 NEXUS One(G5)，这款手机为 Google 旗下第一款自主品牌手机，该机由 HTC 代工生产。NEXUS One(G5)采用了一块 3.7 英寸的触摸屏，分辨率提升至 480×800。手机内置高通 Snapdragon QSD8250 1GHz 处理器，拥有 512MB RAM 以及 512MB ROM，手机运行非常流畅。NEXUS One(G5)拥有一枚 500 万像素的摄像头。NEXUS One(G5) 手机在 2010 年 1 月正式发售，在当时受到了用户的广泛关注。

2010 年 2 月，Linux 内核开发者 Kroah-Hartman 将 Android 的驱动程序从 Linux 内核"状态树"(Staging Tree)上除去，从此，Android 与 Linux 开发主流将分道扬镳。同年 5 月，Google 正式发布了 Android 2.2 操作系统。Google 将 Android 2.2 操作系统命名为 Froyo，即冻酸奶。

Android 2.2 操作系统在当时受到了广泛的关注，美国 NDP 集团调查显示，在当时 Android 系统已占据了美国移动系统市场 28%的份额，在全球占据了 17%的市场份额。到 2010 年 9 月，Android 系统的应用数量已经超过了 9 万个，Google 公布每日销售的 Android 系统设备的新用户数量达到 20 万，Android 系统取得了巨大的成功。

采用 Android 2.2 操作系统的手机比较典型的是 HTC Desire HD(G10)，该机采用了一块 4.3 英寸的显示屏，分辨率为 480×800。手机内置高通 MSM 8255 1GHz 处理器，这款手机采用的是 768MB RAM+1.5GB ROM 的组合，运行 Android 2.2 系统非常流畅，手机拥有一枚 800 万像素的摄像头。

除了 HTC，三星的 Galaxy S 也是一款使用 Android 2.2 操作系统的手机，且受到众多用户的喜爱，这款手机采用 4 英寸显示屏，分辨率为 480×800，屏幕材质为 Super AMOLED，显示效果出色。手机内置 Samsung S5PC110(蜂鸟)1GHz 处理器，拥有 512MB RAM 以及 512MB ROM，手机内置 8GB 存储空间，500 万的摄像头成像效果出色。

2010 年 10 月，Google 宣布 Android 系统达到了第一个里程碑，即电子市场上获得官方数字认证的 Android 应用数量已经达到了 10 万个，Android 系统的应用增长非常迅速。2010 年 12 月，Google 正式发布了 Android 2.3 操作系统 Gingerbread(姜饼)。Android 2.3 改进如下：增加了新的垃圾回收和优化处理事件；原生代码可直接存取输入和感应器事件、EGL/OpenGL ES、OpenSL ES；新的管理窗口和生命周期的框架；支持 VP8 和 WebM 视频格式，提供 AAC 和 AMR 宽频编码，提供了新的音频效果器；支持前置摄像头、SIP/VOIP 和 NFC(近场通信)。

2011 年比较热门的 Android 2.3 机型当属三星 Galaxy S II。该机厚度不足 9mm，创下了最薄的智能手机纪录。手机采用 4.3 英寸显示屏，分辨率为 480×800，手机采用的是全新的 Super AMOLED PLUS 显示屏，显示效果出色。手机内置 Exynos 4210 1.2GHz 双核处理器，拥有 1GB RAM 和 4GB ROM。手机拥有 800 万像素摄像头，支持 1080P 视频的拍摄。

2011 年 1 月，Google 称每日的 Android 设备新用户数量达到了 30 万部。2011 年 2 月，Google 发布 Android 3.0(Honeycomb 蜂巢)。2011 年 5 月，Google 发布 Android 3.1。2011 年 7 月，Google 发布 Android 3.2，同时每日的 Android 设备新用户数量增长到 55 万部，而 Android 系统设备的用户总数达到了 1.35 亿，Android 系统已经成为智能手机领域占有量最高的系统。

2011 年 10 月，Google 发布了 Android 4.0，命名为 Ice Cream Sandwich(ICS，冰激凌三明治)。

2012 年 6 月，Google 发布了 Android 4.1，研发代号是 Jelly Bean(果冻豆)。Android 4.1 改进功能如下：三重缓冲；基于时间与位置的语音搜索；离线语音输入；增强通知中心。

Google 原定于 2012 年 10 月 30 日召开 Android 发布会，但由于受到桑迪(Sandy)飓风的影响而临时取消，不过 Google 仍通过其官方博客发布了全新的 Android 4.2 系统。Android 4.2 是谷歌新一代移动操作系统，它沿用了 4.1 版 Jelly Bean 这一名称，并推出了全球首款搭载 Android 4.2 的 NEXUS 10 平板。Android 4.2 与 Android 4.1 相似性很高，但仍作了一些改进与升级，比较重要的包括以下几方面：Photo Sphere 全景拍照；键盘手势输入；Miracast 无线显示共享；手势放大缩小屏幕；为盲人用户设计的语音输出和手势模式导航功能；新的恶意软件扫描功能。

2013 年 7 月 25 日，Google 在美国圣弗朗西斯科的新品发布会上发布了在安卓 4.2 版本基础上的升级版本 Android 4.3，Google 的 NEXUS 系列手机和平板电脑已率先推送升级。业内预计，三星和 HTC 也将很快得到更新。

相比于 Android 4.2，新版系统并未在用户界面上作出过多改变，保持了果冻豆系列统一的 Holo 风格。Android 4.3 虽然没有加入颠覆性的新功能，但实际上在系统内部进行了一系列提升。Android 4.3 系统再次增加了新的优化：对于图形性能，硬件加速 2D 渲染优化了流绘图命令；对于多线程处理，渲染也可以使用多个 CPU 内核的多线程执行某些任务。此外，新系统还对形状和文本的渲染进行了提升，并改进了窗口缓冲区的分配。其中最为重要的更新要数支持移动图形设备的主要接口——OpenGL ES 3.0。

2013 年 9 月 4 日，Google 对外公布了 Android 新版本 Android 4.4 KitKat(奇巧巧克力)，并且于 2013 年 11 月 1 日正式发布，新的 4.4 系统更加整合了自家服务，力求防止安卓系统继续碎片化、分散化。

1.2.6　iOS 系统

iOS 是由苹果公司开发的移动操作系统。苹果公司最早于 2007 年 1 月 9 日的 Macworld 大会上公布这个系统，最初是设计给 iPhone 使用的，后来陆续用到 iPod Touch、iPad 以及 Apple TV 等产品上。iOS 与苹果的 Mac OS X 操作系统一样，它也是以 Darwin 为基础的，因此同样属于类 UNIX 的商业操作系统。原本这个系统名为 iPhone OS，因为 iPad、iPhone、iPod Touch 都使用 iPhone OS，所以在 2010WWDC(World Wide Developers Conference，苹果计算机全球研发者大会)上宣布改名为 iOS。

iOS 具有简单易用的界面、令人惊叹的功能，以及超强的稳定性，已经成为 iPhone、iPad 和 iPod Touch 的强大基础，iOS 内置的众多技术和功能让 Apple 设备始终保持着遥遥领先的地位。当然，封闭性也是该系统的最大特点。

苹果公司最早于 2007 年 1 月 9 日在 Macworld 大会上公布 iOS 系统，最初是设计给 iPhone 使用的，随后于同年的 6 月发布第 1 版 iOS 操作系统，最初的名称为 iPhone Runs OS X。

2007 年 10 月 17 日，苹果公司发布了第一个本地化 iPhone 应用程序开发包(SDK)，并且计划在 2008 年 2 月发送到每个开发者以及开发商手中。

2008 年 3 月 6 日，苹果发布了第一个测试版开发包，并且将 iPhone Runs OS X 改名为 iPhone OS。

2008 年 9 月，苹果公司将 iPod Touch 的系统也换成了 iPhone OS。

2010 年 2 月 27 日，苹果公司发布了 iPad，iPad 同样搭载了 iPhone OS。这年，苹果公司重新设计了 iPhone OS 的系统结构和自带程序。

2010 年 6 月，苹果公司将 iPhone OS 改名为 iOS，同时获得了思科 iOS 的名称授权。

乔布斯在美国当地时间 2010 年 6 月 7 日召开的 WWDC2010 上宣布，将原来 iPhone OS 系统重新定名为 iOS，并发布新一代操作系统 iOS 4，为 6 月发布的 iPhone 3GS 手机提供包括多任务在内的 100 项最新功能，除了可以一次性运行多款应用外，该系统还允许用户通过文件夹来整理日益增多的应用。

2011 年 6 月 7 日，苹果 2011 年度的 WWDC 大会上，Scott Forstall 正式公布的 iOS 设备至今已经销售了 2 亿台，占全球移动操作系统 44%的份额，iPad 自发布以来，14 个月间售出 2500 万台。更重要的是，iOS 5 移动操作系统出现了，全新的 iOS 5 系统拥有 200 个新功能特性。2011 年 10 月 13 日凌晨，苹果移动操作系统 iOS 5 正式在全球范围内推出。iOS 5 中还推出了重要的 OTA(Over-the-Air Technology，空中下载技术)系统更新方式。

2012 年 6 月 12 日，苹果在 WWDC 大会上公布了全新的 iOS 6 操作系统。iOS 6 拥有 200

多项新功能，全新地图应用是其中较为引人注目的内容之一，它采用苹果自己设计的制图法，首次为用户免费提供在车辆需要拐弯时进行语音提醒的导航服务。

2013 年 6 月 10 日，苹果公司在 WWDC 2013 上发布了 iOS 7，该系统在 iOS6 的基础上有了很大的改进。它不仅采用了全新的应用图标，还重新设计了内置应用、锁屏界面以及通知中心等。iOS 7 还采用了 AirDrop 作为分享的方式之一并改进了多任务能力，AirDrop 是一种局域 WiFi 无线传送技术，用于在多台设备之间分享文件，只要将文件拖动到使用 AirDrop 功能的好友头像上，就能进行一对一的文件传输(类似于蓝牙传输)。iOS 7 支持 iPhone 4 以上设备、iPad 2 以上设备、iPad mini 以及 iPod Touch 5 以上的设备。

2014 年 6 月 3 日，苹果公司在 WWDC 2014 上发布了 iOS 8，并提供了开发者预览版更新。iOS 8 延续了 iOS 7 的风格，只是在原有风格的基础上作了一些局部和细节上的优化、改进和完善，更加令人愉悦。首先 iOS 8 通知中心进行了全新设计，取消了"未读通知"视图，接入更多更丰富的数据来源，并可在通知中心直接回复短信息，在锁屏界面也可以直接回复或删除信息和 iMessage 音频内容。双击 Home 的多任务列表可以看到最近的联系人，在卡片上方单击，可以直接回短信和打电话。

本 章 小 结

随着信息技术的发展，嵌入式系统在人们的生产和生活中无处不在。本章首先对嵌入式系统进行了概述，从中读者可以了解到嵌入式系统的定义与特点、嵌入式系统的八大应用领域、嵌入式系统的四个发展阶段及嵌入式系统的五层结构。接下来简要介绍了嵌入式操作系统，并重点介绍了目前广泛使用的包括嵌入式 Linux、Windows Embedded、VxWorks、Android 及 iOS 在内的五种操作系统，从中读者可以了解到各种嵌入式操作系统的发展历程与优良特性。

习题与实践

1. 什么是嵌入式系统？
2. 简述嵌入式系统的特点和应用领域。
3. 简述嵌入式系统的发展历程。
4. 一个嵌入式系统在结构上分为哪几层？
5. 嵌入式系统硬件层包括哪几部分？
6. 嵌入式系统的存储器有哪几种？各自的用途和特点是什么？
7. 嵌入式系统中的驱动层包括哪几部分？各自起什么作用？
8. 简述嵌入式操作系统的作用和特点。
9. 简述嵌入式 Linux 操作系统的发展历程、主流发行版本及特点。
10. 简述 Windows CE 的发展历程。
11. 简述 VxWorks、Android 及 iOS 操作系统的特点。

第 2 章　嵌入式 Linux 操作系统基础

嵌入式 Linux 操作系统一般是指把 Linux 内核移植到一个专用嵌入式设备的 CPU 和主板上。现在有很多种嵌入式 Linux 解决方案，通常包括一个移植的内核、嵌入式 Linux 的开发工具以及根据应用需要裁剪的应用程序等。在学习嵌入式 Linux 编程之前，首先要了解嵌入式 Linux 操作系统内核结构和文件结构，其次需要搭建一个合适的嵌入式 Linux 编程环境，在此基础上，掌握 Linux 基本操作命令。本章主要介绍嵌入式 Linux 操作系统内核结构和文件结构、嵌入式 Linux 系统配置和基本操作命令。

2.1　嵌入式 Linux 操作系统内核结构

总的来说，嵌入式 Linux 和桌面 Linux 提供的 API 函数和内核源代码绝大部分都是相同的。因此，本节将以 Linux 2.6.25-14.fc9.i686 为例介绍 Linux 操作系统内核结构和文件结构。

2.1.1　Linux 操作系统内核结构

从本质上来说，操作系统应该就是指内核，因为操作系统的主要任务就是隐藏处理器硬件的细节，而这均是由内核实现的。但是内核还不是操作系统的全部，还需要加上系统调用接口程序，如果让用户直接和操作系统交互，对一般用户来说是一件十分困难的事情，系统调用接口程序就是为了更好地使用用户与操作系统交互提供一个接口。

1. Linux 内核在整个操作系统中的位置

Linux 的内核不是孤立的，必须把它放在整个操作系统中研究，图 2-1 显示了 Linux 内核在整个操作系统的位置。

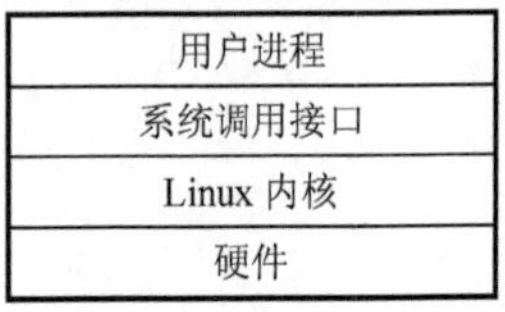

| 用户进程 |
| 系统调用接口 |
| Linux 内核 |
| 硬件 |

图 2-1　Linux 内核在整个操作系统中的位置

由图 2-1 可以看出，Linux 操作系统由三部分组成。

1）用户进程

用户应用程序是运行在 Linux 操作系统最高层的一个庞大的软件集合，当一个用户程序在操作系统之上运行时，它成为操作系统中的一个进程。

2）系统调用接口

在应用程序中，可通过系统调用来调用操作系统内核中特定的过程，以实现特定的服务。例如，在程序中安排一条创建进程的系统调用，则操作系统内核便会为之创建一个新进程。

系统调用本身也是由若干条指令构成的过程。但它与一般的过程不同，主要区别是：系统调用运行在内核态（或称为系统态），而一般过程是运行在用户态。在 Linux 中，系统调用是内核代码的一部分。

3）Linux 内核

内核是操作系统的灵魂，它负责管理磁盘上的文件和内存，负责启动并运行程序，负责从网络上接收和发送数据包等。简言之，内核实际是抽象的资源操作到具体硬件操作细节之间的接口。从程序员的角度来讲，操作系统的内核提供了一个与计算机硬件等价的扩展或虚拟计算机平台，它抽象了许多硬件细节，程序可以以某种统一的方式进行数据处理，而程序员则可以避开许多硬件细节。从普通用户的角度讲，操作系统像是一个资源管理者，在它的帮助下，用户可以以某种易于理解的方式组织数据，完成自己的工作，并和其他人共享资源。

上面的这种划分把用户进程也纳入操作系统的范围之内，是因为用户进程的运行与操作系统密切相关，而系统调用接口可以说是操作系统内核的扩充，硬件则是操作系统内核赖以生存的物质条件。这几个层次的依赖关系表现为：上层依赖下层。

2. Linux 内核的抽象结构

Linux 内核包括进程调度、内存管理、虚拟文件系统、网络接口及进程间通信五个子模块，其相互关系如图 2-2 所示。

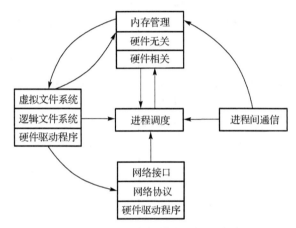

图 2-2　Linux 内核模块及相互关系

1）进程调度

进程调度控制着进程对 CPU 的访问。当需要选择下一个进程运行时，由调度程序选择最值得运行的进程。可运行进程实际上是仅等待 CPU 资源的进程，如果某个进程在等待其他资源，则该进程是不可运行进程。Linux 采用比较简单的基于优先级的进程调度算法选择新的进程。

2）内存管理

内存管理支持虚拟内存及多进程安全共享主存系统。Linux 的内存管理支持虚拟内存，即在计算机中运行的程序，其代码、数据和堆栈的总量可以超过实际内存的大小，操作系统只将当前使用的程序块保留在内存中，其余的程序保留在磁盘上。必要时，操作系统负责在磁盘和内存之间交换程序块。

内存管理从逻辑上可以分为硬件无关的部分和硬件相关的部分。硬件无关的部分提供了进程的映射和虚拟内存的对换；硬件相关的部分为内存管理硬件提供了虚拟接口。

3）虚拟文件系统

虚拟文件系统抽象异构硬件设备细节，提供公共文件接口。通俗地说，就是隐藏了各种不同硬件的具体细节，为所有设备提供了统一的接口，同时支持多达数十种不同的文件系统，这也是 Linux 的一大特色。

虚拟文件系统可分为逻辑文件系统和硬件驱动程序。逻辑文件系统指 Linux 所支持的文件系统，如 ext2、FAT 等；硬件驱动程序指为每一种硬件控制器所编写的设备驱动程序模块。

4)网络接口

网络接口提供了对各种网络标准协议的存取和各种网络硬件的访问。网络接口可分为网络协议和硬件驱动程序两部分。网络协议负责实现每一种可能的网络传输协议；硬件驱动程序负责与硬件设备进行通信，每一种硬件设备都有相应的驱动程序。

5)进程间通信

进程间通信为进程之间的通信提供实现机制。

从图 2-2 可以看出，进程调度处于中心位置，其他的所有模块都依赖于它，因为每个模块都需要挂起或恢复进程。一般情况下，当一个进程等待硬件操作完成时，它被挂起；当硬件操作真正完成时，进程被恢复执行。例如，当一个进程通过网络发送一条消息时，网络接口需要挂起发送进程，直到硬件成功地完成消息的发送，当消息被发送出去以后，网络接口给进程返回一个代码，表示操作成功或失败。其他模块(内存管理、虚拟文件系统及进程间通信)以相似的理由依赖于进程调度。

各个模块之间的依赖关系如下。

(1)进程调度与内存管理的关系：这两个模块互相依赖。在多道程序环境下，程序要运行必须为之创建进程，而创建进程的第一件事就是要将程序和数据装入内存。

(2)进程间通信与内存管理的关系：进程间通信模块要依赖内存管理支持共享内存通信机制，这种机制允许两个进程除了拥有自己的私有内存，还可以存取共同的内存区域。

(3)虚拟文件系统与网络接口的关系：虚拟文件系统利用网络接口支持网络文件系统，也利用内存管理支持 RAMDisk 设备。

(4)内存管理与虚拟文件系统的关系：内存管理利用虚拟文件系统支持交换，交换进程定期地由调度程序调度，这也是内存管理依赖于进程调度的唯一原因。当一个进程存取的内存映射被换出时，内存管理向文件系统发出请求，同时挂起当前正在运行的进程。

3. Linux 的内核版本

Linux 内核版本是由 Torvalds 作为总体协调人的 Linux 开发小组(分布在各个国家的近百位高手)开发出的系统内核的版本号。

Linux 内核采用的是双树系统：一棵是稳定树，主要用于发行；另一棵是非稳定树或称为开发树，用于产品开发和改进。

Linux 内核版本号由 3 位数字组成，格式为：$r.x.y$。第 1 位数字 r 为主版本号，通常在一段时间内比较稳定。第 2 位数字 x 为次版本号，如果是偶数，则代表这个内核版本是正式版本，可以公开发行；而如果是奇数，则代表这个内核版本是测试版本，还不太稳定仅供测试。第 3 位数字 y 为修改号，表示错误修补的次数，这个数字越大，表明修改的次数越多，版本相对越完善。

本书使用的 Linux 内核版本号是 Linux 2.6.25。

2.1.2 Linux 操作系统文件结构

Linux 操作系统文件目录结构如图 2-3 所示。

/bin：存放常用用户命令。

/boot：引导加载器所需文件，系统所需图片保存于此。

/dev：设备文件目录。

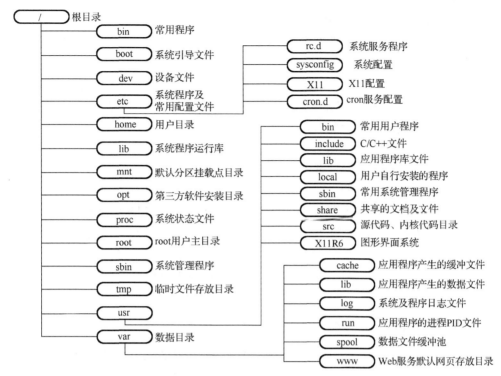

图 2-3　Linux 操作系统文件目录结构

/etc：存放系统所需要的配置文件和子目录。

　　/rc.d：启动或改变运行级时运行的脚本或脚本的目录。

　　/sysconfig：网络、时间、键盘等配置目录。

　　/X11：存放与 X Windows 有关的设置。

　　/cron.d：主要保存不同用户的系统计划任务。

/home：存储普通用户的个人文件。

/lib：存放着系统最基本的动态链接共享库。

/mnt：一般情况下这个目录是空的，在需要挂载分区时在这个目录下建立目录，再将要访问的设备(如光盘或 USB 设备)挂载在这个目录下。

/opt：第三方软件安装目录。

/proc：此目录的数据都在内存中，如系统核心、外部设备、网络状态等，由于数据都存放于内存中，所以不占用磁盘空间，比较重要的目录有/proc/cpuinfo、/proc/interrupts、/proc/dma、/proc/ioports、/proc/net 等。

/root：存放启动 Linux 时使用的一些核心文件，如操作系统内核、引导程序 Grub 等。

/sbin：可执行程序目录，但大多存放涉及系统管理的命令，只有 root 权限才能执行。

/tmp：系统产生临时文件的存放目录，每个用户都可以对它执行读写操作。

/usr：用户目录，存放用户级的文件。

　　/bin：存放系统启动时需要的二进制执行文件。

　　/include：存放 C/C++头文件的目录。

　　/lib：存放编程的原始库及程序或子系统不变的数据文件。

　　/local：存放本地安装的软件。

　　/sbin：存放系统管理员命令，与用户相关，如大部分服务器程序。

　　/share：存放共享的文档与文件。

　　/src：存放源代码及内核代码。

　　/X11R6：X 系统的所有文件，包括二进制文件、库文件、文档、字体等。

/var：存放系统执行过程中经常变化的文件。

　　/cache：存放应用程序产生的缓冲文件。

　　/lib：存放应用程序产生的数据文件。

　　/log：存放系统及程序日志文件。

　　/run：存放应用程序的进程 PID 文件。

　　/spool：数据文件缓冲池，包括 mail、news、打印队列和其他队列工作的目录。

　　/www：Web 服务默认网页存放目录。

2.2　嵌入式 Linux 系统管理

2.2.1　嵌入式 Linux 系统配置

　　本书所使用的编程环境是虚拟机 VMware Workstation+Fedora 9，因此，首先要在 PC 上安装 VMware Workstation 虚拟机软件，并把 Fedora 9 平台目录复制到 PC 的某个根目录下，详细安装步骤在此不再赘述。在完成上述安装任务后，即可登录虚拟机系统。此外，为了今后方便在 Linux 系统与 Windows 系统之间复制文件，一般要进行 Fedora 和 PC 共享目录的设置，下面介绍其操作步骤。

　　1. 登录虚拟机系统

　　(1)双击桌面上的 **VMware Workstation** 图标 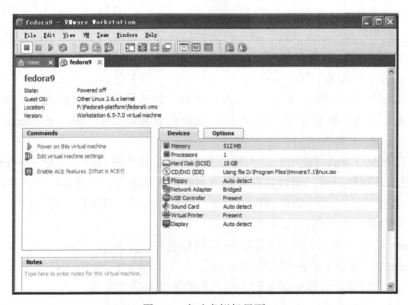，出现如图 2-4 所示界面。

图 2-4　启动虚拟机界面

(2)单击菜单栏上的绿色按钮 ▷，进入如图 2-5 所示的 Linux 登录界面。

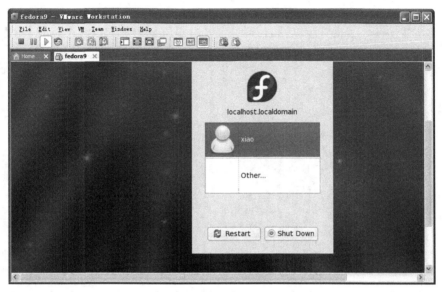

图 2-5　Linux 登录界面

(3)单击 Other 项，出现如图 2-6 所示输入用户名界面。

(4)输入用户名 root，单击 ⬛ Log In 按钮，出现如图 2-7 所示输入密码界面。

图 2-6　输入用户名界面

图 2-7　输入密码界面

(5)输入密码 123456（注意：切勿登录 Other 以外的用户）后，再次单击 ⬛ Log In 按钮，出现如图 2-8 所示的提示界面。

图 2-8　提示界面

(6)单击 Continue 按钮，这样系统就完成了登录，出现如图 2-9 所示系统登录后的界面。

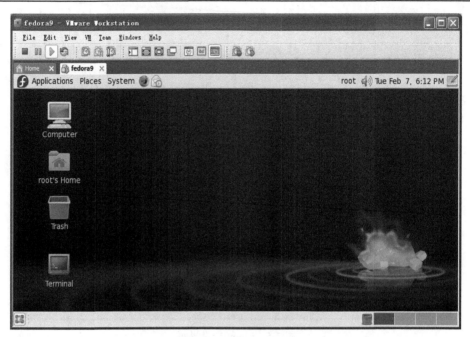

图 2-9　登录后界面

2. 设置 Fedora 与 PC 之间的共享目录

（1）登录 Linux 系统后，单击菜单栏中的 **VM** 菜单命令，选择 Settings 选项，创建共享目录，如图 2-10 所示。

图 2-10　选择 Settings 选项界面

（2）选择 Options 页面，如图 2-11 所示，选择 Shared Folders 选项，并选中 Always enabled 单选按钮。

（3）单击 Add... 按钮，出现如图 2-12 所示界面。

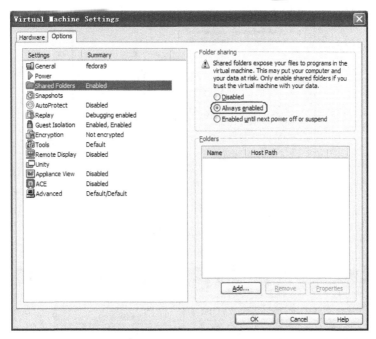

图 2-11　Options 选项卡设置

(4)单击 Next > 按钮，添加在 Windows 操作系统下打算和 Linux 系统共享的目录，例如，共享目录在 D 盘，共享目录名为 shared(共享目录名不要有中文字)，如图 2-13 所示。

图 2-12　添加共享文件夹向导

图 2-13　选择共享目录

(5)选择共享目录后单击 Next > 按钮，出现添加属性界面，选中 Enable this share 复选框，如图 2-14 所示。

(6)单击 Finish 按钮，出现如图 2-15 所示的显示共享文件夹界面，界面右下部出现了共享文件夹名称 D:\shared。

(7)单击 OK 按钮完成共享文件夹设置操作。然后单击系统登录界面菜单栏上面的 按钮，重启 Linux 系统。

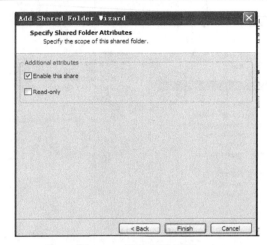

图 2-14　添加属性界面

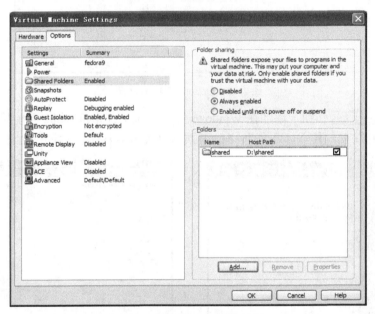

图 2-15　显示共享文件夹界面

　　双击 Linux 系统桌面上的 图标打开终端，进入/mnt/hgfs 目录下就可以看见前面设置的共享目录 shared，如图 2-16 所示。至此，Fedora 系统与 PC 共享目录设置完成。

图 2-16　查看共享目录界面

2.2.2　嵌入式 Linux 的基本操作命令

　　嵌入式 Linux 的基本操作命令主要包括四部分，即文件与目录管理命令、系统管理命令、网络命令及帮助命令。

1. 文件与目录管理常用命令

文件与目录管理命令是最常用、最重要的一类命令，特别是在进行系统安装与配置时，往往需要创建文件目录、重命名文件、复制文件、修改文件属性等。需要注意的是，文件操作一般都是不可逆的，在执行命令前需要对文件进行备份，以防止误操作。

1) ls 命令

命令格式：ls [选项] [目录名]

功能：列出目标目录中所有的子目录和文件。

选项说明如下。

-a：用于显示所有文件和子目录。

-l：除了文件名之外，还将文件的权限、所有者、文件大小等信息详细列出米。

-r：将目录的内容清单以英文字母顺序逆序显示。

-t：按文件修改时间进行排序，而不是按文件名进行排序。

-A：同-a，但不列出"."（表示当前目录）和".."（表示当前目录的父目录）。

-F：在列出的文件名和目录名后添加标志。例如，在可执行文件后添加"*"，在目录名后添加"/"以区分不同的类型。

-R：如果目标目录及其子目录中有文件，就列出所有的文件。

-Cx：按行跨页对文件名进行排序。

-CF：按列列出目录中的文件名，并在文件名后附加一个字符以区分目录和文件的类型：目录文件名之后附加一个斜线(/)，可执行文件名之后附加一个星号(*)，符号链接文件名之后附加一个@符号，普通文件名之后不附加任何字符。

-CR：以分栏格式显示目标目录及其各级子目录中的所有文件（目录和文件都可以称为文件），也称为递归列表。

例 2-1　打开终端并在[root@localhost　/]#提示符下输入 ls，显示/root 目录下的所有子目录，如图 2-17 所示。

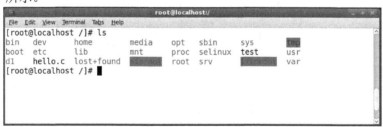

图 2-17　ls 命令显示的界面

例 2-2　打开终端并在[root@localhost　/]#提示符下输入 ls -a，显示/root 目录下的所有文件和子目录，如图 2-18 所示。

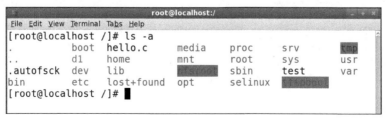

图 2-18　ls -a 命令显示的界面

例 2-3　打开终端并在[root@localhost　/]#提示符下输入 ls -l，显示/root 目录下的所有文件和子目录，包括权限、所有者、文件大小等信息，如图 2-19 所示。

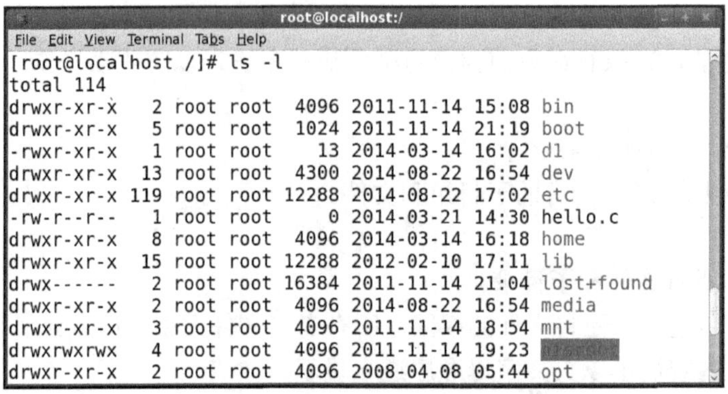

图 2-19　ls -l 命令显示的界面

2）cd 命令

命令格式：cd [目录名]

功能：切换目录。

用法说明如下。

cd 命令是用来切换目录的，它的使用方法和在 DOS 下差不多，但要注意以下两点：首先，和 DOS 不同的是 Linux 的目录对大小写是敏感的，如果大小写没写对，则 cd 操作不会成功；其次，cd 如果直接输入，cd 后面不加任何东西，会回到使用者自己的 Home Directory。假设如果是 root，则回到/root，与输入 cd ~是一样的效果。

例 2-4　打开终端并在[root@localhost　/]#提示符下输入 "cd home"，从/root 目录切换到/home 子目录，如图 2-20 所示。

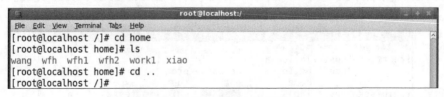

图 2-20　"cd home" 命令执行结果

例 2-5　打开终端并在[root@localhost　home]#提示符下输入 "cd .."，从/home 子目录返回到上一级目录，如图 2-21 所示。

图 2-21　"cd .." 命令执行结果

3）chmod 命令

Linux 系统中的每个文件和目录都有访问许可权限，用它来确定谁可以通过何种方式对文件和目录进行访问和操作。文件或目录的访问权限分为只读(r)、可写(w)和可执行(x)三种。有三种不同类型的用户可对文件或目录进行访问：文件所有者(u)、同组用户(g)和其他用户(o)。所有者一般是文件的创建者，它可根据需要把访问权限设置为所需要的任何组合，确定另两种用户的访问权限。

每一文件或目录的访问权限都有三组，每组用三位表示，分别为文件属主的读、写和执行权限；与属主同组的用户的读、写和执行权限；系统中其他用户的读、写和执行权限。

当用 ls -l 命令显示文件或目录的详细信息时，最左边的一列为文件的访问权限，如图 2-22 所示。

```
[root@localhost /]# ls -l
total 130
drwxr-xr-x   2 root root  4096 2014-08-22 18:02 aa
drwxr-xr-x   3 root root  4096 2014-08-23 18:48 bb
drwxr-xr-x   2 root root  4096 2011-11-14 15:08 bin
drwxr-xr-x   5 root root  1024 2011-11-14 21:19 boot
drwxrwxrwx   2 root root  4096 2014-08-23 18:54 
-rwxr-xr-x   1 root root    13 2014-03-14 16:02 d1
drwxr-xr-x   2 root root  4096 2014-08-23 18:59 dd
drwxr-xr-x  13 root root  4300 2014-08-23 18:32 dev
drwxr-xr-x 119 root root 12288 2014-08-23 18:42 etc
-rw-r--r--   1 root root     0 2014-03-21 14:30 hello.c
```

图 2-22　显示文件属性

r 代表只读，w 代表可写，x 代表可执行。第一个字符指定文件类型，若第一个字符为 d，则表示该文件是一个目录；若第一个字符为"-"，则表示该文件是一个普通文件。后面每三位为一组，共三组(属主、同组及其他)。在图 2-22 中，显示的最后一行第一列"-rw-r--r--"代表的是文件 hello.c 的访问权限，第一个字符"-"表示 hello.c 是一个普通文件；hello.c 的属主有读写权限；与 hello.c 属主同组的用户只有可读权限；其他用户也只有可读权限。

确定了一个文件的访问权限后，用户可以利用 Linux 系统提供的一组命令重新设置与权限和用户相关的操作。chmod 命令用来重新设定不同的访问权限。该命令有两种用法：一种是包含字母和操作符表达式的文字设定法；另一种是包含数字的数字设定法。

(1) 文字设定法。

命令格式：chmod [who] [操作符] [mode] 文件名

选项含义如下。

who：操作对象，可以是表 2-1 所述字母中的任一个，或者是它们的组合。

表 2-1　who 参数选项表

who 参数	含义
u	表示用户(user)，即文件或目录的所有者
g	表示同组(group)用户，即与文件属主有相同 ID 的用户
o	表示其他(others)用户
a	表示所有(all)用户，它是系统默认值

操作符：可以是表 2-2 所列操作之一。

mode：所表示的权限可用字母 r、w、x、u、g、o 的组合表示，其含义如表 2-3 所示。

例 2-6　给文件 a.txt 的同组用户赋予可执行权限，同时去除读、写权限。

```
[root@localhost test]# chmod g=x a.txt
[root@localhost test]# ls -l a.txt
-rw ---xr - 1 root root 13 2012-02-08 18:24 a.txt
```

表 2-2 　操作符选项表

操作符号	含义
+	添加某个权限
–	取消某个权限
=	赋予给定权限并取消其他所有权限

表 2-3 　mode 参数选项表

mode 参数	含义
r	可读
w	可写
x	可执行
u	与文件属主拥有一样的权限
g	与文件属主同组的用户拥有一样的权限
o	与其他用户拥有一样的权限

例 2-7　为文件 a.txt 的其他用户增加写权限。

```
[root@localhost test]# chmod o+w a.txt
[root@localhost test]# ls -l a.txt
-rw ---xrw - 1 root root 13 2012-02-08 18:24 a.txt
```

(2) 数字设定法。

命令格式：chmod [mode] 文件名

说明：用数字表示的属性含义为 0 表示没有权限，1 表示可执行权限，2 表示可写权限，4 表示可读权限，然后将其相加。所以数字属性的格式应为 3 个 0~7 的八进制数，这三个数表示的用户顺序为 u、g 和 o。

如果想让某个文件的属主有读写两种权限，则 mode 用 6 表示，即 4(可读)+2(可写)=6(读写)。

例 2-8　将文件 a.txt 设置为 rwxr-x--x 权限。

```
[root@localhost test]# chmod 751 a.txt
[root@localhost test]# ls -l a.txt
-rwxr -x -- x 1 root root 13 2012-02-08 18:24 a.txt
```

例 2-9　将文件 a.txt 设置成对所有用户拥有可读、可写和可执行权限。

```
[root@localhost test]# chmod 777 a.txt
[root@localhost test]# ls -l a.txt
-rwxrwxrwx 1 root root 13 2012-02-08 18:24 a.txt
```

4) mkdir 命令

命令格式：mkdir [选项] 目录名

功能：在指定位置创建目录。要创建目录的用户必须对所创建目录的父目录具有写权限，并且所创建的目录不能与其父目录中的文件名重名，即同一个目录下不能有同名的(区分大小写)。

选项说明如下。

-m：模式，设定权限，同 chmod。

-p：可以是一个路径名称。此时若路径中的某些目录尚不存在，加上此选项后，系统将自动建立那些尚不存在的目录，即一次可以建立多个目录。

-v：每次创建新目录都显示信息。

例 2-10　在[root@localhost 　/]#提示符下输入"mkdir aa"命令，在 root 目录下创建 aa 目录，并通过 ls 命令查看，如图 2-23 所示。

例 2-11　在[root@localhost 　/]#提示符下输入"mkdir -p bb/bbb"命令，在 root 目录下创建 bb 目录，并在 bb 目录下创建 bbb 子目录，如图 2-24 所示。

```
root@localhost:/
File Edit View Terminal Tabs Help
[root@localhost /]# mkdir aa
[root@localhost /]# ls
aa     dev      lib          nfsroot  sbin     test      var
bin    etc      lost+found   opt      selinux  tftpboot
boot   hello.c  media        proc     srv      tmp
d1     home     mnt          root     sys      usr
[root@localhost /]# 
```

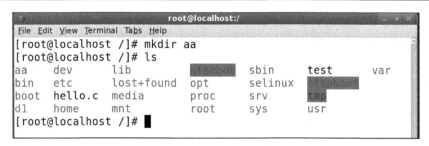

图 2-23　“mkdir aa”命令执行结果

```
root@localhost:/bb
File Edit View Terminal Tabs Help
[root@localhost /]# mkdir -p bb/bbb
[root@localhost /]# ls
aa   boot  etc      lib         mnt      proc  selinux  test      usr
bb   d1    hello.c  lost+found  nfsroot  root  srv      tftpboot  var
bin  dev   home     media       opt      sbin  sys      tmp
[root@localhost /]# cd bb
[root@localhost bb]# ls
bbb
[root@localhost bb]#
```

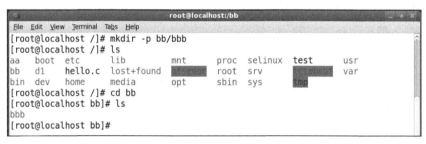

图 2-24　“mkdir -p bb/bbb”命令执行结果

例 2-12　在[root@localhost /]#提示符下输入“mkdir -m 777 cc”命令，在 root 目录下创建 cc 目录，并设置其权限为 777，如图 2-25 所示。

```
root@localhost:/
File Edit View Terminal Tabs Help
[root@localhost /]# mkdir -m 777 cc
[root@localhost /]# ll
total 126
drwxr-xr-x   2 root root  4096 2014-08-22 18:02 aa
drwxr-xr-x   3 root root  4096 2014-08-23 18:48 bb
drwxr-xr-x   2 root root  4096 2011-11-14 15:08 bin
drwxr-xr-x   5 root root  1024 2011-11-14 21:19 boot
drwxrwxrwx   2 root root  4096 2014-08-23 18:54 cc
-rwxr-xr-x   1 root root    13 2014-03-14 16:02 d1
```

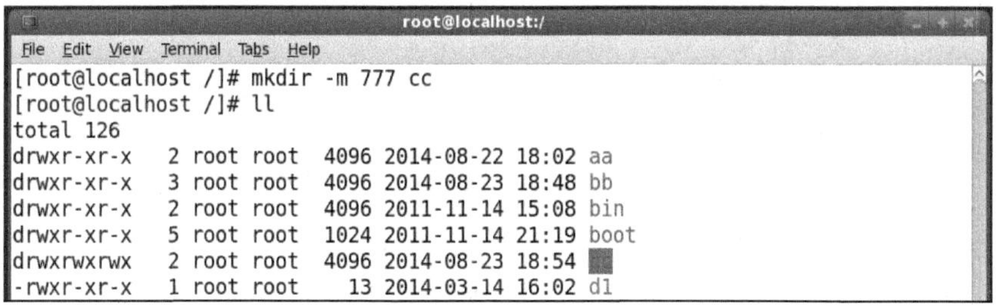

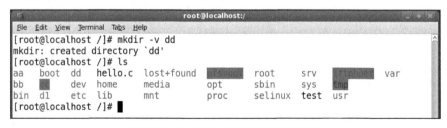

图 2-25　“mkdir -m 777 cc”命令执行结果

例 2-13　在[root@localhost /]#提示符下输入“mkdir -v dd”命令，在 root 目录下创建 dd 目录，并显示创建信息，如图 2-26 所示。

```
root@localhost:/
File Edit View Terminal Tabs Help
[root@localhost /]# mkdir -v dd
mkdir: created directory `dd'
[root@localhost /]# ls
aa   boot  dd   hello.c  lost+found  nfsroot  root     srv   tftpboot  var
bb   cc    dev  home     media       opt      sbin     sys   tmp
bin  d1    etc  lib      mnt         proc     selinux  test  usr
[root@localhost /]# 
```

图 2-26　“mkdir -v dd”命令执行结果

5) rmdir 命令

rmdir 是一个与 mkdir 相对应的命令。mkdir 命令用来建立目录，而 rmdir 是删除命令。

命令格式：`rmdir [-p -v] [目录名]`

功能：删除空目录。

选项说明如下。

-p ：当子目录被删除后如果父目录也变成空目录，就连带父目录一起删除。

-v：每次删除目录都显示信息。

例 2-14　在[root@localhost　/]#提示符下输入"rmdir aa"命令，删除 root 目录下的 aa 子目录，如图 2-27 所示。

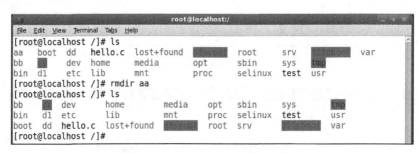

图 2-27　"rmdir aa"命令执行结果

例 2-15　在[root@localhost　/]#提示符下输入"rmdir -p bb/bbb"命令，删除一级子目录 bb 下的二级子目录 bbb，由于 bb 子目录变成空目录，所以/bbb 子目录也被删除，如图 2-28 所示。

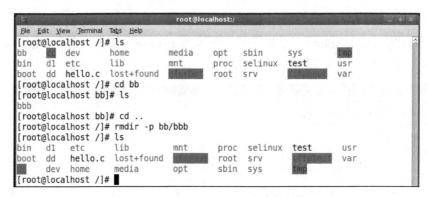

图 2-28　"rmdir -p bb/bbb"命令执行结果

例 2-16　在[root@localhost　/]#提示符下输入"rmdir -v aa"命令，删除 aa 目录，并显示删除信息，如图 2-29 所示。

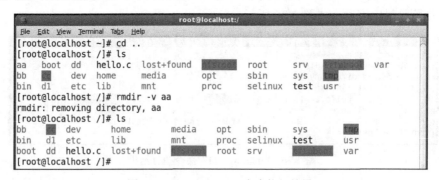

图 2-29　"rmdir -v aa"命令执行结果

6）rm 命令

命令格式：rm [-f -i -r -v] [文件名/目录名]

功能：删除文件或目录。

选项说明如下。

-i：删除前逐一询问确认。

-f：即使文件属性为只读(写保护)，也直接删除。

-r：删除目录及其下所有文件。

-v：每次删除操作都显示删除信息。

例 2-17　在[root@localhost　/]#提示符下输入"rm a.out"命令，删除 a.out 文件，如图 2-30 所示。

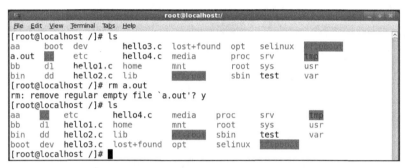

图 2-30　"rm a.out"命令执行结果

例 2-18　在[root@localhost　/]#提示符下输入"rm -r aa"命令，删除 aa 目录及其下的所有文件，如图 2-31 所示。

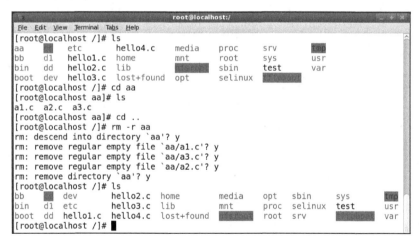

图 2-31　"rm -r aa"命令执行结果

7) cp 命令

命令格式：cp [选项] 源文件或目录 目标文件或目录

功能：把指定的源文件复制到目标文件或把多个源文件复制到目标目录中。

选项说明如下。

- a：该选项通常在复制目录时使用。尽可能将文件状态、权限等资料都照原状予以复制。

- d：复制时保留链接。

- f：若目标文件已经存在，则在复制前先予以删除再行复制而不提示。

- i：和 - f选项相反，在覆盖目标文件之前将给出提示要求用户确认，回答 y 时目标文件将被覆盖，是交互式复制。

- p：此时 cp 除复制源文件的内容外，还将把其修改时间和访问权限也复制到新文件中。

- r：若给出的源文件是一个目录文件，此时 cp 将递归复制该目录下所有的子目录和文件，此时目标文件必须为一个目录名。

例 2-19　在[root@localhost /]#提示符下输入"cp a1.c a2.c"命令，将文件 a1.c 复制成文件 a2.c，如图 2-32 所示。

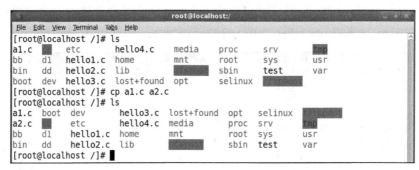

图 2-32　"cp a1.c a2.c"命令执行结果

例 2-20　在[root@localhost /]#提示符下输入"cp -r bb aa"命令，将 bb 目录下的所有文件复制到 aa 目录下，如图 2-33 所示。

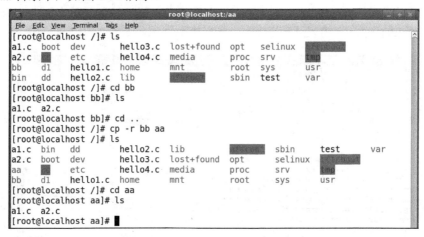

图 2-33　"cp -r bb aa"命令执行结果

8) mv 命令

命令格式：mv [选项] 源文件或目录 目标文件或目录

功能：视 mv 命令中第二个参数类型的不同(是目标文件还是目标目录)，mv 命令将文件重命名或将其移至一个新的目录中。当第二个参数类型是文件时，mv 命令完成文件重命名，此时，源文件只能有一个(也可以是源目录名)，它将所给的源文件或目录重命名为给定的目标文件名。当第二个参数是已存在的目录名称时，源文件或目录参数可以有多个，mv 命令将各参数指定的源文件均移至目标目录中。在跨文件系统移动文件时，mv 先复制，再将原有文件删除，而链至该文件的链接也将丢失。

选项说明如下。

-i：交互方式操作。如果 mv 操作将导致对已存在的目标文件的覆盖，此时系统询问是否重写，要求用户回答 y 或 n，这样可以避免误覆盖文件。

-f: 禁止交互操作。在 mv 操作要覆盖某已有的目标文件时不给任何指示，指定此选项后，i 选项将不再起作用。

如果所给目标文件(不是目录)已存在，此时该文件的内容将被新文件覆盖。为防止用户用 mv 命令破坏另一个文件，使用 mv 命令移动文件时，最好使用-i 选项。

例 2-21　在[root@localhost　/]#提示符下输入"mv a.c ab.c"命令，将文件 a.c 重命名为 ab.c，如图 2-34 所示。

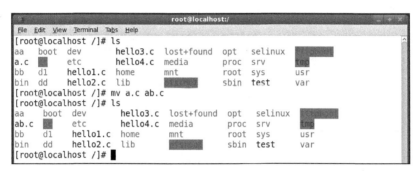

图 2-34　"mv a.c ab.c"命令执行结果

例 2-22　在[root@localhost　/]#提示符下输入"mv hello1.c hello2.c aa"命令，将文件 hello1.c 和 hello2.c 移动到 aa 目录中，如图 2-35 所示。

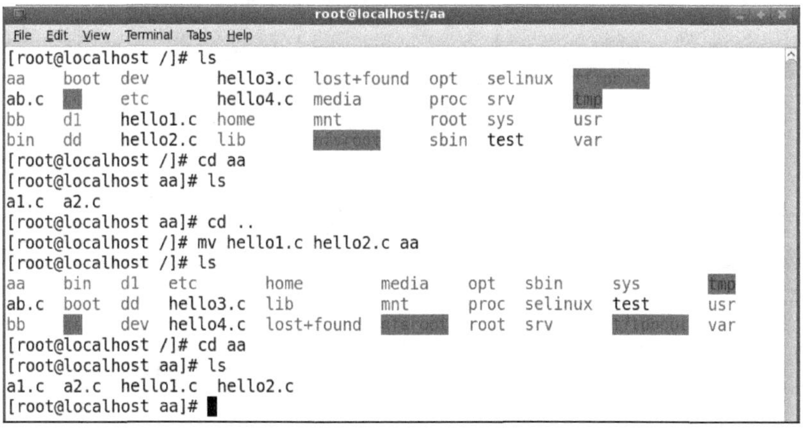

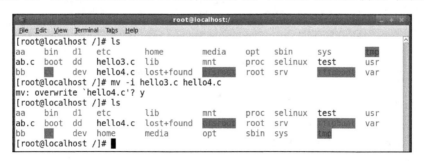

图 2-35　"mv hello1.c hello2.c aa"命令执行结果

例 2-23　在[root@localhost　/]#提示符下输入"mv -i hello3.c hello4.c"命令，将文件 hello3.c 重命名为 hello4.c，由于在此之前 hello4.c 文件已经存在，因此询问是否要覆盖，如图 2-36 所示。

图 2-36　"mv -i hello3.c hello4.c"命令执行结果

例 2-24　在[root@localhost　/]#提示符下输入"mv -f a1.c a2.c"命令，将文件 a1.c 重命名为 a2.c，虽然在此之前 a2.c 文件已经存在，还是直接覆盖掉，如图 2-37 所示。

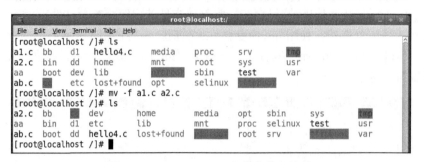

图 2-37　"mv -f a1.c a2.c"命令执行结果

例 2-25　在[root@localhost　/]#提示符下输入"mv bb bb2"命令，如果在此之前 bb2 目录不存在，则将目录 bb 重命名为 bb2，如图 2-38 所示。

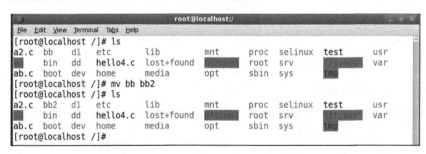

图 2-38　"mv bb bb2"命令执行结果

例 2-26　在[root@localhost　/]#提示符下输入"mv bb2 bb3"命令，如果在此之前 bb3 目录已经存在，则将 bb2 目录移动到 bb3 目录中，如图 2-39 所示。

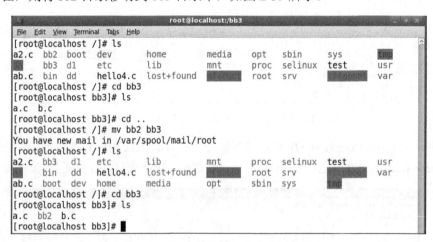

图 2-39　"mv bb2 bb3"命令执行结果

9）find 命令

命令格式：find [-path…] -options [-print -exec -ok]

功能：在系统特定目录下，查找具有某种特征的文件。

选项说明如下。

（1）-path：要查找的目录路径，~ 表示$HOME 目录，. 表示当前目录，/ 表示根目录。

（2）-print：表示将结果输出到标准输出。

（3）-exec：对匹配的文件执行该参数所给出的 shell 命令。形式为"command{}\;"，注意"{}"与"\;"之间有空格。

（4）-ok：与-exec 作用相同，区别在于，在执行命令之前会给出提示，让用户确认是否执行。

（5）-options 常用的有下列选项。

　-name：按照名字查找。

　-perm：按照权限查找。

　-prune：不在当前指定的目录下查找。

　-uscr：按照文件属主来查找。

　-group：按照文件所属组来查找。

　-nogroup：查找无有效所属组的文件。

　-nouser：查找无有效属主的文件。

　-type：按照文件类型查找。

例 2-27　在[root@localhost　/]#提示符下输入"find a* -print"命令，查找以字符"a"开头的文件，并输出到屏幕上，如图 2-40 所示。

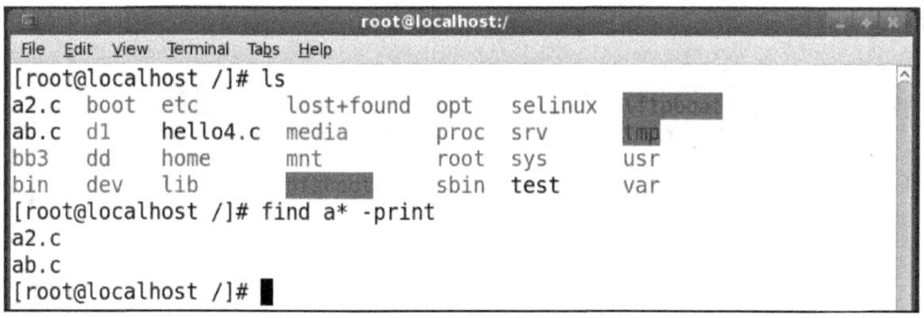

图 2-40　"find a* -print"命令执行结果

例 2-28　在[root@localhost　/]#提示符下输入"find ~ -name 'g*' -print"命令，在$HOME目录及其子目录中查找所有以字符"g"开头的文件，并输出到屏幕上，如图 2-41 所示。

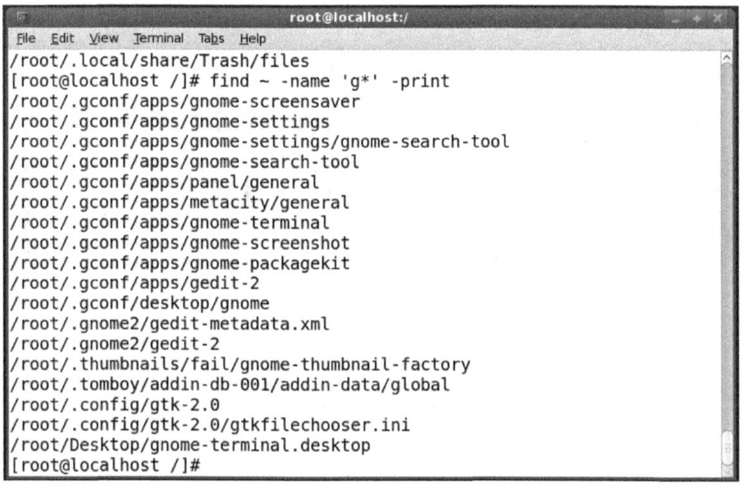

图 2-41　"find ~ -name 'g*' -print"命令执行结果

例 2-29　在[root@localhost　/]#提示符下输入"find -path "./usr" -prune -o -name 'y*' -print"命令，在当前目录除 usr 之外的子目录中查找以字符"y"开头的文件，并输出到屏幕上，如图 2-42 所示。

```
                         root@localhost:/
File  Edit  View  Terminal  Tabs  Help
[root@localhost /]# find -path "./usr" -prune -o -name 'y*' -print
./sbin/ypbind
./var/cache/yum
./var/log/yum.log
./var/yp
./var/lib/yum
./etc/yum
./etc/yp.conf
./etc/logrotate.d/yum
./etc/yum.conf
./etc/rc.d/init.d/ypbind
./etc/yum.repos.d
./etc/gconf/schemas/yelp.schemas
./sys/bus/pci/drivers/yenta_cardbus
./sys/module/yenta_socket
./sys/module/mousedev/parameters/yres
./nfsroot/rootfs-1/bin/yes
```

图 2-42　"find -path "./usr" -prune -o -name 'y*' -print"命令执行结果

例 2-30　在[root@localhost　/]#提示符下输入"find !　-name "." -type d -prune -o -type f -name 'a*' -print"命令，在当前目录(不在子目录)中搜索以字符"a"开头的文件，并输出到屏幕上，如图 2-43 所示。

```
                         root@localhost:/
File  Edit  View  Terminal  Tabs  Help
[root@localhost /]# ls
a2.c   boot  etc       lost+found  opt    selinux
ab.c   d1    hello4.c  media       proc   srv
bb3    dd    home      mnt         root   sys      usr
bin    dev   lib                   sbin   test     var
[root@localhost /]# find ! -name "." -type d -prune -o -type f -name 'a
*' -print
./ab.c
./a2.c
[root@localhost /]#
```

图 2-43　"find !　-name "." -type d -prune -o -type f -name 'a*' -print"命令执行结果

例 2-31　在[root@localhost bb3]#提示符下输入"find -perm 777 -print"命令，在当前目录及子其目录中查找属主及其他具有读写执行权限的文件，并输出到屏幕上，如图 2-44 所示。

```
                         root@localhost:/bb3
File  Edit  View  Terminal  Tabs  Help
[root@localhost /]# ls
a2.c   boot  etc       lost+found  opt    selinux
ab.c   d1    hello4.c  media       proc   srv
bb3    dd    home      mnt         root   sys      usr
bin    dev   lib                   sbin   test     var
[root@localhost /]# cd bb3
[root@localhost bb3]# ll
total 4
-rwxrwxrwx 1 root root    0 2014-08-25 10:32 a.c
drwxr-xr-x 2 root root 4096 2014-08-25 10:22 bb2
-rw-r--r-- 1 root root    0 2014-08-25 10:32 b.c
[root@localhost bb3]# find -perm 777 -print
./a.c
[root@localhost bb3]#
```

图 2-44　"find -perm 777 -print"命令执行结果

例 2-32　在[root@localhost　/]#提示符下输入"find -mtime -2 -type f -print"命令，在当前目录及其子目录中查找 2 天内被更改过的文件，并输出到屏幕上，如图 2-45 所示。

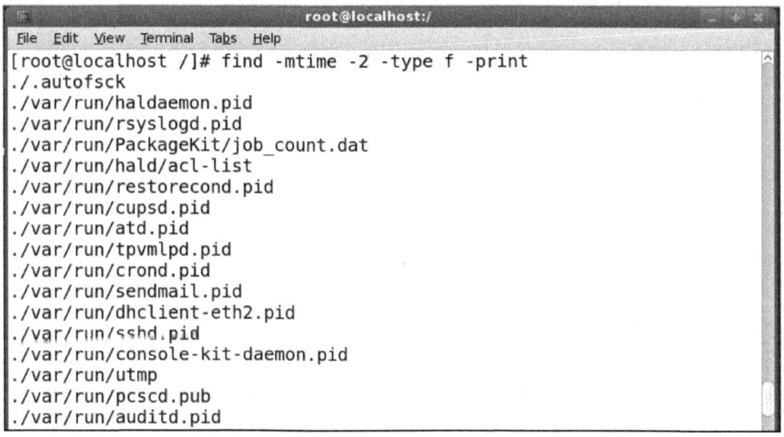

图 2-45　"find -mtime -2 -type f -print"命令执行结果

10）mount 命令

命令格式：`mount [-t vfstype] [-o options] device dir`

功能：将指定设备中指定的文件系统加载到 Linux 目录下。

选项说明如下。

（1）-t vfstype：指定文件系统的类型，常用类型有以下几种。

光盘或光盘镜像：iso9660。

DOS fat16 文件系统：msdos。

Windows 9x fat32 文件系统：vfat。

Windows NT ntfs 文件系统：ntfs。

Mount Windows 文件网络共享：smbfs。

UNIX（Linux）文件网络共享：nfs。

（2）-o options：主要用来描述设备或档案的挂接方式，常用的参数有以下几个。

loop：用来把一个文件当成硬盘分区挂接上系统。

ro：采用只读方式挂接设备。

rw：采用读写方式挂接设备。

iocharset：指定访问文件系统所用字符集。

（3）device：要挂接（Mount）的设备。

（4）dir：设备在系统上的挂接点（Mount Point）。

例 2-33　在[root@localhost　/]#提示符下输入"mount -t vfat /dev/sdb1/mnt"命令，挂载 U 盘，如图 2-46 所示。挂载成功后，在 Linux 窗口上出现 KINGSTON 图标，如图 2-47 所示。

11）umount 命令

命令格式：`umount <挂载点|设备>`

功能：卸载设备。

例 2-34　在[root@localhost　/]#提示符下输入"umount /mnt" 或 "umount /dev/sdbl"即可卸载例 2-33 挂载的 U 盘。

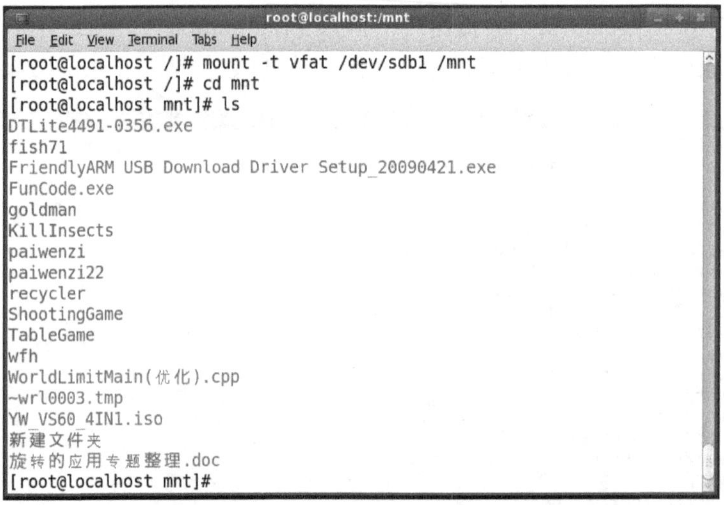

图 2-46　"mount -t vfat /dev/sdb1 /mnt"命令执行结果

图 2-47　挂载 U 盘后的 Linux 窗口

12）vi 命令

vi 是 Linux 系统里极为普遍的全屏幕文本编辑器。vi 有两种模式，即输入模式和命令行模式。输入模式用来输入文字资料，而命令行模式则用来下达一些编排文件、存档，以及离开 vi 等的操作命令。当执行 vi 命令后，会先进入命令行模式，此时输入的任何字符都视为命令。

（1）进入 vi 命令。

在系统提示符界面输入 vi 及文件名称后，就进入 vi 全屏幕编辑画面，常用命令如下。

vi filename：打开或新建文件，并将光标置于第一行行首。

vi +n filename：打开文件，并将光标置于第 n 行行首。

vi + filename：打开文件，并将光标置于最后一行行首。

vi +/pattern filename：打开文件，并将光标置于第一个与 pattern 匹配的串处。

vi -r filename：在上次正用 vi 编辑时发生系统崩溃，恢复 filename。

vi filename....filename：打开多个文件，依次进行编辑。

注意：进入 vi 之后，是处于命令行模式，需要切换到输入模式才能够输入文字。

（2）由命令行模式切换至输入模式编辑文件。

在命令行模式下分别进行以下操作：

①按 i 键切换进入插入模式后，从光标当前位置开始输入文件；

②按 a 键切换进入插入模式后，从当前光标所在位置的下一个位置开始输入文字；

③按 o 键切换进入插入模式后，是插入新的一行，从行首开始输入文字。

（3）由输入模式切换到命令行模式。

在输入模式下，按 Esc 键即可由输入模式切换到命令行模式。

（4）退出 vi 及保存文件。

在命令行模式下，按"："（冒号）键进入 Last line 模式，例如：

：w filename（输入 w filename 将文章以指定的文件名 filename 保存）；

：wq（输入"wq"，存盘并退出 vi）；

：q！（输入"q！"，不存盘强制退出 vi）。

（5）恢复上一次操作。

如果误执行一个命令，可以在命令行模式下按下 u 键回到上一个操作，多次按 u 键可以执行多次恢复。

（6）Last line 模式下命令简介。

在使用 Last line 模式之前，先按 Esc 键确定已经切换到命令行模式下后，再按"："（冒号）键即可进入 Last line 模式。

①列出行号：在 Last line 模式下，"："（冒号）之后输入"set nu"后，会在文件中的每一行前面列出行号。

②跳到文件中的某一行：在 Last line 模式下，"："（冒号）之后输入一个数字，再按回车键，光标就会跳到该行了，例如，输入数字 15，再按回车键就会跳到文章的第 15 行。

③查找字符：在 Last line 模式下，"："（冒号）之后先输入"/"（左斜线），再输入想要寻找的字符，如果第一次找的关键字不是想要的，可以一直按 n 键，会一直向后寻找，直到找到所要的关键字为止。

在 Last line 模式下，"："（冒号）之后先输入"？"，再输入想要寻找的字符，如果第一次找的关键字不是想要的，可以一直按 n 键，会一直向前寻找，直到找到所要的关键字为止。

例 2-35　在[root@localhost　/]#提示符下输入"vi a.txt"命令，用 vi 创建一个 a.txt 文件，按 i 键进入插入状态，如图 2-48 所示。输入内容"Hello,world!"，如图 2-49 所示。接着按 Esc 键，先输入"："（冒号），再在"："（冒号）后输入"wq"，保存文件，退出 vi。

2. 系统管理常用命令

对于 Linux 系统来说，用户管理、系统参数设置、设备文件的查看、文件的打包、应用程序的启动都是一些常用的基本操作。在 Linux 操作系统中能用图形化操作的也能在终端用命令操作，并且在终端操作占用资源少，执行效率高，因而熟悉 Linux 常用的系统管理命令，对 Linux 正常操作和维护是十分重要的，下面介绍对系统和用户进行管理的一些常用命令。

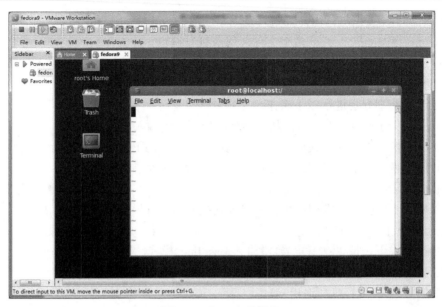

图 2-48　打开 vi 编辑器

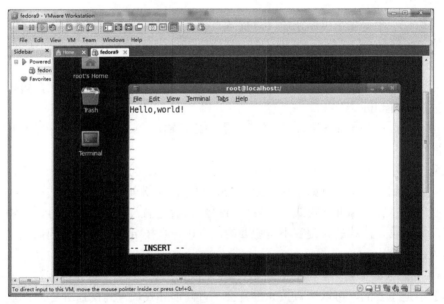

图 2-49　输入"Hello,world！"

1) uname 命令

命令格式：uname [选项]

功能：用来获取 Linux 主机所用的操作系统的版本、硬件的名称等基本信息。

选项说明如下。

-a 或-all：详细输出所有信息，依次为内核名称、主机名、内核版本号、内核版本、硬件名、处理器类型、硬件平台类型及操作系统名称。

-m 或-machine：显示主机的硬件(CPU)名。

-n 或-nodename：显示主机在网络节点上的名称或主机名称。

-r 或-release：显示 Linux 操作系统内核版本号。

-s 或-sysname：显示 Linux 内核名称。

-v：显示操作系统是第几个版本。

-p：显示处理器类型或 unknown。

-i：显示硬件平台类型或 unknown。

-o：显示操作系统名。

例 2-36　在[root@localhost　/]#提示符下分别输入 uname 命令下的各个选项，执行结果分别如图 2-50～图 2-58 所示。

```
root@localhost:/
File Edit View Terminal Tabs Help
[root@localhost /]# uname -a
Linux localhost.localdomain 2.6.25-14.fc9.i686 #1 SMP Thu May 1 06:28:41 EDT 200
8 i686 i686 i386 GNU/Linux
[root@localhost /]#
```

图 2-50　"uname -a"命令执行结果

```
root@localhost:/
File Edit View Terminal Tabs Help
[root@localhost /]# uname -m
i686
[root@localhost /]#
```

图 2-51　"uname -m"命令执行结果

```
root@localhost:/
File Edit View Terminal Tabs Help
[root@localhost /]# uname -n
localhost.localdomain
[root@localhost /]#
```

图 2-52　"uname -n"命令执行结果

```
root@localhost:/
File Edit View Terminal Tabs Help
[root@localhost /]# uname -r
2.6.25-14.fc9.i686
[root@localhost /]#
```

图 2-53　"uname -r"命令执行结果

```
root@localhost:/
File Edit View Terminal Tabs Help
[root@localhost /]# uname -s
Linux
[root@localhost /]#
```

图 2-54　"uname -s"命令执行结果

```
root@localhost:/
File Edit View Terminal Tabs Help
[root@localhost /]# uname -v
#1 SMP Thu May 1 06:28:41 EDT 2008
[root@localhost /]#
```

图 2-55　"uname -v"命令执行结果

```
root@localhost:/
File Edit View Terminal Tabs Help
[root@localhost /]# uname -p
i686
[root@localhost /]#
```

图 2-56　"uname -p"命令执行结果

图 2-57 "uname -i" 命令执行结果

图 2-58 "uname -o" 命令执行结果

2) useradd 命令

命令格式：useradd [选项] 用户名

功能：用来建立用户账号和创建用户的起始目录，使用权限是超级用户。使用 useradd 命令所建立的账号实际上保存在/etc/passwd 文本文件中。

选项说明如下。

-d 目录：指定用户登录时的主目录，如果此目录不存在，则同时使用-m 选项，可以创建主目录。

-c 注释：指定一段注释性描述，并保存在 passwd 的备注栏中。

-f 天数：指定在密码过期后多少天即关闭该账号。

-e 日期：指定账号的终止日期，日期的指定格式为 MM/DD/YY。

-r 账号：建立系统账号。

-s Shell 文件：指定用户登录后所使用的 Shell。

-g 用户组：指定用户所属的用户组。

-G 用户组：指定用户所属的附加组。

-m 目录：自动建立用户的登录目录。

-M：不自动建立用户的登录目录。

例 2-37　在[root@localhost　/]#提示符下输入 "useradd user1" 命令，新建一个登录名为 user1 的用户，重启系统后，新增名为 user1 的用户，如图 2-59 所示。但是，这个用户还不能够登录，因为还没给它设置初始密码，而没有密码的用户是不能够登录系统的。在默认情况下，将会在/home 目录下新建一个名为 user1 的用户主目录，如图 2-60 所示。

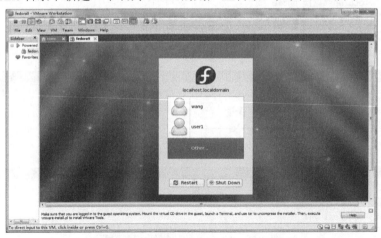

图 2-59 "useradd user1" 命令执行结果

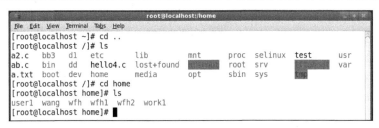

图 2-60　在/home 目录下新建一个名为 user1 的用户主目录

例 2-38　如果需要另外指定用户主目录，那么可以使用如下命令：

```
# useradd -d /home/xf user1
```

同时，该用户登录时将获得一个 Shell 程序：/bin/bash。

例 2-39　假如不想让一个用户登录，就可以用下面的命令指定该用户的 Shell 程序为：/bin/false，这样该用户即使登录，也不能够执行 Linux 下的命令。例如：

```
# useradd -s /bin/false user1
```

在 Linux 中，新增一个用户的同时会创建一个新组，这个组与该用户同名，而这个用户就是该组的成员。

例 2-40　如果想让新用户归属于一个已经存在的组，则可以使用如下命令：

```
# useradd -g user user1
```

这样该用户 user1 就属于 user 组的一员了。

例 2-41　如果只是想让新用户再属于一个组，那么应该使用如下命令：

```
# useradd -G user user1
```

3）passwd 命令

命令格式：passwd [选项] 用户名

功能：设置或修改用户登录密码。

选项说明如下。

-l：锁定已经命名的账户名称，只有具备超级用户权限的使用者方可使用。

-u：解开账户锁定状态，只有具备超级用户权限的使用者方可使用。

-x, --maximum=DAYS：最大密码使用时间(天)，只有具备超级用户权限的使用者才可使用。

-n, --minimum=DAYS：最小密码使用时间(天)，只有具备超级用户权限的使用者才可使用。

-d：删除使用者的密码，只有具备超级用户权限的使用者才可使用。

-S：检查指定使用者的密码认证种类，只有具备超级用户权限的使用者才可使用。

例 2-42　在[root@localhost　/]#提示符下输入"passwd user1"命令，为用户 user1 设置登录密码，如图 2-61 所示。设置好登录密码后，就可以登录系统了。

注意：输入密码时，为了系统安全，密码不在屏幕上显示。

图 2-61　"passwd user1"命令执行结果

4）userdel 命令

命令格式：`userdel [选项] 用户名`

功能：删除一个用户账户和相关文件。

选项说明如下。

-r：删除用户登录目录以及目录中所有文件。

例 2-43 如果仅删除用户 user1 账号，而不删除其目录下的文件，则执行如下命令：

```
# userdel user1
```

例 2-44 如果在删除用户 user1 账号的同时，把其目录下的文件一并删除，则执行如下命令：

```
# userdel -r user1
```

5）shutdown 命令

命令格式：`shutdown [选项] [-t 秒数] [时间] [警告信息]`

功能：关闭或重启系统。

（1）选项说明如下。

-c：当执行"shutdown -h 11:50"指令时，只要按"+"键就可以中断关机的指令。

-f：重新启动系统时忽略检测文件系统。

-F：重新启动系统时强制检测文件系统。

-h：将系统关机。

-k：模拟关机，向登录者发送关机警告。

-n：强行关机，不向 init 进程发送信号。

-r：重新启动系统。

（2）-t <秒数>：延迟若干秒关机。

（3）时间：设置多久时间后执行 shutdown 指令。

（4）警告信息：要传送给所有登录用户的信息。

例 2-45 系统马上关机并且重新启动，执行如下命令：

```
# shutdown -r now
```

例 2-46 系统在 10 分钟后关机并且不重新启动，执行如下命令：

```
# shutdown -h +10
```

6）su 命令

命令格式：`su [选项] [用户名]`

功能：切换使用者的身份，用于在普通用户与超级用户之间切换。

选项说明如下。

-f：不必读启动文件（如 csh.cshrc 等），仅用于 csh 或 tcsh 两种 Shell。

-l：加了这个参数之后，就好像是重新登录一样，大部分环境变量（如 home、shell 和 user 等）都是以该使用者（user）为主，并且工作目录也会改变。如果没有指定 user，缺省情况是 root。

-c command：变更账号为 user 的使用者，并执行指令后再变回原来的使用者。

例 2-47 在以普通用户 wang 身份登录系统后，在[wang@localhost ~]#提示符下输入"su"命令，提示输入超级用户 root 的登录密码，输入密码后即可切换到超级用户 root 的身份，如图 2-62 所示。

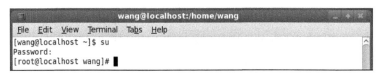

图 2-62　"su"命令执行结果

例 2-48　在以超级用户 root 身份登录系统后，在[root@localhost　/]#提示符下输入"su -wang"命令，即可切换到普通用户 wang 的身份，而且不需要输入用户 wang 的登录密码，如图 2-63 所示。

图 2-63　"su - wang"命令执行结果

7）date 命令

命令格式：date [选项] [+格式]

功能：显示或设定系统的日期与时间。

(1)选项说明如下。

-d<字符串>：显示字符串所指的日期与时间，字符串前后必须加上引号。这是个功能强大的选项，通过将日期作为引号括起来的参数提供，可以快速查明一个特定的日期。

-s<字符串>：根据字符串来设置日期与时间，字符串前后必须加上引号。

-u：显示 GMT。

(2)格式说明如下。

使用者可以设定欲显示的格式，格式设定为一个加号后接若干标记，其中可用的标记列写如下。

%H：显示当前小时(以 00～23 来表示)。

%I：显示当前小时(以 01～12 来表示)。

%k：显示当前小时(以 0～23 来表示)。

%l：显示当前小时(以 0～12 来表示)。

%M：显示当前分钟(以 00～59 来表示)。

%p：显示 AM 或 PM。

%r：显示当前时间(HH:MM:SS)，其中小时 HH 以 12 小时 AM/PM 来表示。

%s：从 1970 年 1 月 1 日 00:00:00 UTC 到目前为止的总秒数。

%S：显示秒。

%T：显示当前时间(HH:MM:SS)，其中小时以 24 小时制来表示。

%X：显示当前时间，同"%r"。

%Z：显示当地时区。

%a：显示当前星期几的缩写。

%A：显示当前星期几的完整名称。

%b：显示当前月份英文名的缩写。

%B：显示当前月份的完整英文名称。

%c：显示当前日期与时间，只输入 date 指令也会显示同样的结果。

%d：显示当前日期（以 01～31 来表示）。

%D：直接显示日期（mm/dd/yy），含年月日，其中年用后两位表示。

%j：显示当天是该年中的第几天。

%m：显示当前月份（以 01～12 来表示）。

%U：显示该年中的第几周。

%w：显示该周的第几天，0 代表周日，1 代表周一，以此类推。

%x：直接显示日期（mm/dd/yy），含年月日，其中年用四位数表示。

%y：显示年份的最后两位数字（以 00~99 来表示）。

%Y：显示完整年份（以四位数来表示）。

%n：在显示时插入新的一行。

%t：在显示时插入 Tab。

例 2-49　在[root@localhost　/]#提示符下分别输入 date 命令下的各个选项，执行结果分别如图 2-64～图 2-67 所示。

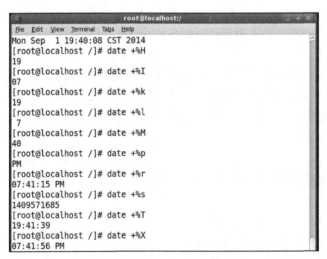

图 2-64　date 命令执行结果一

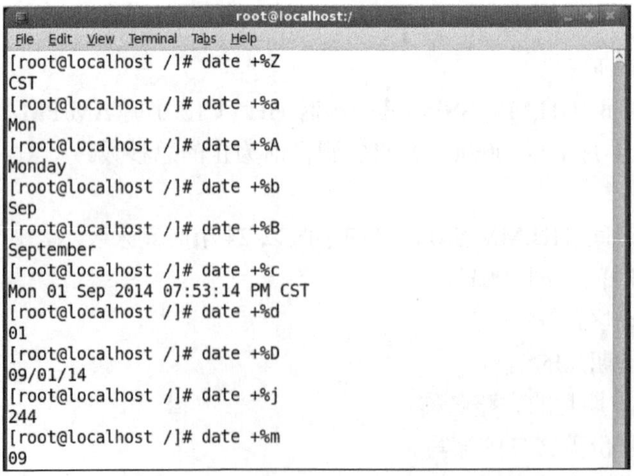

图 2-65　date 命令执行结果二

```
                        root@localhost:/
File  Edit  View  Terminal  Tabs  Help
[root@localhost /]# date +%U
35
[root@localhost /]# date +%w
1
[root@localhost /]# date +%x
09/01/2014
[root@localhost /]# date +%y
14
[root@localhost /]# date +%Y
2014
```

图 2-66　date 命令执行结果三

```
                        root@localhost:/
File  Edit  View  Terminal  Tabs  Help
[root@localhost /]# date -d 'nov 22'
Sat Nov 22 00:00:00 CST 2014
[root@localhost /]# date -d '2 weeks'
Mon Sep 15 21:06:59 CST 2014
[root@localhost /]# date -d 'next day'
Tue Sep  2 21:08:13 CST 2014
[root@localhost /]# date -d next-day +%Y%m%d
20140902
[root@localhost /]# date -d last-month +%Y%m
201408
[root@localhost /]# date -d '50 days'
Tue Oct 21 21:10:56 CST 2014
[root@localhost /]#
```

图 2-67　date 命令执行结果四

8）gzip 命令

命令格式：gzip [选项][文件或目录]

功能：将文件压缩成 gz 格式。

常用选项说明如下。

-v：显示指令执行过程。

-r：递归处理，将指定目录下的所有文件及子目录一并处理。

-l：列出压缩文件的相关信息。

-d：解开压缩文件。

-f：强行压缩文件，不理会文件名称或硬连接是否存在以及该文件是否为符号连接。

-t：测试压缩文件是否正确无误。

-num：用指定的数字 num 调整压缩的速度，-1 或--fast 表示最快压缩方法(低压缩比)，-9 或--best 表示最慢压缩方法(高压缩比)。系统默认值为 6。

例 2-50　在[root@localhost /]#提示符下输入"gzip a.txt"命令，即可压缩文件 a.txt，红色的 a.txt.gz 为生成的压缩文件，而之前的 a.txt 文件消失了，如图 2-68 所示。

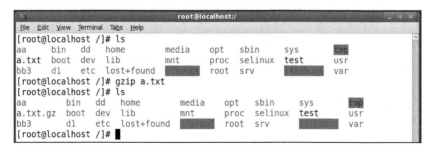

图 2-68　"gzip a.txt"命令执行结果

例 2-51　在[root@localhost　/]#提示符下输入"**gzip -v a.txt**"命令，即可压缩文件 a.txt，并显示文件名和压缩比，如图 2-69 所示。

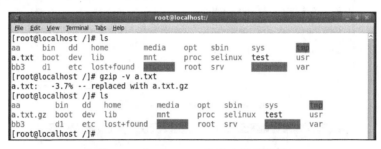

图 2-69　"gzip -v a.txt"命令执行结果

例 2-52　在[root@localhost　/]#提示符下输入"**gzip -r aa**"命令，即可将 aa 子目录下的所有文件压缩成 gz 格式，如图 2-70 所示。

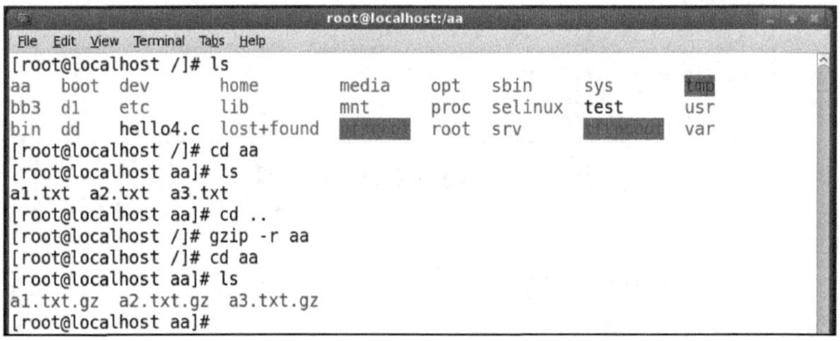

图 2-70　"gzip -r aa"命令执行结果

例 2-53　在[root@localhost aa]#提示符下输入"**gzip -l ***"命令，即可详细显示 aa 子目录下压缩文件的信息，包括压缩文件的大小、未压缩文件的大小、压缩比及未压缩文件的名字，如图 2-71 所示。

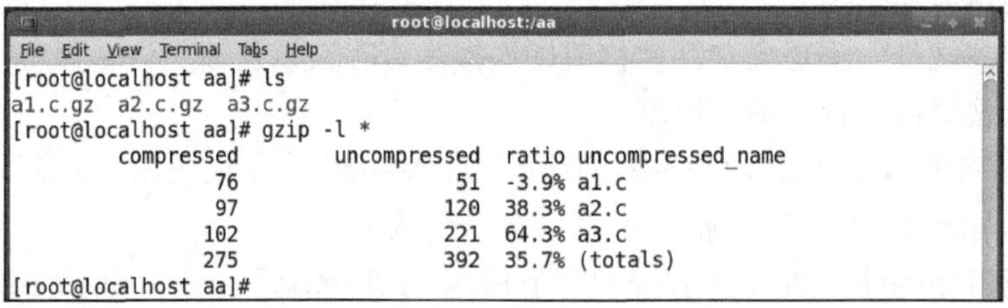

图 2-71　"gzip -l *"命令执行结果

例 2-54　在[root@localhost aa]#提示符下输入"**gzip -d ***"命令，即可将 aa 子目录下的所有 gz 格式的压缩文件解压，如图 2-72 所示。

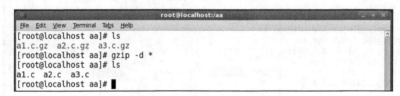

图 2-72　"gzip -d *"命令执行结果

9) gunzip 命令

命令格式：gunzip [选项] [文件或目录]

功能：解压 gz 格式文件。

常用选项说明如下。

-v：显示指令执行过程。

-r：递归处理，将指定目录下的所有文件及子目录一并处理。

-l：列出压缩文件的相关信息。

-f：强行解开压缩文件，不理会文件名称或硬连接是否存在以及该文件是否为符号连接。

-t：测试压缩文件是否正确无误。

例 2-55　在[root@localhost　/]#提示符下输入"gunzip -r aa"命令，即可将 aa 子目录下的所有 gz 压缩文件解压，如图 2-73 所示。

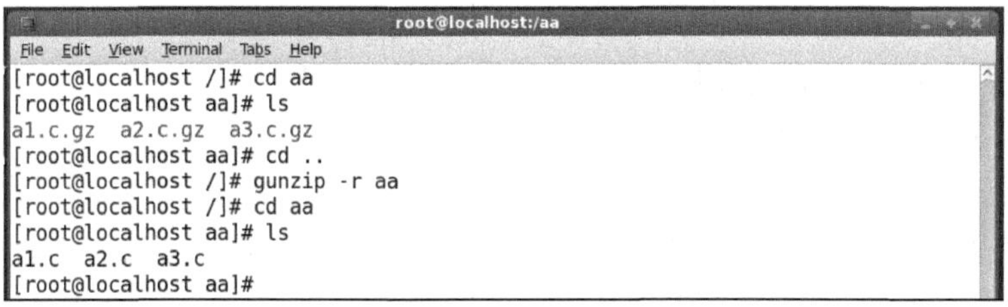

图 2-73　"gunzip -r aa"命令执行结果

10) bzip2 命令

命令格式：bzip2 [选项] [文件或目录]

功能：将文件压缩成 bz2 格式。

常用选项说明如下。

-d：执行解压缩。

-f：bzip2 在压缩或解压缩时，若输出文件与现有文件同名，默认不会覆盖现有文件。若要覆盖，请使用此参数。

-k：bzip2 在压缩或解压缩后，会删除原始的文件，若要保留原始文件，请使用此参数。

-s：降低程序执行时内存的使用量。

-t：测试 bz2 压缩文件的完整性。

-v：压缩或解压缩文件时，显示详细的信息。

-z：强制执行压缩。

例 2-56　在[root@localhost aa]#提示符下输入"bzip2 *"命令，即可将 aa 子目录下的所有文件压缩成 bz2 格式，如图 2-74 所示。

图 2-74　"bzip2 *"命令执行结果

例 2-57　在[root@localhost aa]#提示符下输入"bzip2 -d *"命令，即可将 aa 子目录下的所有 bz2 格式的压缩文件解压，如图 2-75 所示。

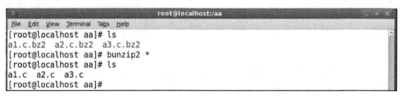

图 2-75 "bzip2 -d *"命令执行结果

11）bunzip2 命令

命令格式：bunzip2 [选项] [bz2 压缩文件]

功能：解压 bz2 格式文件。

选项说明如下。

-f：解压缩时，若输出的文件与现有文件同名时，默认不会覆盖现有的文件。若要覆盖，请使用此参数。

-k：在解压缩后，默认会删除原来的压缩文件。若要保留压缩文件，请使用此参数。

-s：降低程序执行时内存的使用量。

-v：解压缩文件时，显示详细的信息。

例 2-58　在[root@localhost aa]#提示符下输入"bunzip2 *"命令，即可将 aa 子目录下的所有 bz2 压缩文件解压，如图 2-76 所示。

图 2-76 "bunzip2 *"命令执行结果

12）tar 命令

命令格式：tar [选项] [文件或目录]

功能：用来压缩打包单个或多个文档。

选项说明如下。

-c：建立一个压缩文件的参数指令。

-x：解开一个压缩文件的参数指令。

-t：查看 tarfile 里面的文件。

特别注意：在参数的下达中，c/x/t 三个选项不可同时存在，每次只能存在一个，因为不可能同时压缩与解压缩。

-z：是否同时具有 gzip 的属性？即是否需要用 gzip 压缩？

-j：是否同时具有 bzip2 的属性？即是否需要用 bzip2 压缩？

-v：压缩的过程中显示文件。

-f：指定压缩生成的文件名，在 f 之后要立即接文件名，不能再加其他参数。

-p：使用原文件的原来属性（属性不会依据使用者而变）。

-P：可以使用绝对路径来压缩。

-N：比后面接的日期（yyyy/mm/dd）还要新的才会被打包进新建的文件中。

例 2-59　在[root@localhost　/]#提示符下输入"tar -cvf aa.tar aa/"命令，即可将 aa 子目录打包压缩成 aa.tar 文件。注意，原来的 aa 子目录仍然存在，并没有被替换掉，如图 2-77 所示。

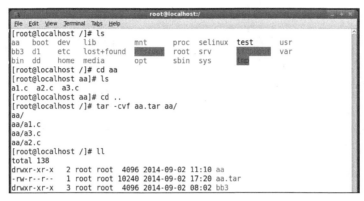

图 2-77　"tar -cvf aa.tar aa/"命令执行结果

例 2-60　在[root@localhost　/]#提示符下输入"tar -zcvf aa.tar.gz aa/"命令，即可将 aa 子目录打包压缩成 aa.tar.gz 文件，如图 2-78 所示。从图 2-78 指令执行结果可以看出，带-z 参数的指令生成的压缩文件是很小的。

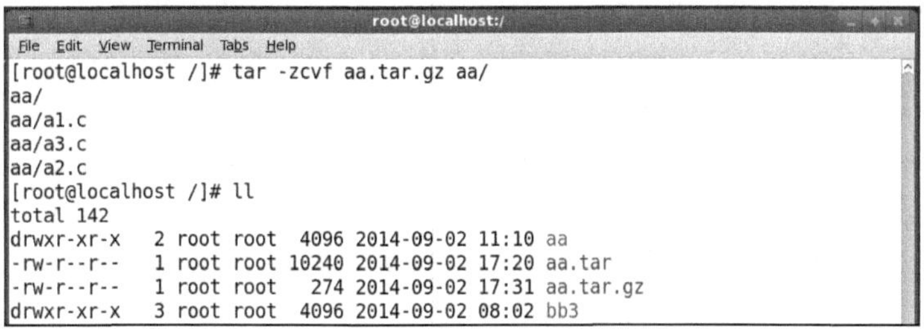

图 2-78　"tar -zcvf aa.tar.gz aa/"命令执行结果

例 2-61　在[root@localhost　/]#提示符下输入"tar -xvf aa.tar"命令，即可将 aa.tar 文件解包解压缩，如图 2-79 所示。

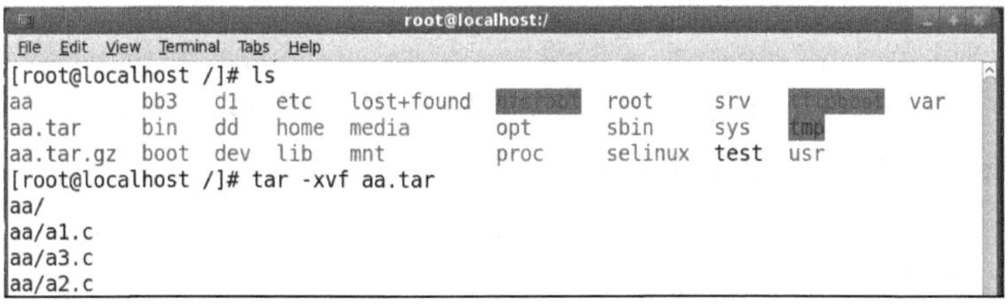

图 2-79　"tar -xvf aa.tar"命令执行结果

例 2-62　在[root@localhost　/]#提示符下输入"tar -zxvf aa.tar.gz"命令，即可将 aa.tar.gz 文件解包解压缩，如图 2-80 所示。

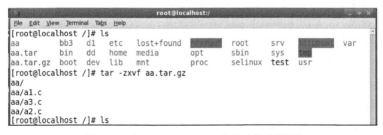

图 2-80　"tar -zxvf aa.tar.gz"命令执行结果

3. 网络操作常用命令

Linux 系统是在 Internet 上起源和发展的，它与生俱来拥有强大的网络功能和丰富的网络应用软件，尤其是 TCP/IP 网络协议的实现尤为成熟。

Linux 的网络命令比较多，主要用于网络参数设置，包括 IP 参数、路由参数和无线网络等。其中一些命令像 ping、ftp、telnet、route、netstat 等在其他操作系统上也能看到，但也有一些 UNIX/Linux 系统独有的命令，如 ifconfig、finger、mail 等。Linux 网络操作命令的一个特点是，命令参数选项和功能很多，一个命令往往还可以实现其他命令的功能。

1）ifconfig 命令

命令格式：ifconfig [网络设备] [选项]

功能：用来查看和配置网络设备。当网络环境发生改变时，可通过此命令对网络进行相应的配置。

选项说明如下。

up：启动指定网络设备/网卡。

down：关闭指定网络设备/网卡。该参数可以有效地阻止通过指定接口的 IP 信息流，如果想永久地关闭一个接口，还需要从核心路由表中将该接口的路由信息全部删除。

arp：设置指定网卡是否支持 ARP。

-promisc：设置是否支持网卡的 promiscuous 模式，如果选择此参数，则网卡将接收网络中发给它所有的数据包。

-allmulti：设置是否支持多播模式，如果选择此参数，则网卡将接收网络中所有的多播数据包。

-a：显示全部接口信息，包括没有激活的接口。

-s：显示摘要信息。

add：给指定网卡配置 IPv6 地址。

del：删除指定网卡的 IPv6 地址。

netmask<子网掩码>：设置网卡的子网掩码。掩码可以是有前缀 0x 的 32 位十六进制数，也可以是用点分开的 4 个十进制数。如果不打算将网络分成子网，可以不管这一选项；如果要使用子网，那么网络中每一个系统必须有相同的子网掩码。

tunel：建立隧道。

dstaddr：设定一个远端地址，建立点对点通信。

-broadcast<地址>：为指定网卡设置广播协议。

-pointtopoint<地址>：为网卡设置点对点通信协议。

multicast：为网卡设置组播标志。

address：为网卡设置 IPv4 地址。

txqueuelen<长度>：为网卡设置传输列队的长度。

注意，用 ifconfig 命令配置的网络设备参数，机器重新启动以后将会丢失。

例 2-63　在[root@localhost　/]#提示符下输入 ifconfig 命令，显示机器所有激活网络设备的信息，如图 2-81 所示。

说明：eth2 表示第一块网卡，其中 HWaddr 表示网卡的物理地址，可以看到目前这个网卡的物理地址（MAC 地址）是 00:0C:29:BA:9B:AB。

```
root@localhost:/
File  Edit  View  Terminal  Tabs  Help
[root@localhost /]# ifconfig
eth2      Link encap:Ethernet  HWaddr 00:0C:29:BA:9B:AB
          inet addr:202.204.53.23  Bcast:202.204.53.255  Mask:255.255.255.0
          inet6 addr: 2001:da8:208:164:20c:29ff:feba:9bab/64 Scope:Global
          inet6 addr: fe80::20c:29ff:feba:9bab/64 Scope:Link
          UP BROADCAST RUNNING MULTICAST  MTU:1500  Metric:1
          RX packets:31591 errors:0 dropped:0 overruns:0 frame:0
          TX packets:998 errors:0 dropped:0 overruns:0 carrier:0
          collisions:0 txqueuelen:1000
          RX bytes:5008928 (4.7 MiB)  TX bytes:99935 (97.5 KiB)
          Interrupt:19 Base address:0x2024

lo        Link encap:Local Loopback
          inet addr:127.0.0.1  Mask:255.0.0.0
          inet6 addr: ::1/128 Scope:Host
          UP LOOPBACK RUNNING  MTU:16436  Metric:1
          RX packets:2588 errors:0 dropped:0 overruns:0 frame:0
          TX packets:2588 errors:0 dropped:0 overruns:0 carrier:0
          collisions:0 txqueuelen:0
          RX bytes:134609 (131.4 KiB)  TX bytes:134609 (131.4 KiB)
```

图 2-81　“ifconfig”命令执行结果

inet addr 用来表示网卡的 IP 地址，此网卡的 IP 地址是 202.204.53.23，广播地址是 202.204.53.255，掩码地址是 255.255.255.0。

RX 那一行代表的是网络由启动到目前为止的数据包接收情况，packets 代表数据包数，errors 代表数据包发生错误的数量，dropped 代表数据包由于有问题而遭丢弃的数量等。

TX 和 RX 相反，为网络由启动到目前为止的传送情况。

collisions：代表数据包碰撞的情况，如果发生太多次表示网络状况不太好。

txqueuelen：代表用来传输数据的缓冲区的存储长度。

RX bytes、TX bytes：传送、接收的字节总量。

Interrupt：网卡硬件的数据，IRQ 中断地址。

lo 表示主机的回环地址，一般用来测试一个网络程序，但又不想让局域网或外网的用户能够查看，只能在该台主机上运行和查看所用的网络接口。例如，把 HTTPD 服务器指定到回环地址，在浏览器输入 127.0.0.1 就能看到所架的 Web 网站了。但只是在该台主机上能看到，局域网的其他主机或用户无从知道。

例 2-64　在[root@localhost /]#提示符下输入“ifconfig eth2 192.168.1.15 netmask 255.255.255.0 broadcast 192.168.1.255 up”命令，设置网卡 eth2 的 IP 地址、网络掩码和网络的本地广播地址，结果如图 2-82 所示。

```
root@localhost:/
File  Edit  View  Terminal  Tabs  Help
[root@localhost /]# ifconfig eth2 192.168.1.15 netmask 255.255.255.0 broadcast 1
92.168.1.255 up
[root@localhost /]# ifconfig
eth2      Link encap:Ethernet  HWaddr 00:0C:29:BA:9B:AB
          inet addr:192.168.1.15  Bcast:192.168.1.255  Mask:255.255.255.0
          inet6 addr: 2001:da8:208:164:20c:29ff:feba:9bab/64 Scope:Global
          inet6 addr: fe80::20c:29ff:feba:9bab/64 Scope:Link
          UP BROADCAST RUNNING MULTICAST  MTU:1500  Metric:1
          RX packets:65216 errors:0 dropped:0 overruns:0 frame:0
          TX packets:1035 errors:0 dropped:0 overruns:0 carrier:0
          collisions:0 txqueuelen:1000
          RX bytes:8943419 (8.5 MiB)  TX bytes:106305 (103.8 KiB)
          Interrupt:19 Base address:0x2024

lo        Link encap:Local Loopback
          inet addr:127.0.0.1  Mask:255.0.0.0
          inet6 addr: ::1/128 Scope:Host
          UP LOOPBACK RUNNING  MTU:16436  Metric:1
          RX packets:2588 errors:0 dropped:0 overruns:0 frame:0
          TX packets:2588 errors:0 dropped:0 overruns:0 carrier:0
          collisions:0 txqueuelen:0
          RX bytes:134609 (131.4 KiB)  TX bytes:134609 (131.4 KiB)
```

图 2-82　配置 IP 地址

2）ip 命令

命令格式：ip [选项] 操作对象 [命令]

功能：ip 是 iproute2 软件包里面的一个强大的网络配置工具，它能够代替一些传统的网络管理工具，如 ifconfig、route 等，使用权限为超级用户。几乎所有的 Linux 发行版本都支持该命令。

选项说明如下。

-v：打印 ip 的版本并退出。

-s：输出更为详尽的信息。如果这个选项出现两次或者多次，输出的信息将更为详尽。

-f：这个选项后面接协议种类，包括 inet、inet6 或者 link，强调使用的协议种类。如果没有足够的信息告诉 ip 使用的协议种类，ip 就会使用默认值 inet 或者 any。link 比较特殊，它表示不涉及任何网络协议。

-4 是-family inet 的简写。

-6 是-family inet6 的简写。

-0 是-family link 的简写。

-o：对每行记录都使用单行输出，回行用字符代替。如果需要使用 wc、grep 等工具处理 ip 的输出，会用到这个选项。

-r：查询域名解析系统，用获得的主机名代替主机 IP 地址。

操作对象是要管理或者获取信息的对象。目前 ip 认识的对象包括以下几种。

（1）link：网络设备。

（2）address：一个设备的协议（IP 或者 IPv6）地址。

（3）neighbour：ARP 或者 NDISC 缓冲区条目。

（4）route：路由表条目。

（5）rule：路由策略数据库中的规则。

（6）maddress：多播地址。

（7）mroute：多播路由缓冲区条目。

另外，所有的对象名都可以简写，例如，address 可以简写为 addr 或 a。

命令是针对指定对象执行的操作，它和对象的类型有关。一般情况下，ip 支持对象的增加（add）、删除（delete）和展示（show 或者 list）。有些对象不支持所有这些操作，或者有其他的一些命令。对于所有的对象，用户可以使用 help 命令获得帮助。这个命令会列出这个对象支持的命令和参数的语法。如果没有指定对象的操作命令，ip 会使用默认命令。一般情况下，默认命令是 list，如果对象不能列出，就会执行 help 命令。局域网的其他主机或用户无从知道。

例 2-65　在 [root@localhost 　/]#提示符下输入"ip link show eth2"命令，能显示出整个设备接口的硬件相关信息，包括网卡地址（Media Access Control，MAC）、最大传输单元（Maximum Transmission Unit，MTU）等，如图 2-83 所示。

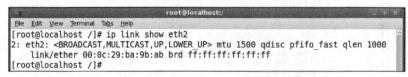

图 2-83　"ip link show eth2"命令执行结果

例 2-66　在[root@localhost 　/]#提示符下输入"ip -s link show eth2"命令，加上 -s 的

参数后，网卡 eth2 的相关统计信息就会被列出，包括接收(RX)及传送(TX)的数据包数量等，如图 2-84 所示。

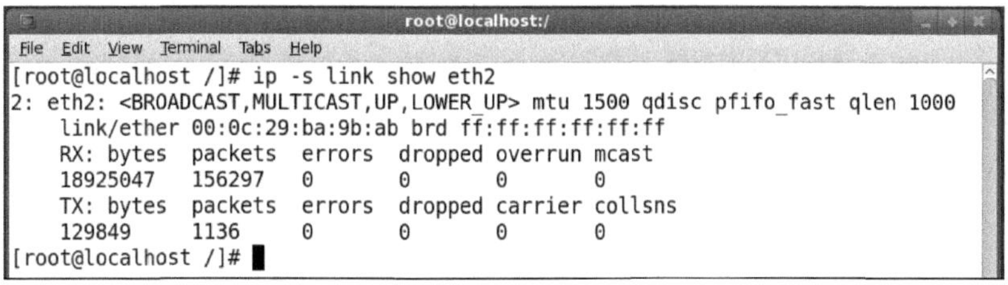

图 2-84　"ip -s link show eth2"命令执行结果

如果要启动 eth2 这个设备接口，则输入如下命令：

```
# ip link set eth2 up
```

如果要更改 MTU 的值，如改为 1000B，则需要输入如下命令(设置前要先关闭该网卡，否则会不成功)：

```
# ip link set eth0 mtu 1000
```

例 2-67　在[root@localhost　/]#提示符下输入如下命令：

```
# ip address add 192.168.30.30/28 broadcast + \
> dev eth2 label eth2:vbird
```

新增一个接口，名称假设为 eth2:vbird，指令执行结果如图 2-85 所示。

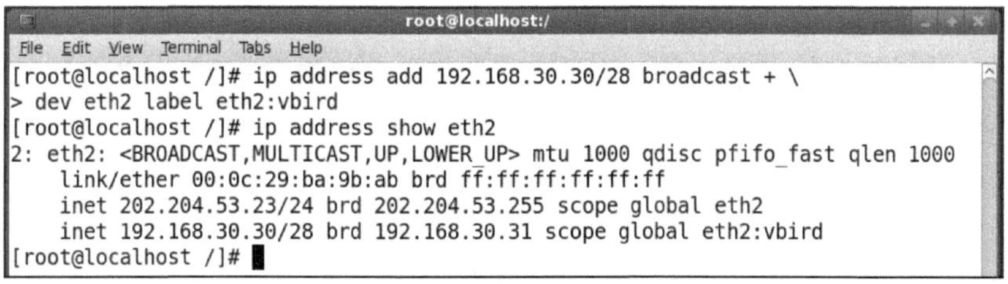

图 2-85　新增接口命令执行结果

如果要将刚才新增的接口 eth2:vbird 删除，则执行如下指令：

```
# ip address del 192.168.30.30/28 dev eth2
```

例 2-68　在 [root@localhost　/]#提示符下输入"ip route show"命令，显示目前的路由信息。其中，proto 指此路由的路由协议，主要有 Redirect、Kernel、Boot、Static、Ra 等；scope 指路由的范围，主要是 link，即是和本设备有关的直接联机，显示结果如图 2-86 所示。

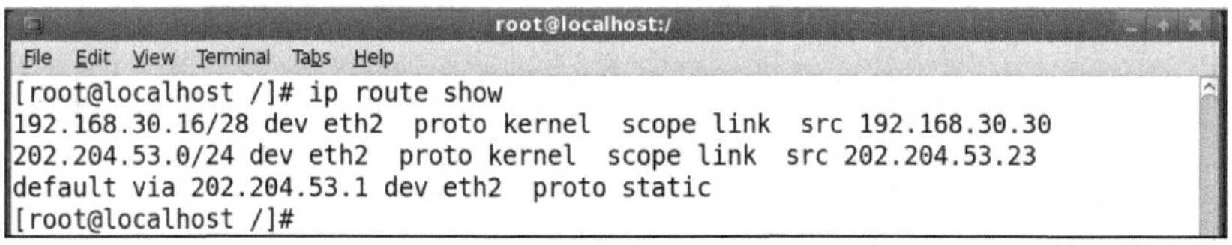

图 2-86　显示路由信息

3) ping 命令

命令格式：ping [参数] [主机名或 IP 地址]

功能：用于确定网络和各外部主机的状态，跟踪和隔离硬件和软件问题，测试、评估和管理网络。

参数说明如下。

-d：使用 Socket 的 SO_DEBUG 功能。

-f：极限检测。大量且快速地送网络封包给一台机器，看它的回应。

-n：只输出数值。

-q：不显示任何传送封包的信息，只显示最后的结果。

-r：忽略普通的路由表，直接将数据包送到远端主机上。通常用于查看本机的网络接口是否有问题。

-v：详细显示指令的执行过程。

-c 数目：在发送指定数目的包后停止。

-i 秒数：设定间隔几秒送一个网络封包给一台机器，默认值是一秒送一次。

-I 网络界面：使用指定的网络界面送出数据包。

-l 前置载入：设置在送出要求信息之前，先行发出的数据包。

-p 范本样式：设置填满数据包的范本样式。

-s 字节数：指定发送的数据字节数，预设值是 56，加上 8B 的 ICMP 头，一共是 64 ICMP 数据字节。

-t 存活数值：设置存活数值 TTL 的大小。

例 2-69　在[root@localhost　/]#提示符下输入"ping 192.168.1.15"命令，ping 通执行结果如图 2-87 所示。

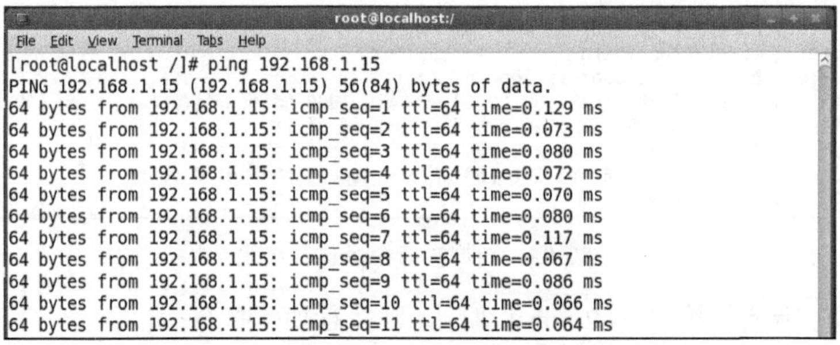

图 2-87　ping 通执行结果

例 2-70　在 [root@localhost　/]#提示符下输入"ping 192.168.1.20"命令，ping 不通执行结果如图 2-88 所示。

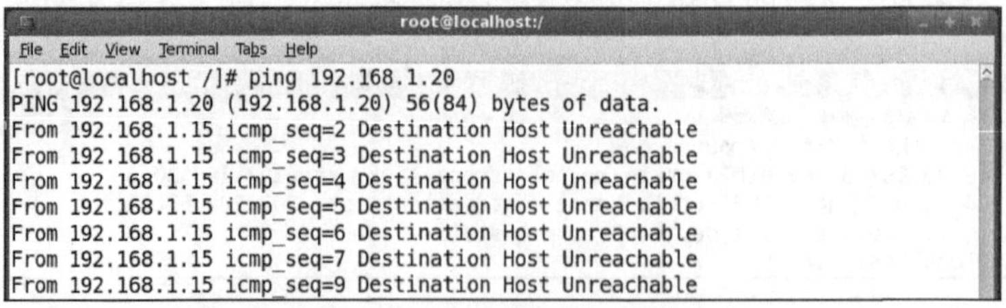

图 2-88　ping 不通执行结果

例 2-71　在 [root@localhost　/]#提示符下输入"ping -c 3 192.168.1.15"命令，ping 三次，即发送三次后停止，执行结果如图 2-89 所示。

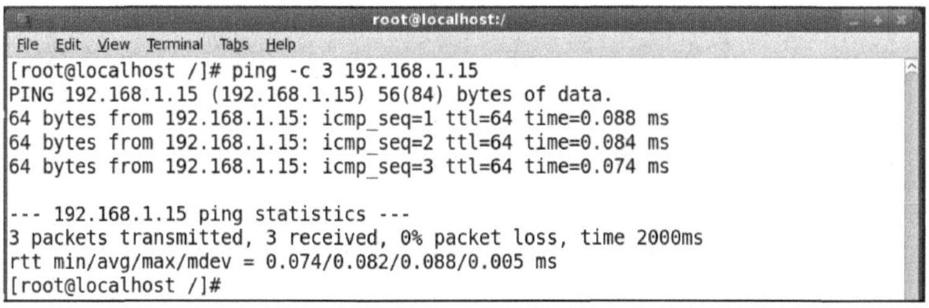

```
root@localhost:/
File Edit View Terminal Tabs Help
[root@localhost /]# ping -c 3 192.168.1.15
PING 192.168.1.15 (192.168.1.15) 56(84) bytes of data.
64 bytes from 192.168.1.15: icmp_seq=1 ttl=64 time=0.088 ms
64 bytes from 192.168.1.15: icmp_seq=2 ttl=64 time=0.084 ms
64 bytes from 192.168.1.15: icmp_seq=3 ttl=64 time=0.074 ms

--- 192.168.1.15 ping statistics ---
3 packets transmitted, 3 received, 0% packet loss, time 2000ms
rtt min/avg/max/mdev = 0.074/0.082/0.088/0.005 ms
[root@localhost /]#
```

图 2-89　ping 指定次数

例 2-72　在 [root@localhost /]#提示符下输入“ping -c 8 -i 0.5 192.168.1.15”命令，每隔 0.5s 发送一次，ping 八次后停止，执行结果如图 2-90 所示。

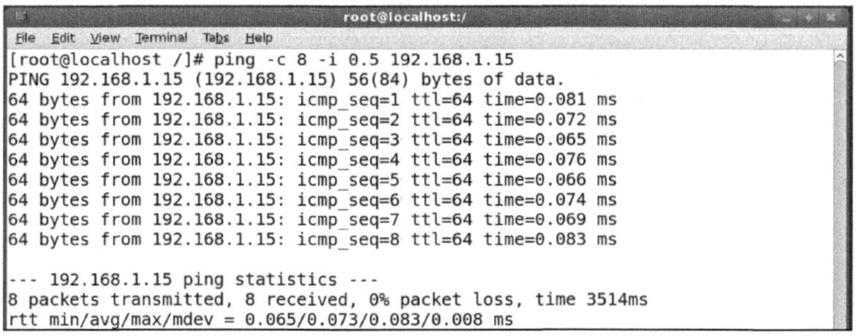

```
root@localhost:/
File Edit View Terminal Tabs Help
[root@localhost /]# ping -c 8 -i 0.5 192.168.1.15
PING 192.168.1.15 (192.168.1.15) 56(84) bytes of data.
64 bytes from 192.168.1.15: icmp_seq=1 ttl=64 time=0.081 ms
64 bytes from 192.168.1.15: icmp_seq=2 ttl=64 time=0.072 ms
64 bytes from 192.168.1.15: icmp_seq=3 ttl=64 time=0.065 ms
64 bytes from 192.168.1.15: icmp_seq=4 ttl=64 time=0.076 ms
64 bytes from 192.168.1.15: icmp_seq=5 ttl=64 time=0.066 ms
64 bytes from 192.168.1.15: icmp_seq=6 ttl=64 time=0.074 ms
64 bytes from 192.168.1.15: icmp_seq=7 ttl=64 time=0.069 ms
64 bytes from 192.168.1.15: icmp_seq=8 ttl=64 time=0.083 ms

--- 192.168.1.15 ping statistics ---
8 packets transmitted, 8 received, 0% packet loss, time 3514ms
rtt min/avg/max/mdev = 0.065/0.073/0.083/0.008 ms
```

图 2-90　时间间隔和次数限制的 ping

例 2-73　在 [root@localhost /]#提示符下输入“ping -c 5 www.ustb.edu.cn”命令，通过域名 ping 公网上的站点(北京科技大学校园网)，执行结果如图 2-91 所示。

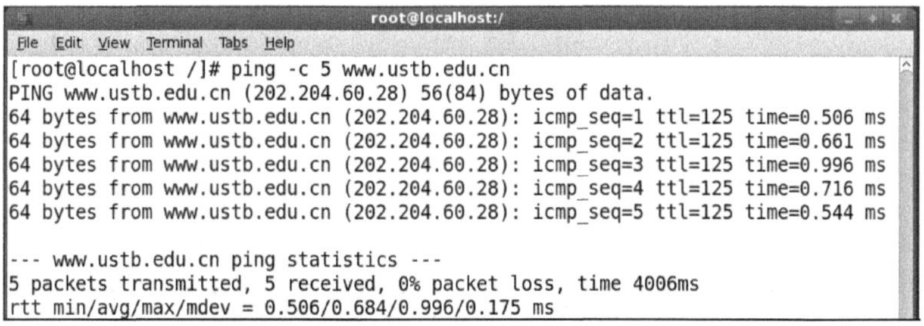

```
root@localhost:/
File Edit View Terminal Tabs Help
[root@localhost /]# ping -c 5 www.ustb.edu.cn
PING www.ustb.edu.cn (202.204.60.28) 56(84) bytes of data.
64 bytes from www.ustb.edu.cn (202.204.60.28): icmp_seq=1 ttl=125 time=0.506 ms
64 bytes from www.ustb.edu.cn (202.204.60.28): icmp_seq=2 ttl=125 time=0.661 ms
64 bytes from www.ustb.edu.cn (202.204.60.28): icmp_seq=3 ttl=125 time=0.996 ms
64 bytes from www.ustb.edu.cn (202.204.60.28): icmp_seq=4 ttl=125 time=0.716 ms
64 bytes from www.ustb.edu.cn (202.204.60.28): icmp_seq=5 ttl=125 time=0.544 ms

--- www.ustb.edu.cn ping statistics ---
5 packets transmitted, 5 received, 0% packet loss, time 4006ms
rtt min/avg/max/mdev = 0.506/0.684/0.996/0.175 ms
```

图 2-91　通过域名 ping 公网上的站点

4. 帮助命令

1) man 命令

命令格式：`man 命令或配置文件`

功能：显示命令或配置文件的帮助手册，输入 q 退出浏览器。

例 2-74　在 [root@localhost /]#提示符下输入“man ls”命令，查看 ls 命令的帮助手册，如图 2-92 所示。

2) help 命令

命令格式：`命令 -help`

功能：显示命令的使用格式与参数列表。

例 2-75　在 [root@localhost /]#提示符下输入“mkdir --help”命令，查看 mkdir 命令的使用格式与参数列表，如图 2-93 所示。

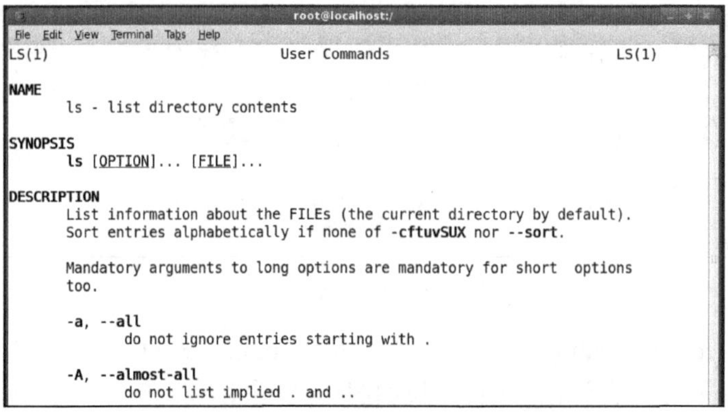

```
root@localhost:/
File Edit View Terminal Tabs Help
LS(1)                          User Commands                          LS(1)

NAME
       ls - list directory contents

SYNOPSIS
       ls [OPTION]... [FILE]...

DESCRIPTION
       List information about the FILEs (the current directory by default).
       Sort entries alphabetically if none of -cftuvSUX nor --sort.

       Mandatory arguments to long options are mandatory for short  options
       too.

       -a, --all
              do not ignore entries starting with .

       -A, --almost-all
              do not list implied . and ..
```

图 2-92 “man ls”命令执行结果

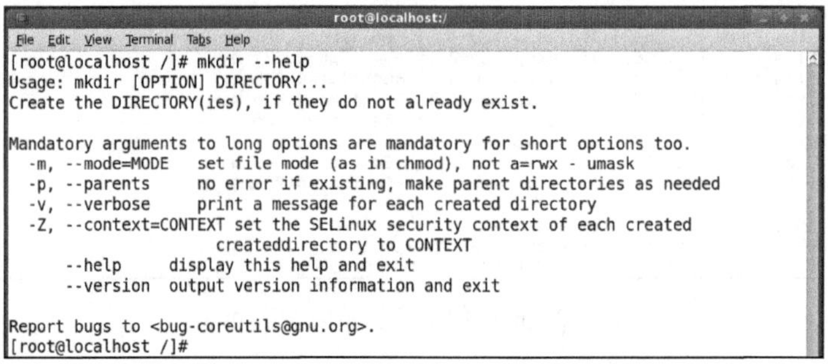

```
root@localhost:/
File Edit View Terminal Tabs Help
[root@localhost /]# mkdir --help
Usage: mkdir [OPTION] DIRECTORY...
Create the DIRECTORY(ies), if they do not already exist.

Mandatory arguments to long options are mandatory for short options too.
  -m, --mode=MODE   set file mode (as in chmod), not a=rwx - umask
  -p, --parents     no error if existing, make parent directories as needed
  -v, --verbose     print a message for each created directory
  -Z, --context=CONTEXT set the SELinux security context of each created
                      createddirectory to CONTEXT
      --help     display this help and exit
      --version  output version information and exit

Report bugs to <bug-coreutils@gnu.org>.
[root@localhost /]#
```

图 2-93 “mkdir --help”命令执行结果

本 章 小 结

本章主要包括两部分内容，第一部分介绍了 Linux 操作系统内核结构和文件结构，从中读者可以了解到 Linux 内核在整个操作系统中的位置、Linux 内核组成各模块之间的相互关系以及 Linux 操作系统文件目录结构。第二部分介绍了嵌入式 Linux 系统配置和基本操作命令，其中系统配置涉及登录虚拟机系统和设置嵌入式 Linux 与 PC 之间的共享目录方法，并有详细操作步骤。基本操作命令主要包括文件与目录管理命令、系统管理命令、网络命令及帮助命令，详细介绍了各条命令的格式、功能及参数说明，并配有操作实例。

习题与实践

1．什么是嵌入式 Linux 操作系统？

2．Linux 操作系统由哪几部分组成？

3．Linux 内核包括哪几个组成模块？各模块之间的相互关系如何？

4．简述 Linux 的内核版本号的构成。

5．简述 Linux 操作系统文件目录结构。

6．选择题。

(1) Linux 文件系统中，存储普通用户的个人文件的目录是(　　)。

A．/bin　　B．/boot　　C．/home　　D．/etc

(2) Linux 文件系统中，源代码及内核代码存放在（　　　）目录中。

　　A．/bin　　　　　　　B．/etc　　　　　　　C．/dev　　　　　　　D．/usr

(3) 删除一个非空子目录/subdir 的命令是（　　　）。

　　A．rm -r subdir　　　　　　　　　　　B．rm -rf /subdir

　　C．rm -ra/subdir /*　　　　　　　　　D．rm -rf /subdir /*

(4) 如果执行命令 #chmod 746 file.txt，那么该文件的权限是（　　　）。

　　A．rwxr--rw-　　　B．rw-r--r--　　　C．--xr--rwx　　　D．rwxr--r--

(5) 将文件重命名的命令是（　　　）。

　　A．cd　　　　　　　B．chmod　　　　　　C．mv　　　　　　　D．find

(6) 下列提法中，不属于 ifconfig 命令作用范围的是（　　　）。

　　A．配置本地回环地址　　　　　　　B．配置网卡的 IP 地址

　　C．激活网络适配器　　　　　　　　D．加载网卡到内核中

(7) 用于在普通用户与超级用户之间切换身份的命令是（　　　）。

　　A．useradd　　　　B．su　　　　　　　C．shutdown　　　　D．uname

(8) Linux 系统的联机帮助命令是（　　　）。

　　A．tar　　　　　　　B．cd　　　　　　　C．mkdir　　　　　　D．man

7．安装 VMware Workstation 虚拟机和 Fedora 9 操作系统。

8．启动 VMware Workstation 虚拟机系统，运行 Fedora 9 系统，并以 root 名义登录 Linux 系统。

9．设置 Fedora 与 PC 之间的共享目录。

10．上机练习 ls、cd、chmod、mkdir、rmdir、rm、cp、mv、find、mount、umount、vi 等各条文件与目录管理命令的使用方法，写出操作步骤和命令执行结果，注意不同选项或参数实现的功能。

11．上机练习 uname、useradd、passwd、userdel、shutdown、su、date、gzip、gunzip、bzip2、bunzip2、tar 等各条系统管理命令的使用方法，写出操作步骤和命令执行结果，注意不同选项或参数实现的功能。

12．上机练习 ifconfig、ip、ping 等各条网络命令的使用方法，写出操作步骤和命令执行结果，注意不同选项或参数实现的功能。

13．上机练习 man、help 等帮助命令的使用方法，写出操作步骤和命令执行结果。

第 3 章　嵌入式 Linux 编程基础

C 语言由于具有结构化和能产生高效代码的优点，从而成为电子工程师在进行嵌入式系统软件开发时的首选编程语言。Linux 操作系统和 C 语言也有着很深的渊源，因为 Linux 本身就是用 C 语言编写的。同时，在 Linux 操作系统中也提供了 C 语言的开发环境。这些开发环境一般包括程序生成工具、程序调试工具、工程管理工具等。本章主要介绍 C 语言开发嵌入式系统的优势、GCC 编译器、GDB 调试器和 Makefile 工程管理。

3.1　C 语言开发嵌入式系统的优势

为了适应日益激烈的市场竞争，电子工程师要在短时间内编写出执行效率高而又可靠的嵌入式系统执行代码。然而，由于实际系统日趋复杂，往往需要多个工程师以软件工程的形式进行协同开发，这就要求每个人所编写的代码要尽可能地规范化和模块化，以便于移植。汇编语言是处理器的指令集，执行效率高，但是不同类型的处理器有各自不同的汇编语言，因此对于不同的硬件平台，汇编语言代码是不可移植的。而且汇编语言本身就是一种编程效率低下的语言，这些都使它的编程和维护极不方便，从而导致整个系统的可靠性也较差。

C 语言是一种通用的、面向过程的程序语言。它具有高效、灵活、功能丰富、表达力强和较高的移植性等特点，在程序员中备受青睐。C 语言具有下面一些优点。

1)C 语言数据类型多

C 语言的数据类型有整型、实型、字符型、数组类型、指针类型、结构体类型、共用体类型等。这些数据类型能用来实现各种复杂的数据结构(如链表、树、栈等)的运算，尤其是指针类型数据，使用起来更为灵活、多样。

2)C 语言是面向结构化程序设计的语言

结构化语言的显著特点是代码、数据的模块化，C 程序是以函数形式提供给用户的，这些函数调用都很方便。C 语言具有多种条件语句和循环控制语句，程序完全结构化。采用 C 语言编程，一种功能由一个函数模块完成，数据交换可方便地约定实现，这样十分有利于多人协同进行大系统项目的合作开发；同时，C 语言的模块化开发方式，使得用它开发的程序模块可不经修改地被其他项目所用，可以很好地利用现成的大量 C 程序资源与丰富的库函数，从而最大程度地实现资源共享，提高开发效率。模块化的设计具有条理性，使今后的项目或软件维护工作更加简单、方便和明了。

3)C 语言编程调试灵活方便

C 语言作为高级语言的特点决定了它灵活的编程方式，同时，当前几乎所有系列的嵌入式系统都有相应的 C 语言级别的仿真调试系统，使得它的调试环境十分方便。

4)C 语言生成目标代码质量高，程序执行效率高

C 语言程序一般只比汇编语言程序生成的目标代码的运行效率低 10%~20%，却比其他高级语言的执行效率高。

5)C 语言可移植性好

C 语言采取的是编译的方法，不同的处理器用不同的编译器将其编译为自己的指令集，从而达到移植的效果。不同类型处理器的 C 语言源代码(主要是函数库中的函数名和其参数)差别不大，所以移植性好。主要表现在只要对这种语言稍加修改，就可以适应各种体系结构的处理器或各类操作系统。也就是说，基于 C 语言环境下的嵌入式系统能基本达到平台的无关性。

6)C 语言和 Linux 有着很深的渊源

因为 Linux 本身就是用 C 语言编写的。同时，在 Linux 操作系统中提供了 C 语言的开发环境。这些开发环境一般包括程序生成工具、程序调试工具、工程管理工具等。

在嵌入式系统开发中，由于其具有上述优点，C 语言的应用越来越广泛和重要。对于许多微处理器来说，除了汇编语言之外的可用语言通常就是 C 语言。在许多情况下，其他语言根本就不可用于硬件。C 语言对高速、底层、输入/输出操作等提供了很好的支持，而这些特性是许多嵌入式系统的基本特性。对于处理逐步增长的复杂应用，C 语言比汇编语言更为适合。相对于其他一些高级语言，C 语言能够产生较小的和较少 RAM 密集性的代码。市场竞争要求在工程项目生命周期的任何阶段，软件可以通过移植到新的或低成本的处理器来降低硬件成本，只有 C 语言可以满足这种不断增长的代码可移植性需求。

3.2　GCC 编译器

3.2.1　GCC 编译器简介

在 Linux 中，一般使用 GCC(GNU Compiler Collection)作为程序生成工具。GCC 是 GNU 计划推出的功能强大、性能优越的多平台编译器，是 GNU 的代表作之一。GNU 计划是由 Richard Stallman 在 1983 年 9 月 27 日公开发起的。它的目标是创建一套完全自由的操作系统。Richard Stallman 最早是在 net.unix-wizards 新闻组上公布该消息，并附带《GNU 宣言》等解释为何发起该计划的文章，其中一个理由就是要"重现当年软件界合作互助的团结精神"。为保证 GNU 软件可以自由地"使用、复制、修改和发布"，所有 GNU 软件都有一份在禁止其他人添加任何限制的情况下授权所有权利给任何人的协议条款，即 GNU 通用公共许可证(GNU General Public License，GPL)。

GCC 原名为 GNU C 语言编译器(GNU C Compiler)，因为它原本只能处理 C 语言。经过多年的发展，GCC 除了支持 C 语言外，目前还支持 Fortran、Pascal、Objective-C、Java以及 Ada 等语言。GCC 也不再单指 GNU C 语言编译器，而是变成了 GNU 编译器家族。

GCC 提供了 C 语言的编译器、汇编器、连接器以及一系列辅助工具。GCC 可以用于生成 Linux 中的应用程序，也可以用于编译 Linux 内核和内核模块，是 Linux 中 C 语言开发的核心工具。GCC 编译器可以在多种硬件平台上编译出可执行程序，其执行效率与一般的编译器相比平均效率要高 20%～30%。

GCC 编译器能将 C、C++语言源程序、汇编程序编译、链接成可执行文件。在 Linux 系统中，可执行文件没有统一的扩展名，系统从文件的属性来区分可执行文件和不可执行文件。但是 GCC 是通过文件扩展名来区别输入文件类型的。

3.2.2 GCC 编译过程

使用 GCC 编译程序时，编译过程可以被细化为以下四个阶段。

1）预处理（Pre-Processing）

预处理是指对源程序中的伪指令（即以#开头的指令）和特殊符号进行处理的过程。伪指令包括宏定义指令、条件编译指令及头文件包含指令。预处理后输出 .i 文件。

2）编译（Compiling）

编译过程就是把预处理完的 .i 文件进行一系列词法分析、语法分析、语义分析及优化后生成相应的汇编代码文件，即 .s 文件。在使用 GCC 进行编译时，缺省情况下，不输出这个汇编代码的文件。如果需要，可以在编译时指定-S 选项，这样就会输出同名的汇编语言文件。

3）汇编（Assembling）

汇编的过程实际上是将汇编语言代码翻译成机器语言的过程。每一个汇编语句几乎都对应一条机器语言。汇编相对于编译过程比较简单，根据汇编指令和机器指令的对照表一一翻译即可，汇编的结果是产生一个扩展名为.o 的目标文件。

4）链接（Linking）

目标代码不能直接执行，要想将目标代码变成可执行程序，还需要进行链接操作。链接器 ld 把文件中使用到的 C 库程序全部链接到一起，解决符号依赖和库依赖关系，最终才会生成真正的可执行程序。

例 3-1 以 hello.c 文件为例，分析 GCC 编译过程。

通常我们使用 GCC 来生成可执行程序，命令为 gcc hello.c -o hello，生成可执行文件 hello。下面将这一过程分解为四个步骤，如图 3-1 所示。

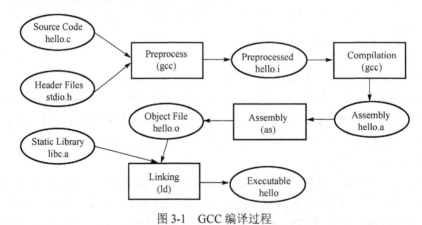

图 3-1　GCC 编译过程

1. 预处理

输入命令# gcc -E hello.c -o hello.i，下面为预处理后的输出文件 hello.i 的内容：

```
# 1 "hello.c"
# 1 "<built-in>"
# 1 "<command-line>"
# 1 "hello.c"
# 1 "/usr/include/stdio.h" 1 3 4
# 28 "/usr/include/stdio.h" 3 4
```

```
# 1 "/usr/include/features.h" 1 3 4
# 335 "/usr/include/features.h" 3 4
# 1 "/usr/include/sys/cdefs.h" 1 3 4
/*省略了部分内容，包括 stdio.h 中的一些声明及定义*/
# 2 "hello.c" 2
int main()
{
    printf("Hello World\n");
    return 0;
}
```

预处理过程主要处理那些源代码中以#开始的预编译指令，主要处理规则如下。

(1)将所有的#define 删除，并且展开所有的宏定义。

(2)处理所有条件编译指令，如#if、#ifdef 等。

(3)处理#include 预编译指令，将被包含的文件插入到该预编译指令的位置。该过程递归进行，因为被包含的文件可能还包含其他文件。

(4)删除所有的注释"//"和"/* */"。

(5)添加行号和文件标识，如#2 "hello.c" 2，以便于编译时编译器产生调试用的行号信息及用于编译时产生编译错误或警告时能够显示行号信息。

(6)保留所有的#pragma 编译器指令，因为编译器需要使用它们。

2. 编译

在这个阶段，GCC 首先要检查代码的规范性、是否有语法错误等，以确定代码实际要做的工作，在检查无误后，GCC 把代码翻译成汇编语言.s 文件。我们可以使用-S 选项来进行查看，该选项只进行编译而不进行汇编。

输入命令#gcc -S hello.i -o hello.s，下面为编译后的输出文件 hello.s 的内容：

```
        .file "hello.c"
        .section .rodata
 .LC0:
        .string "Hello World"
        .text
        .globl main
        .type main, @function
 main:
        leal 4(%esp), %ecx
        andl $-16, %esp
        pushl -4(%ecx)
        pushl %ebp
        movl %esp, %ebp
        pushl %ecx
        subl $4, %esp
        movl $.LC0, (%esp)
        call puts
        movl $0, %eax
        addl $4, %esp
```

```
        popl %ecx
        popl %ebp
        leal -4(%ecx), %esp
        ret
        .size main, .-main
        .ident "GCC:(GNU) 4.3.0 20080428 (Red Hat 4.3.0-8)"
        .section .note.GNU-stack,"",@progbits
```

3. 汇编

汇编阶段是把编译阶段生成的.s 文件转成目标文件。输入命令#gcc -c hello.c -o hello.o，即可产生汇编后的目标文件 hello.o，由于 hello.o 的内容为机器码，不能以文本形式列出。

4. 链接

在成功编译之后，就进入了链接阶段。在这里涉及一个重要的概念：函数库。

我们可以重新查看这个小程序，在这个程序中并没有定义 printf 函数的实现，且在预编译中包含进的 stdio.h 中也只有该函数的声明，而没有定义函数的实现，那么是在哪里实现 printf 函数的呢？

答案是：系统把这些函数实现都做到名为 libc.so.6 的库文件中了，在没有特别指定时，GCC 会到系统默认的搜索路径/usr/lib 下进行查找，也就是链接到 libc.so.6 库函数中，这样就能实现函数 printf 了，而这也就是链接的作用。

函数库一般分为静态库和动态库两种。静态库是指编译链接时，把库文件的代码全部加入到可执行文件中，因此生成的文件比较大，但在运行时也就不再需要库文件了。其后缀名一般为.a。动态库与之相反，在编译链接时并没有把库文件的代码加入到可执行文件中，而是在程序执行时由运行时链接文件加载库，这样可以节省系统的存储空间。动态库一般后缀名为.so，如前面所述的 libc.so.6 就是动态库。GCC 在编译时默认使用动态库。完成了链接之后，GCC 就可以生成可执行文件。

输入命令#gcc hello.o -o hello，链接生成可执行文件 hello。

5. 运行

输入命令#./hello，输出结果如下：

```
    Hello World
```

以上代码从预处理、编译、汇编以及链接等几个环节一步步介绍，主要目的是分析程序编译的整个过程以及 GCC 的各个选项，其实如果只需要最终的可执行文件，可以直接对源代码进行编译链接，输入命令如下：

```
    # gcc hello.c -o hello
```

例 3-2　例 3-1 使用了-o 选项，如果不用该选项，默认的输出结果为：预处理后的 C 代码被送往标准输出，即输出到屏幕，汇编文件为 hello.s，目标文件为 hello.o，而可执行文件为 a.out。

对一个程序的多个源文件进行编译链接时，可以使用如下命令：

```
    gcc -o example first.c second.c third.c
```

该命令将同时编译 3 个源文件，分别是 first.c、second.c 及 third.c，将它们链接成一个可执行文件，名为 example。

3.2.3　GCC 编译器的基本用法

在使用 GCC 编译器的时候，必须给出一系列必要的调用参数和文件名称。GCC 编译器的调用参数有 100 多个，主要包括总体选项、警告和出错选项、优化选项和体系结构相关选项。其中多数参数一般用不到，下面介绍最基本、最常用的参数选项。

GCC 最基本的使用格式如下：

```
gcc [options] [filenames]
```

其中，options 就是编译器所需要的参数选项，filenames 给出相关的文件名称。

以源文件 hello.c 为例，options 常用参数介绍如下。

(1) -c：只编译不链接成为可执行文件，编译器只是由输入的 .c 等源代码文件生成以 .o 为后缀的目标文件，该目标文件是不可执行的，通常用于编译不包含主程序的子程序文件，操作实例如图 3-2 所示。

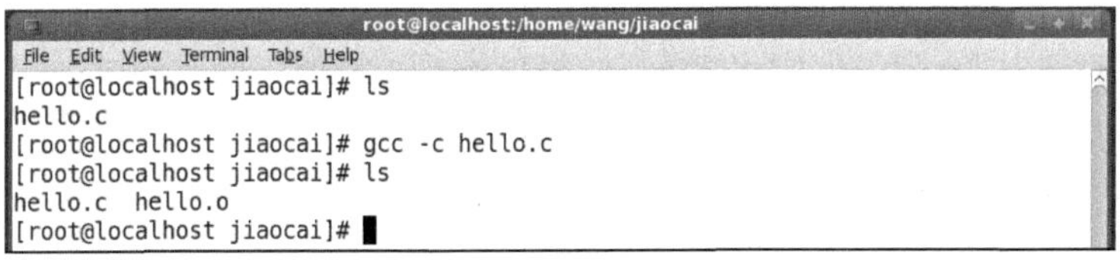

图 3-2　gcc -c 参数操作实例

(2) -o output_filename：指定输出文件的名称为 output_filename，该输出文件是可以执行的，操作实例如图 3-3 所示。注意：这个名称不能和源文件同名。如果不给出这个选项，GCC 就给出默认的可执行文件 a.out，操作实例如图 3-4 所示。

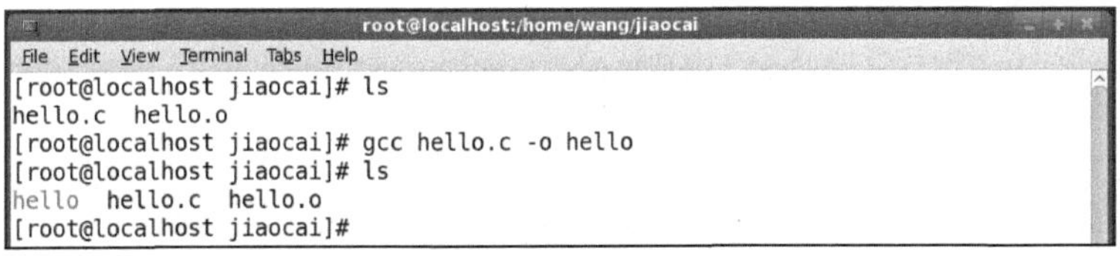

图 3-3　gcc -o 参数操作实例(一)

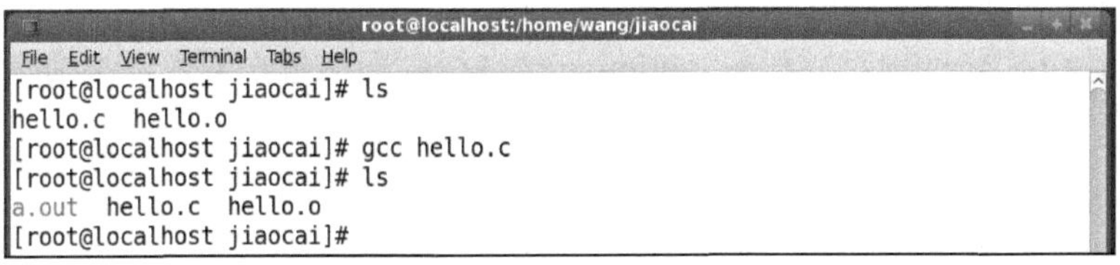

图 3-4　gcc -o 参数操作实例(二)

(3) -E：在预处理后停止，输出预处理后的源代码至标准输出，不进行编译。

(4) -S：编译后即停止，不进行汇编及链接，生成 .s 文件。

(5) -g：产生符号调试工具(GNU 的 GDB)所必要的符号信息，要想对源代码进行调试，就必须加入这个选项。

(6) -O：对程序进行优化编译、链接，采用这个选项，整个源代码会在编译、链接过程中进行优化处理，这样产生的可执行文件的执行效率可以提高，但是编译、链接的速度就相应地要慢一些。

例 3-3　给出一个例子来看看 gcc -o 优化项的效果，源程序为 optimize.c，源代码如下：

```
#include<stdio.h>
int main(void)
{
    double counter;
    double result;
    double temp;
    for(counter=0;counter<1000.0*2000.0*3000.0/20.0+2014;counter+=(6-1)/5)
    {
        temp=counter/2014;
        result=counter;
    }
    printf("Result is % lf\\n",result);
    return 0;
}
```

首先不加任何优化选项，对上面的源程序进行编译并运行，依次输入以下命令：

```
# gcc optimize.c -o optimize
# time ./optimize
```

程序运行结果如图 3-5 所示。

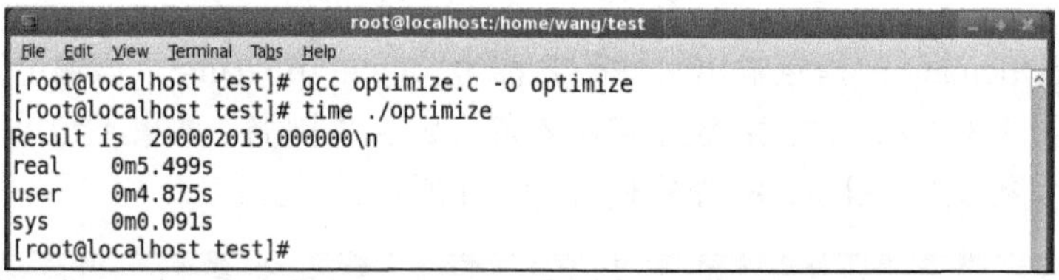

图 3-5　不加任何优化选项编译程序

在图 3-5 中，time 命令的输出结果由以下三部分组成。

real：程序的总执行时间，5.499 s，包括进程的调度、切换等时间。

user：用户执行的时间，4.875 s。

sys：内核执行的时间，0.091 s。

接下来使用-O 优化选项对源程序 optimize.c 进行处理，依次输入以下命令：

```
# gcc -O optimize.c -o optimize
# time ./optimize
```

程序运行结果如图 3-6 所示。

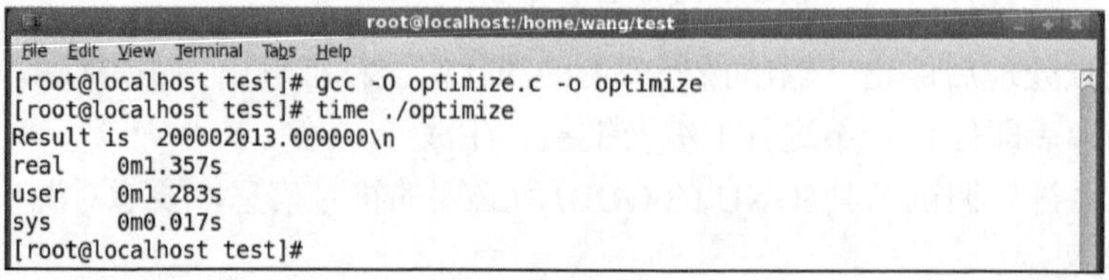

图 3-6　加入-o 选项编译程序

从图 3-6 可以看出，使用-O 优化选项时，real、user 及 sys 分别为 1.357s、1.283s 及 0.017s，表明程序运行时间大大缩短，其性能大幅度改善。

（7）-O2：除了完成-O 级别的优化编译、链接任务外，还要做一些额外的调整工作，如处理器指令调度等，这是 GNU 发布软件的默认优化级别，当然整个编译、链接过程会更慢。

（8）-I dirname：将 dirname 所指出的目录加入程序头文件目录列表中，是在预处理过程中使用的参数。头文件包含变量和函数的声明，但没有定义函数的实现，函数的具体实现是在库文件中完成的。C 程序中的头文件包含两种情况：

① #include <myinc.h>

② #include "myinc.h"

其中，一类使用尖括号(<>)，另一类使用双引号(" ")。对于第一类，预处理程序 cpp 在系统默认的包含文件目录(如/usr/include)中搜寻相应的文件，而第二类，预处理程序在目标文件的文件夹内搜索相应文件。

例 3-4　用-I 选项来指定头文件的路径，输入如下指令：

```
# gcc example.c -o example -I/home/wang/include
```

头文件所对应的库文件，如果没有特别指定，GCC 会到默认的搜索路径进行查找。

（9）-L dirname：将 dirname 所指出的目录加入到程序库文件目录列表中。库文件可分为静态库和动态库，静态库是指编译链接时，将库文件的代码全部加入可执行文件中，这样运行时就不需要库文件了。静态库的后缀名一般为.a。动态库是指在编译链接时并不将库文件的代码加入可执行文件中，而是在程序执行时由运行时连接文件加载库文件，这样可以节省空间。动态库的后缀名一般为.so。

例 3-5　使用-L 选项来指定库文件的路径，输入如下指令：

```
# gcc example.c -o example -L/home/wang/lib
```

GCC 编译器在默认情况下使用动态库。

（10）-static：静态链接库文件。

例 3-6　分别采用动态链接库和静态链接库两种方式对 hello.c 源文件进行编译，对比生成的可执行文件 hello 的大小，分别输入下面两条指令：

```
# gcc hello.c -o hello （默认采用动态库）
# gcc -static hello.c -o hello
```

用 ll 命令查看两种编译方式下分别生成的可执行文件 hello 的大小，如图 3-7 所示。图 3-7 表明采用动态库生成的 hello 文件大小为 4843B，而采用静态库生成的 hello 文件大小为 561178B，对比悬殊。

图 3-7　采用动态链接库和静态链接库两种方式编译

（11）-Wall：启用所有警告信息。

例 3-7　源代码 example.c 如下：

```
#include<stdio.h>
```

```
void main()
{
    int i;
    for(i=1;i<=20;i++)
    {
        printf("%d\n",i);
    }
}
```

使用 GCC 编译 example.c，同时开启警告信息，输入下面的命令：

```
# gcc -Wall example.c -o example
```

编译结果如图 3-8 所示，从图 3-8 的输出可以看到，GCC 给出了警告信息，意思是 main
函数的返回值被声明为 void，但实际应该是 int。

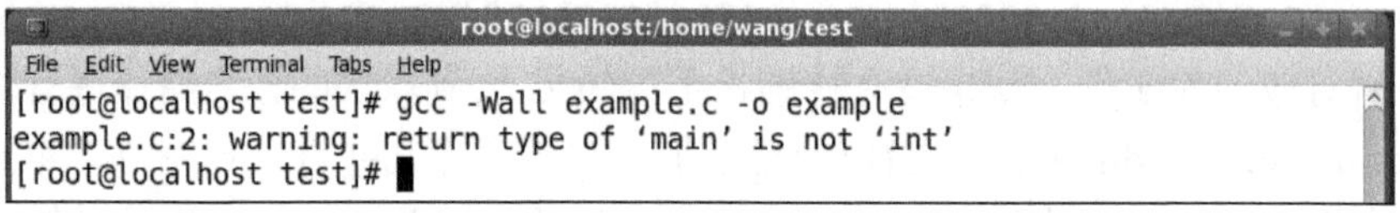

图 3-8　启用警告信息

(12) -w：禁用所有警告信息。

(13) -D MACRO：定义 MACRO 宏，等效于在程序中使用 #define MACRO。

3.3　GDB 程序调试

3.3.1　GDB 简介

GDB（GNU Debugger）是 GNU 开源组织发布的一个强大的 UNIX/Linux 下的程序调试工
具，它具有以下功能。

(1) 运行程序，设置所有的能影响程序运行的参数和环境。

(2) 控制程序在指定的条件下停止运行。

(3) 当程序停止时，可以检查程序的状态。

(4) 修改程序的错误，并重新运行程序。

(5) 动态监视程序中变量的值。

(6) 可以单步逐行执行代码，观察程序的运行状态。

(7) 分析崩溃程序产生的 core 文件。

一般来说，GDB 主要调试的是 C/C++程序。要调试 C/C++程序，首先在编译时，必须把
调试信息加到可执行文件中，方法是在使用 GCC 编译器时加上 -g 参数。

3.3.2　启动 GDB 的方法

GDB 包括静态调试和动态调试两种，其启动方法分别介绍如下。

1. GDB 的静态调试启动方法

(1) 当需要在命令行通过 GDB 来启动可执行程序的时候，可使用以下命令：

```
gdb <可执行程序名>
```

这时 GDB 会加载可执行程序的符号表和堆栈，并为启动程序做好准备；接下来，需要设置可执行程序的命令行参数，格式如下：

```
set args <参数列表>
```

然后设置断点(b 或 break)；最后通过命令 r 或 run 来启动程序，或者通过 c 或 continue 命令来继续已经被暂停的程序。

(2)当运行程序 core 的时候，需要查看 core 文件的内容，可使用以下代码实现：

```
gdb <可执行程序名> <core 文件名>
```

这时 GDB 会结合可执行程序的符号和堆栈来查看 core 文件内容，以分析程序在 core 掉时的内存影象。

在一个程序崩溃时，它一般会在指定目录下生成一个 core 文件。core 文件仅仅是一个内存映像(同时加上调试信息)，主要是用来调试的。

2. GDB 的动态调试启动方法

动态调试就是在不终止正在运行的进程的情况下来对这个正在运行的进程进行调试，其启动方式有以下两种。

1)方式一

```
gdb <可执行程序名> <进程 ID>
```

例如：

```
gdb <可执行程序名> 1234
```

这条命令会把进程 ID 为 1234 的进程与 GDB 联系起来，也就是说，这条命令会把进程 ID 为 1234 的进程的地址空间附着在 GDB 的地址空间中，然后使这个进程在 GDB 环境下运行，这样，GDB 就可以清楚地了解该进程的执行情况、函数堆栈、内存使用情况等。

2)方式二

直接在 GDB 中把一个正在运行的进程连接到 GDB 中，以便于进行动态调试，使用 attach 命令，格式如下：

```
attach <进程 ID>
```

当使用 attach 命令时，应该先使用 file 命令来指定进程所联系的程序源代码和符号表。在 GDB 接到 attach 命令后的第一件事情就是停止进程的运行，可以使用所有 GDB 命令来调试一个已"连接"到 GDB 的进程，这就像使用 run/r 命令在 GDB 中启动它一样。如果要让进程继续运行，那么可以使用 continue/c 命令。

当调试结束之后，可以使用该命令断开进程与 GDB 的连接(结束 GDB 对进程的控制)，在这个命令执行之后，所调试的那个进程将继续运行。

如果在使用 attach 命令把一个正在运行的进程连接到 GDB 之后又退出了 GDB，或者是使用 run/r 命令执行了另外一个进程，那么刚才那个被连接到 GDB 的进程将会因为收到一个 kill 命令而退出。

如果要使用 attach 命令，操作系统的环境就必须支持进程。另外，还需要有向进程发送信号的权力。

使用 attach 命令的详细步骤如下：

(1)启动 GDB，输入如下命令：

```
#gdb
```

(2)指定进程所关联的程序源代码和符号表，输入如下命令：

```
file <可执行程序名>
```

(3)把一个正在运行的进程连接到 GDB 中，输入如下命令：

```
attach <进程 ID>
```

(4)使用 GDB 的命令进行调试。

(5)调试结束，解除进程与 GDB 的连接，使进程继续运行，输入如下命令：

```
detach
```

(6)输入 q，退出 GDB。

3.3.3　GDB 命令

1. 路径与信息

在 GDB 命令提示符下，分别输入下面的命令。

(1)pwd：查看 GDB 当前的工作路径，如图 3-9 所示。

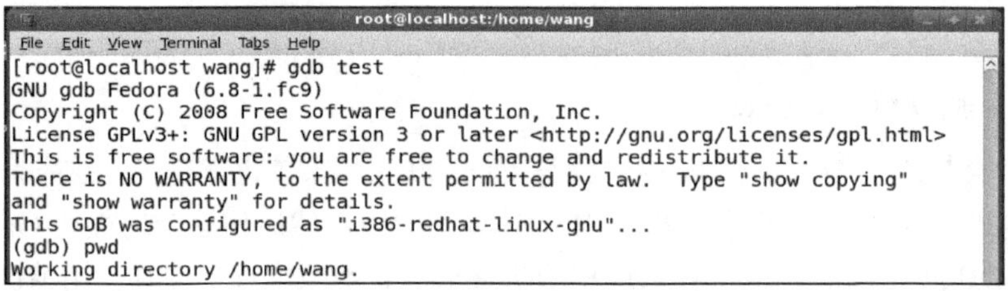

图 3-9　输入 pwd 命令

(2)show paths：显示当前路径变量的设置情况。

(3)info program：显示被调试程序的状态信息，包括程序是在运行还是停止状态、是什么进程、停止原因等。

调试器的基本功能就是让正在运行的程序(在终止之前)当某些条件成立的时候能够停下来，然后就可以使用 GDB 的所有命令来检查程序变量的值和修改变量的值，可用于排查程序错误。当程序停止的时候，GDB 都会显示一些有关程序状态的信息，如程序停止的原因、堆栈等。要了解更详细的信息，可以使用 info program 命令来显示当前程序运行的状态信息。

2. 设置普通断点

断点的作用是当程序运行到断点时，无论它在做什么，都会被迫停止。对于每个断点，还可以设置一些更高级的信息来决定断点在什么时候起作用。

设置断点的位置可以是代码行、函数或地址。在那些含有异常处理的语言(如 C++)中，还可以在异常发生的地方设置断点。

断点分为普通断点和条件断点，使用 break/b 命令来设置普通断点，设置普通断点的方法如下。

（1）break function：在某个函数上设置断点，也就是程序在进入指定函数时停止运行。

（2）break +offset 或 break -offset：程序运行到当前行的前几行或后几行时停止，offset 表示行号。

（3）break linenum：在行号为 linenum 的行上设置断点。

（4）break filename: linenum：在文件名为 filename 的源文件中的第 linenum 行上设置断点。

（5）break filename: function：在文件名为 filename 的源文件中名为 function 的函数上设置断点。

（6）break * ADDRESS：在地址 ADDRESS 上设置断点，这个命令可以在没有调试信息的程序中设置断点。

（7）break：不含任何参数的 break 命令，会在当前执行到的程序运行栈中的下一条指令上设置一个断点。除了栈底以外，这个命令会使程序在从当前函数返回时停止。

3. 设置条件断点

条件断点是指设置的断点只在某个条件成立的时候才有效，才会使程序在运行到断点之前停止。

（1）break…if condition：该命令设置一个条件断点，条件由 condition 来决定。在 GDB 每次执行到此处时，如果 condition 条件设定的值被计算为非 0，那么程序就在该断点处停止。与 break if 类似，只是 condition 只能用在已存在的断点上。

例如，（GDB）break　46　if　testsize＝＝100 将在断点 46 上附加条件 testsize＝＝100。

（2）tbreak args：设置一个只停止一次的断点，args 与 break 命令的一样。这样的断点当第一次停下来后，就会被自己删除。

4. 维护断点

当一个断点使用完之后，需要将其删除。用来删除断点的命令有 clear 和 delete。

（1）clear：不带任何参数的 clear 命令会在当前所选择的栈上清除下一个所要执行到的断点（指令级）。在当前的栈帧是栈中最内层的时候，使用这个命令可以很方便地删除刚才程序停止处的断点。

（2）clear function 和 clear filename:function：删除 function 函数上的断点。

（3）clear linenum 和 clear filename:linenum：删除第 linenum 行上的断点。

（4）delete [breakpoints] [range…]：删除指定的断点，breakpoints 为断点号。如果不指定断点号，则表示删除所有的断点。range 表示断点号的范围（如 3-7）。其简写命令为 d。

比删除更好的一种方法是禁用断点，GDB 不会删除被禁用了的断点，当需要时，使能即可，就好像回收站一样。

（5）disable [breakpoints] [range…]：禁用所指定的断点，breakpoints 为断点号，range 表示断点号的范围。如果什么都不指定，表示禁用所有的断点，简写命令是 dis。

（6）enable [breakpoints] [range…]：使能所指定的断点，breakpoints 为断点号，range 表示断点号的范围。

（7）enable [breakpoints] once range…：仅使能所指定的断点一次，当程序停止后，该断点马上被 GDB 自动禁用。

（8）enable [breakpoints] delete range…：仅使能所指定的断点一次，当程序停止后，该断点马上被 GDB 自动删除。

5. 查看断点或观察点的状态信息

可以使用一个观察点来停止一个程序的执行，当某个表达式的值改变时，观察点将会停止程序，而不需要事先在某个地方设置一个断点。观察点的这个特性使观察点的开销比较大，但是在捕捉错误时非常有用，特别是当不知道程序到底在什么地方出了问题的时候。

(1) info breakpoints [breaknum]：查看断点号 breaknum 所指定的断点的状态信息，如果没有指定参数，则查看所有断点的状态信息。

(2) info break [breaknum]：查看断点号 breaknum 所指定的断点的状态信息，如果没有指定参数，则查看所有断点的状态信息。

(3) info watchpoints [breaknum]：查看断点号 breaknum 所指定的观察点的状态信息，如果没有指定参数，则查看所有观察点的状态信息。

(4) maint info breakpoints：与 info breakpoints 一样，显示所有断点的状态信息。

(5) watch expr：watch 命令使用 expr 作为表达式设置一个观察点。GDB 将把表达式加入到程序中，并监视程序的运行，当表达式的值被改变的时候，GDB 将会停止程序的运行。

(6) rwatch expr：使用 expr 作为表达式设置一个断点，当 expr 被程序读取时，GDB 将会暂停程序的运行。

(7) awatch expr：使用 expr 作为表达式设置一个观察点，当 expr 被读出并被写入时，GDB 会暂停程序的运行，这个命令常和 rwatch 合用。

(8) info watchpoints：显示所有设置的观察点的列表，它与 info breakpoints 命令类似。

6. 其他 GDB 调试命令

(1) list/l [line_num]：显示源文件中行号为 line_num 的前面几行到后面几行之间的源代码，如果不执行行号，则显示当前行的前面几行到后面几行之间的源代码。

(2) continue/c：继续运行被中断的程序。

(3) next/n：继续执行下一行代码。

(4) step/s：单步跟踪调试，它可以进入函数内部，跟踪函数的内部执行情况。

(5) backtrace/bt：显示当前堆栈的内容。

(6) print/p <表达式/变量>：打印表达式或变量的值。

(7) frame/f <stack_frame_no/address>：选择一个栈帧，并进入这个栈帧，同时打印被选择的栈帧的内容摘要信息，该命令的参数是一个栈帧的号码或者是一个栈帧地址。

(8) info stack/frame：显示栈/帧的摘要信息。

(9) run/r：在 GDB 中启动并运行程序。

(10) help info：显示命令 info 的用法。

(11) q：退出 GDB。

7. 对多线程程序的调试

(1) thread thread_no：该命令用于在线程之间进行切换，把线程号为 thread_no（GDB 设置的线程号）的线程设置为当前线程。

(2) info threads：查询当前进程所拥有的所有线程的状态摘要信息。GDB 将按照顺序分别显示下面的信息。

①线程号——GDB 为被调试进程中的线程设置的顺序号；

②目标系统的线程标识；

③此线程的当前栈信息。一些前面带"*"号的线程，表示该线程是当前线程。

(3) thread apply [thread_no] [all] args：该命令用于向线程提供命令。

另外，无论 GDB 因何故中断了程序(因为一个断点或者是一个信号)，GDB 会自动选择信号或断点发生的线程作为当前线程。例如，当一个信号或者一个断点在线程 A 中发生从而导致 GDB 中断程序的运行，那么 GDB 会自动选择线程 A 作为当前线程，执行 info threads 后，显示的线程状态信息列表中，当前线程的前面带有一个星号"*"。

例 3-8　一个调试实例。

```
// 源程序 test.c
1      #include<stdio.h>
2      int func(int n)
3       {
4         int sum=0,i;
5         for(i=0; i<n; i++)
6         {
7             sum+=i;
8         }
9         return sum;
10       }
11
12     main()
13      {
14        int i;
15        long result = 0;
16        for(i=1; i<=100; i++)
17        {
18            result += i;
19        }
20        printf("result[1-100] = %d \n", result );
21        printf("result[1-250] = %d \n", func(250));
22       }
```

在编译 test.c 文件时，输入以下命令，就可以生成调试信息：

```
gcc -g test.c -o test
```

输入以下命令，使用 GDB 调试，如图 3-10 所示。

```
gdb test
```

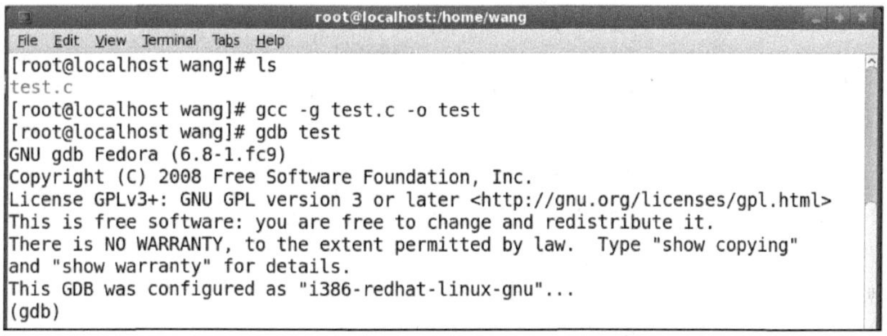

图 3-10　使用 GDB 调试

在源程序第 14 行和函数 func () 入口处分别设置断点，并查看断点信息，如图 3-11 所示。

```
(gdb) break 14
Breakpoint 1 at 0x8048402: file test.c, line 14.
(gdb) break func
Breakpoint 2 at 0x80483ca: file test.c, line 4.
(gdb) info break
Num     Type           Disp Enb Address    What
1       breakpoint     keep y   0x08048402 in main at test.c:14
2       breakpoint     keep y   0x080483ca in func at test.c:4
```

图 3-11　设置和查看断点

输入 run 运行程序，在断点处停下，如图 3-12 所示。

```
(gdb) run
Starting program: /home/wang/test

Breakpoint 1, main () at test.c:15
15          long result = 0;
```

图 3-12　运行程序

输入 next 继续执行下一行代码，如图 3-13 所示。

```
(gdb) next
16          for(i=1; i<=100; i++)
(gdb) next
18              result += i;
(gdb) next
16          for(i=1; i<=100; i++)
(gdb) next
18              result += i;
```

图 3-13　继续执行下一行代码

输入 c (continue) 继续运行被中断的程序，直到遇到下一个断点，如图 3-14 所示。

```
(gdb) c
Continuing.
result[1-100] = 5050

Breakpoint 2, func (n=250) at test.c:4
4           int sum=0,i;
```

图 3-14　继续运行被中断的程序

打印变量 i 和 sum 的值，如图 3-15 所示。

```
(gdb) n
5               for(i=0; i<n; i++)
(gdb) p i
$1 = 13479924
(gdb) n
7                   sum+=i;
(gdb) n
5               for(i=0; i<n; i++)
(gdb) p sum
$2 = 0
(gdb) n
7                   sum+=i;
(gdb) p i
$3 = 1
(gdb) n
5               for(i=0; i<n; i++)
(gdb) p sum
$4 = 1
```

图 3-15　打印变量 i 和 sum 的值

输入 bt，显示当前堆栈的内容，如图 3-16 所示。

```
(gdb) bt
#0  func (n=250) at test.c:5
#1  0x08048441 in main () at test.c:21
```

图 3-16　显示当前堆栈的内容

输入 tbreak 14，在程序的第 14 行设置一个只停止一次的断点，这个断点当第一次停下来后，就会被自己删除，之后用 info break 命令查看，显示无断点，如图 3-17 所示。

```
(gdb) tbreak 14
Breakpoint 1 at 0x8048402: file test.c, line 14.
(gdb) info break
Num     Type           Disp Enb Address    What
1       breakpoint     del  y   0x08048402 in main at test.c:14
(gdb) run
Starting program: /home/wang/test
main () at test.c:15
warning: Source file is more recent than executable.
15          long result = 0;
(gdb) info break
No breakpoints or watchpoints.
```

图 3-17　设置一个只停止一次的断点

输入 q，退出 GDB，如图 3-18 所示。

```
(gdb) q
The program is running.  Exit anyway? (y or n) y
[root@localhost wang]# ▉
```

图 3-18　退出 GDB

3.4　makefile 工程管理

当开发的程序中包含大量的源文件时，在修改过程中常常会遇到一些问题。如果程序只有两三个源文件，那么修改代码后直接重新编译全部源文件就可以了，但是如果程序的源文件很多，用这种简单的处理方式就会引起问题。

首先，假如只修改了一个源文件，却要重新编译所有的源文件，那么这显然是在浪费时间。其次，如果只想重新编译那些被修改的源文件，又该如何确定这些文件呢？例如，程序中使用了多个头文件，并且这些头文件被包含在各个源文件中，如果修改了其中的某些头文件后，怎么能够知道哪些源文件受到影响，哪些与此无关呢。如果把全部源文件都检查一遍，那将是一件十分费时的事情。

由此可以看出，源文件多了修改起来真是不易。幸运的是，GNU 的工程管理工具 make 可以帮助用户解决这两个问题——当程序的源文件被修改之后，它能保证所有受影响的文件都将重新编译，而不受影响的文件则不予编译。

3.4.1　makefile 概述

make 是 Linux 下的一款程序自动维护工具，配合 makefile 使用，就能够根据程序中各文件的修改情况，自动判断应该对哪些文件重新编译，从而保证程序由最新的文件构成。至于要检查哪些文件，以及如何构建程序是由 makefile 文件来决定的。

　　在 Linux 环境下使用 make 工具能够比较容易地构建一个属于自己的工程，整个工程只需要一个命令就可以完成编译、链接以至于最后的执行，不过这样做的前提是需要投入一些时间去完成一个(或多个)名为 makefile 文件的编写。

　　makefile 文件描述了整个工程的编译、链接等规则。其中包括：工程中的哪些源文件需要编译以及如何编译、需要创建哪些库文件以及如何创建这些库文件、如何最后产生想要的可执行文件。尽管看起来可能是很复杂的事情，但是为工程编写 makefile 文件的好处是能够使用一行命令来完成“自动化编译”，一旦提供一个(或多个)正确的 makefile 文件，编译整个工程所要做的唯一的一件事就是在 shell 提示符下输入 make 命令。整个工程完全自动编译，大大提高了编译效率。

　　一般情况下，makefile 会跟项目的源文件放在同一个目录中。另外，系统中可以有多个 makefile，通常一个项目使用一个 makefile 就可以了；如果项目很大，可以考虑将它分成较小的部分，然后用不同的 makefile 来管理项目的不同部分。

　　makefile 文件用于描述系统中模块之间的相互依赖关系，以及产生目标文件所要执行的命令，所以，一个 makefile 文件由依赖关系和规则两部分内容组成。

　　依赖关系由一个目标和一组该目标所依赖的源文件组成。这里所说的目标就是将要创建或更新的文件，最常见的是可执行文件。规则用来说明怎样使用所依赖的文件来建立目标文件。

　　当运行 make 命令时，会读取 makefile 文件来确定要建立的目标文件或其他文件，然后对源文件的日期和时间进行比较，从而决定使用哪些规则来创建目标文件。一般情况下，在建立起最终的目标文件之前，免不了要建立一些中间性质的目标文件。这时，make 命令也是使用 makefile 文件来确定这些目标文件的创建顺序，以及用于它们的规则序列。

3.4.2　make 程序的命令行选项和参数

　　虽然 make 可以在 makefile 文件中进行配置，除此之外，还可以利用 make 程序的命令行选项对它进行即时配置。make 命令参数的格式如下：

```
make [-f makefile 文件名][选项][宏定义][目标]
```

　　其中，用[ ]括起来的表示是可选的。命令行选项由“-”指明，后面跟选项，例如：

```
make -f
```

如果需要多个选项，可以只使用一个“-”，例如：

```
make -kf
```

也可以每个选项使用一个“-”，例如：

```
make -k -f
```

甚至混合使用也行，例如：

```
make -n -kf
```

　　make 命令本身的命令行选项较多，这里只介绍在开发程序时最常用的三个，它们分别如下。

　　(1)-k：如果使用该选项，即使 make 程序遇到错误也会继续向下运行；如果没有该选项，在遇到第一个错误时 make 程序马上就会停止，那么后面的错误情况就不得而知了。我们可以利用这个选项来查出所有有编译问题的源文件。

(2) -n：该选项使 make 程序进入非执行模式，也就是说将原来应该执行的命令输出，而不是执行。

(3) -f file：指定 file 文档为描述文档。如果不用该选项，则系统将默认当前目录下名为 makefile 或名为 Makefile 的文档为描述文档。在 Linux 中，GNU make 工具在当前工作目录中按照 GNUmakefile、makefile、Makefile 的顺序搜索 makefile 描述文档。

3.4.3 makefile 中的依赖关系

依赖关系是 makefile 在执行过程中的核心内容。make 程序自动生成和维护通常是可执行模块或应用程序的目标，目标的状态取决于它所依赖的那些模块的状态。make 的思想是为每一块模块都设置一个时间标记，然后根据时间标记和依赖关系来决定哪些文件需要更新。一旦依赖模块的状态改变了，make 就会根据时间标记的新旧执行预先定义的一组命令来生成新的目标。

依赖关系规定了最终得到的应用程序跟生成它的各个源文件之间的关系。图 3-19 描述了可执行文件 main 对所有的源程序文件及其编译产生的目标文件之间的依赖关系。

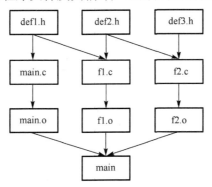

图 3-19 模块间的依赖关系

对于图 3-19，可执行程序 main 依赖于 main.o、f1.o 和 f2.o。与此同时，main.o 依赖于 main.c 和 def1.h；f1.o 依赖于 f1.c、def1.h 和 def2.h；f2.o 依赖于 f2.c、def2.h 和 def3.h。在 makefile 中，可以用目标名称，加冒号，后跟空格键或 Tab 键，再加上由空格键或 Tab 键分隔的一组用于产生目标模块的文件来描述模块之间的依赖关系。对于上例来说，模块间的依赖关系可以作以下描述：

```
main:main.o f1.o f2.o
main.o:main.c def1.h
f1.o:f1.c def1.h def2.h
f2.o:f2.c def2.h def3.h
```

不难发现，上面的各个源文件跟各模块之间的关系具有明显的层次结构，如果 def2.h 发生了变化，那么就需要更新 f1.c 和 f2.c，而如果 f1.o 和 f2.o 发生了变化，那么 main 也需要随之重新构建。

默认时，make 程序只更新 makefile 中的第一个目标，如果希望更新多个目标文件，可以使用一个特殊的目标 all，假如想在一个 makefile 中更新 main1 和 main2 这两个程序文件，可以加入下列语句达到这个目的：

```
all:main1 main2
```

3.4.4 makefile 中的规则

makefile 文件除了指明目标和模块之间的依赖关系之外，还要规定相应的规则来描述如何生成目标，或者说使用哪些命令来根据依赖模块产生目标。以图 3-19 为例，当 make 程序需要重新构建 f1.o 的时候，该使用哪些命令来完成呢？

当然，可以使用命令"gcc -c f1.c"来完成，不过如果需要规定一个 include 目录，或者为将来的调试准备符号信息，都需要在 makefile 中用相应规则显式地指出。

makefile 文件是以相关行为基本单位的，相关行用来描述目标、模块及规则(命令行)三者之间的关系。相关行的格式通常如下：

目标:[依赖模块][;规则]

":"(冒号)左边是目标名；":"右边是目标所依赖的模块名；后面的规则(命令行)是由依赖模块产生目标时所要执行的命令。

习惯上写成多行形式，如下所示：

```
1 目标:[依赖模块]
2 命令
3 命令
```

需要注意的是，如果相关行写成一行，"规则"之前用";"隔开，如果分成多行书写，那么后续的行务必以 Tab 键开始，而不是空格键。

此外，如果在 makefile 文件中的行尾加上空格键，也会导致 make 命令运行失败。makefile 规则所定义的构建目标的命令将会被执行的两个条件如下。

(1)目标不存在。

(2)依赖已更新(或修改)。

例 3-9 makefile 文件举例。

根据图 3-19 的依赖关系写出一个完整的 makefile 文件，将其命名为 mymakefile1，文件内容如下：

```
main:main.o f1.o f2.o
    gcc -o main main.o f1.o f2.o
main.o:main.c def1.h
    gcc -c main.c
f1.o:f1.c def1.h def2.h
    gcc -c f1.c
f2.o:f2.c def2.h def3.h
    gcc -c f2.c
```

注意，由于这里没有使用默认名 makefile 或者 Makefile，所以一定要在 make 命令行中加上-f 选项。

(1)在没有任何源码的目录下运行 make 程序。

执行命令"make   -f   mymakefile1"，将收到如图 3-20 所示的消息。

```
[root@localhost wang]# make -f mymakefile1
make: *** No rule to make target `main.c', needed by `main.o'.  Stop.
```

图 3-20　第一次运行 make 程序

make 命令将 makefile 中的第一个目标即 main 作为要构建的文件，所以它会寻找构建该文件所需要的其他模块，并判断出必须使用一个称为 main.c 的文件。因为该目录下尚未建立该文件，而 makefile 又不知道如何建立它，所以只好报告错误。

（2）建立好源文件后，再次运行 make 程序。

下面用 touch 命令创建头文件 def1.h、def2.h 和 def3.h，具体命令如下：

```
# touch def1.h
# touch def2.h
# touch def3.h
```

将 main 函数放在 main.c 文件中，在 main 函数中调用 function2 函数和 function3 函数，但将这两个函数的定义分别放在源文件 f1.c 和 f2.c 中：

```
/*main.c*/
#include "def1.h"
extern void function2();
extern void function3();
int main()
{
    function2();
    function3();
}

/*f1.c*/
#include "def1.h"
#include "def2.h"
void function2()
{
}
/*f2.c*/
#include "def2.h"
#include "def3.h"
void function3()
{
}
```

```
[root@localhost wang]# make -f mymakefile1
gcc -c main.c
gcc -c f1.c
gcc -c f2.c
gcc -o main main.o f1.o f2.o
```

建立好源文件后，再次运行 make 程序，结果如图 3-21 所示。

图 3-21　再次运行 make 程序

这次运行 make 程序顺利通过，这说明 make 命令已经正确处理了 makefile 描述的依赖关系，并确定了需要建立哪些文件，以及它们的建立顺序。虽然在 makefile 中首先列出的是如何建立 main，但是 make 还是能够正确地判断出这些文件的处理顺序，并按相应的顺序调用规则部分规定的相应命令来创建这些文件。当执行这些命令时，make 程序会按照执行情况来显示这些命令。

（3）修改 def2.h 后，运行 make 程序。

对 def2.h 加以修改，来看 makefile 能否对此作出相应的回应，操作过程及运行结果如图 3-22 所示。

图 3-22 的运行结果表明，当 make 命令读取 makefile 后，只对受 def2.h 的变化影响的模

块进行必要的更新，注意它的更新顺序，它先编译了.c 程序，最后链接生产了可执行文件。

（4）删除目标文件 f2.o 后，运行 make 程序。

最后来看删除目标文件后会发生什么情况，操作过程及运行结果如图 3-23 所示。

```
[root@localhost wang]# touch def2.h
[root@localhost wang]# make -f mymakefile1
gcc -c f1.c
gcc -c f2.c
gcc -o main main.o f1.o f2.o
```

```
[root@localhost wang]# rm f2.o
rm: remove regular file `f2.o'? y
[root@localhost wang]# make -f mymakefile1
gcc -c f2.c
gcc -o main main.o f1.o f2.o
```

图 3-22　修改 def2.h 后运行 make 程序　　　图 3-23　删除目标文件 f2.o 后运行 make 程序

从图 3-23 的运行结果可以看出，在删除目标文件 f2.o 后，需要重新编译 f2.c 文件，以便生成 f2.o 文件，同时重新编译与 f2.o 相关的模块。

3.4.5　makefile 中的宏

在 makefile 中，宏的作用类似于 C 语言中的 define，利用它们来替换某些多处使用而又可能发生变化的内容，可以节省重复修改的工作，还可以避免遗漏。

makefile 的宏分为两类，一类是用户自己定义的宏，一类是系统内部定义的宏。用户定义的宏必须在 makefile 或命令行中明确定义，系统定义的宏不由用户定义。

1. 用户自己定义的宏

在 makefile 中用户自己定义宏的基本语法格式如下：

宏标识符 = 值列表

其中，宏标识符也就是宏的名称，可以由大小写字母、阿拉伯数字和下划线构成，通常全部大写；等号左右的空格符没有严格要求，它们最终将被 make 删除；值列表既可以是零项，也可以是一项或者多项。例如：

OBJS = main.o f1.o f2.o

当一个宏定义之后，就可以通过"$(宏标识符)"或者"${宏标识符}"来访问这个标识符所代表的值了。

例 3-10　包含宏的 makefile 文件。

下面是一个包含宏的 makefile 文件，将其命名为 mymakefile2，文件内容如下：

```
all:main
# 使用的编译器
CC = gcc
# 包含文件所在目录
INCLUDE=.
# 在开发过程中使用的选项
CFLAGS = -g -Wall -ansi
# 在发行时使用的选项
# CFLAGS = -O -Wall -ansi
main:main.o f1.o f2.o
    $(CC) -o main main.c f1.o f2.o
main.o:main.c def1.h
    $(CC) -I$(INCLUDE) $(CFLAGS) -c main.c
```

```
f1.o:f1.c def1.h def2.h
    $(CC) -I$(INCLUDE) $(CFLAGS) -c f1.c
f2.o:f2.c def2.h def3.h
    $(CC) -I$(INCLUDE) $(CFLAGS) -c f2.c
```

在 makefile 中，注释以"#"为开头，至行尾结束。注释不仅可以帮助别人理解 makefile，它们对 makefile 的编写者来说也是很有必要的。

在 makefile 中，宏经常用作编译器的选项。很多时候，处于开发阶段的应用程序在编译时是不用优化的，但是需要调试信息；而正式版本的应用程序正好相反，不含调试信息的代码不仅所占内存空间较小，经过优化的代码运行起来也更快。

现在来测试一下 mymakefile2 的运行情况。先将 mymakefile1 的编译结果删除，即删除文件 f1.o、f2.o、main.o 及 main，然后执行"make -f mymakefile2"命令，结果如图 3-24 所示。

从图 3-24 可以看出，make 程序会用相应的定义来替换宏引用$(CC)、$(CFLAGS)和$(INCLUDE)，这跟 C 语言中宏的用法比较相似。

```
[root@localhost wang]# make -f mymakefile2
gcc -I . -g -Wall -ansi -c main.c
gcc -I . -g -Wall -ansi -c f1.c
gcc -I . -g -Wall -ansi -c f2.c
gcc -o main mian.o f1.o f2.o
```

图 3-24　执行"make -f mymakefile2"命令

如果所用的编译器不是 GCC，而是在 UNIX 系统上常用的编译器 CC 或 c89，如果想让已经写好的 makefile 文件在一个系统上使用这些不同种类的编译器，对于 makefile1 来说，就不得不对其中的多处进行修改，但是对于 mymakefile2 来说，只需修改一处，即宏定义的值就可以了，这正是在 makefile 中使用宏的便捷之处。

宏既可以在 makefile 中定义，也可以在 make 命令行中定义。在 make 命令行中定义宏的方法如下：

```
# make CC=c89
```

当命令行中的宏定义跟 makefile 中的宏义有冲突时，以命令行中的定义为准。当在 makefile 文件之外使用时，宏定义必须作为单个参数进行传递，所以要避免使用空格，但是更妥当的方法是使用引号，例如：

```
# make "CC = c89"
```

这样就不必担心空格所引起的问题了。

2. 系统内部定义的宏

常用的系统内部宏有下面几种。

$*：不包含扩展名的目标文件名称。例如，若当前目标文件是 pro.o，则$*表示 pro。

$+：所有的依赖文件，以空格分开，并以出现的先后为顺序，可能包含重复的依赖文件。

$<：比给定的目标文件时间标记更新的依赖文件名。

$?：所有的依赖文件，以空格分开，这些依赖文件的修改日期比目标的创建日期晚。

$@：当前目标的全路径名称，可用于用户定义的目标名的相关行中。

$^：所有的依赖文件，以空格分开，不包含重复的依赖文件。

@：取消回显，一般用在命令行。例如，命令行"@ gcc main.o fun1.o fun2.o -o main"在运行 make 时不被显示。

例 3-11　系统内部定义宏举例。

makefile 文件中的语句如下：

```
main:main.o fun1.o fun2.o
```

```
    gcc main.o fun1.o fun2.o -o main
```

运用系统内部定义的宏，可以改写如下：

```
main:main.o fun1.o fun2.o
    gcc $^ -o $@
```

3.4.6　makefile 构建多个目标

在 makefile 规则中，多个目标有可能同时依赖于一个文件，并且其生成的命令大体类似。有时候，需要在一个 makefile 中生成多个单独的目标文件，或者将多个命令放在一起。

例 3-12　下面是一个构建多目标的 makefile 文件，添加一个 clean 目标来清除不需要的文件，将其命名为 mymakefile3，文件内容如下：

```
all:main
#使用的编译器
CC = gcc
#include 文件所在位置
INCLUDE = .
#开发过程中所用的选项
CFLAGS = -g -Wall -ansi
#发行时用的选项
#CFLAGS = -O -Wall -ansi
main:main.o f1.o f2.o
    $(CC) -o main main.o f1.o f2.o
main.o:main.c def1.h
    $(CC) -I$(INCLUDE) $(CFLAGS) -c main.c
f1.o:f1.c def1.h def2.h
    $(CC) -I$(INCLUDE) $(CFLAGS) -c f1.c
f2.o:f2.c def2.h def3.h
    $(CC) -I$(INCLUDE) $(CFLAGS) -c f2.c
clean:
    -rm main.o f1.o f2.o
```

在 mymakefile3 中，目标 clean 没有依赖模块，称为伪目标，也就是说，不会产生 clean 文件，因为没有时间标记可供比较，所以它总被执行，它的实际意图是引出后面的 rm 命令来删除某些目标文件。rm 命令以"-"开头，这表示 make 将忽略命令结果，即使没有目标供 rm 命令删除而返回错误时，make clean 依然继续向下执行。

makefile 通常把第一个目标作为终极目标，而其他目标一般是由这个目标连带出来的，这是 make 的默认行为。当 makefile 中的第一个目标由许多个目标组成时，可以指示 make，让其完成指定的目标。要达到这一目的很简单，就是在 make 命令后直接跟目标的名字就可以了。

现在来测试一下 mymakefile3 的运行情况。先将前面的编译结果删除，即删除文件 f1.o、f2.o、main.o 及 main，然后执行"make -f mymakefile3"命令，结果如图 3-25 所示。

```
[root@localhost wang]# make -f mymakefile3
gcc -I. -g -Wall -ansi -c main.c
main.c: In function 'main':
gcc -I. -g -Wall -ansi -c f1.c
gcc -I. -g -Wall -ansi -c f2.c
gcc -I. -o main main.o f1.o f2.o
[root@localhost wang]# ls
def1.h  def3.h  f1.o  f2.o  main.c  mymakefile1  mymakefile3  test.c
def2.h  f1.c    f2.c  main  main.o  mymakefile2  test
```

图 3-25　执行"make -f mymakefile3"命令

接着执行命令 "make　-f　mymakefile3 clean"，结果如图 3-26 所示。

```
[root@localhost wang]# make -f mymakefile3 clean
rm main.o f1.o f2.o
[root@localhost wang]# ls
def1.h  def3.h  f2.c   main.c      mymakefile2  test
def2.h  f1.c    main   mymakefile1 mymakefile3  test.c
```

图 3-26　执行 "make　-f　mymakefile3 clean" 命令

从图 3-26 可以看出，文件 main.o、f1.o 和 f2.o 被删掉了。

3.4.7　makefile 隐含规则

在 makefile 中，除了显式给出的规则外，make 还具有许多隐含规则，这些规则是由预先规定的目标、依赖文件及其命令组成的相关行。在隐含规则的帮助下，可以使 makefile 变得更加简洁，尤其是在具有许多源文件的时候，下面用实例加以说明。

例 3-13　首先建立一个名为 fo.c 的 C 程序源文件，文件内容如下：

```
#include<stdio.h>
int main()
{
    printf("HelloWorld\n");
    return 0;
}
```

```
[root@localhost wang]# make fo
cc      fo.c   -o fo
```

图 3-27　执行 "make fo" 命令

然后，输入 "make fo" 命令来编译 fo.c 文件，结果如图 3-27 所示。

需要说明的是，尽管没有指定 makefile，但是 make 仍然能知道如何调用编译器，并且调用的是 CC 而不是 GCC 编译器，并相当于执行命令 "cc fo.c -o fo"。这完全得益于 make 的隐含规则，这些隐含规则通常使用宏，只要为这些宏指定新的值，就可以改变隐含规则的默认动作。

接下来依次输入以下命令：

```
# rm fo
# make CC=gcc CFLAGS="-Wall -g" fo
```

执行结果如图 3-28 所示。

```
[root@localhost wang]# make CC=gcc CFLAGS="-Wall -g" fo
gcc -Wall -g    fo.c   -o fo
```

图 3-28　执行 make CC=gcc CFLAGS="-Wall -g" fo 命令

3.4.8　makefile 后缀规则

由前面的介绍我们已经知道，有些隐含规则会根据文件的后缀（相当于 Windows 系统中的文件扩展名）来采取相应的处理。也就是说，当 make 见到带有一种后缀的文件时，就知道该使用哪些规则来建立带有另外一种后缀的文件，最常见的是用以 .c 为后缀的文件来建立以 .o 为后缀的文件，即把源文件编译成目标程序，但是不进行链接。

有时候需要在不同的平台下编译源文件，如 Windows 和 Linux。如果源代码是用 C++编写的，那么 Windows 下其后缀为 .cpp。可是 Linux 使用的 make 版本没有编译 .cpp 文件的隐含规则，而是有一个用于 .cc 的规则，因为在 UNIX 操作系统中 C++文件扩展名通常为 .cc。此时，要么为每个源文件单独指定一条规则，要么为 make 建立一条新规则，告诉它如何用以.cpp 为扩展名的源文件来生成目标文件。如果项目中的源文件较多，通常使用后缀规则。

要添加一条新的后缀规则，首先要在 makefile 文件中用一行来声明新后缀是什么，其格式如下：

```
<旧后缀名> <新后缀名>:
```

该声明的作用是定义一条通用规则，用来将带有旧后缀名的文件变成带有新后缀名的文件，文件名保持不变。有了这个声明就可以添加使用这个新后缀的规则了。

例 3-14　要将.cpp 文件编译成.o 文件，可以使用下面的一个新的通用规则：

```
.SUFFIXES:.cpp
.cpp .o:
    $(CC) -xc++ $(CFLAGS) -I$(INCLUDE) -c $<
```

其中，".cpp .o:"语句的作用是告诉 make 这些规则用于把后缀为.cpp 的文件转换成后缀为.o 的文件；标志"-xc++"的作用是告诉 GCC 要编译的源文件是 C++源文件；宏"$<"用来通指需要编译的所有文件名称，即所有以.cpp 为后缀的文件都将被编译成以.o 为后缀的文件，例如，fun.cpp 的文件将变成 fun.o。

注意，只需跟 make 说明如何把.cpp 文件变成.o 文件就行了，至于如何从目标程序文件变成二进制可执行文件，make 是知道的，就不用额外说明了。当调用 make 程序时，它会使用新规则把 fun.cpp 程序变成 fun.o，然后使用内部规则将 fun.o 文件链接成一个可执行文件 fun。

3.4.9　makefile 的模式规则

通过 3.4.8 节介绍的后缀规则可以将文件从一种类型转换为另一种类型，运用 make 的模式规则可以达到同样的效果。

在模式规则中，目标文件是一个带有模式字符"%"的文件，使用模式来匹配目标文件。文件名中的模式字符"%"可以匹配任何非空字符串，除模式字符以外的部分要求一致。例如，"%.c"匹配所有以".c"结尾的文件(匹配的文件名长度最少为 3 个字母)，"s%.c"匹配所有第一个字母为"s"且必须是以".c"结尾的文件，文件名长度最少为 5 个字符(模式字符"%"至少匹配一个字符)。

一个模式规则的格式如下：

```
%.o:%.c ; COMMAND…
```

这个模式规则指定了如何由.c 文件创建.o 文件，这里的.c 文件应该是已存在的或者可被创建的。

例 3-15　运用模式规则将.cpp 文件编译成.o 文件，可以使用下面的规则：

```
%o:%.cpp
    $(CC) -xc++ $(CFLAGS) -I$(INCLUDE) -c $<
```

模式规则中依赖文件也可以不包含模式字符"%"。当依赖文件名中不包含模式字符"%"时，其含义是所有符合目标模式的目标文件都依赖于一个指定的文件(例如，%.o : debug.h 表示所有的.o 文件都依赖于头文件 debug.h)。这样的模式规则在很多场合是非常有用的。

同样，一个模式规则可以存在多个目标。多目标的模式规则和普通多目标规则有些不同，普通多目标规则的处理是将每一个目标作为一个独立的规则来处理，所以多个目标就对应多个独立的规则(这些规则各自有自己的命令行，各个规则的命令行可能相同)。但对于多目标模式规则来说，所有规则的目标共同拥有依赖文件和规则的命令行，当文件符合多个目标模式中的任何一个时，规则定义的命令就有可能会被执行；所以多个目标共同拥有规则的命令行，所以一次命令执行之后，规则不会再去检查是否需要重建符合其他模式的目标。

例 3-16　一个多目标模式规则的例子。

首先创建源文件 foo.c，内容如下：

```
#include<stdio.h>
int main()
{
    printf("Hello,World!\n");
    return 0;
}
```

然后编写 makefile 文件，内容如下：

```
CFLAGS = -Wall
CC=gcc
%.x:CFLAGS += -g
%.o:CFLAGS += -O2
%.o %.x:%.c
    $(CC) $(CFLAGS) $< -o $@
```

在命令行中执行命令"make foo.o foo.x"，结果如图 3-29 所示。

```
[root@localhost wang]# make foo.o foo.x
gcc -Wall -O2 foo.c -o foo.o
foo.c: In function 'main':
make: Nothing to be done for `foo.x'.
[root@localhost wang]# ls
def1.h  ex1   f2.c  fo.c   main.c   makefile4   mymakefile3
def2.h  f1.c  f2.o  foo.c  main.o   mymakefile1 test
def3.h  f1.o  fo    foo.o  makefile mymakefile2 test.c
```

图 3-29　命令"make foo.o foo.x"执行结果

从图 3-29 可以看出，只有一个文件 foo.o 被创建了，同时 make 会提示"Nothing to be done for 'foo.x'"(foo.x 文件是最新的)，其实 foo.x 并没有被创建。此过程表明了多目标的模式规则在 make 处理时是被作为一个整体来处理的。这是多目标模式规则和多目标的普通规则的区别之处。

如果把上面的 makefile 文件修改为普通多目标规则，即将 makefile 文件修改如下：

```
CFLAGS = -Wall
CC=gcc
foo.x:CFLAGS += -g
foo.o:CFLAGS += -O2
foo.o foo.x:foo.c
    $(CC) $(CFLAGS) $< -o $@
```

再一次在命令行中执行命令"make foo.o foo.x"，结果如图 3-30 所示。

从图 3-30 可以看出，文件 foo.o 和 foo.x 都被创建了，从中可以看出模式规则和普通规则的区别。

```
[root@localhost wang]# make foo.o foo.x
gcc -Wall -O2 foo.c -o foo.o
foo.c: In function 'main':
gcc -Wall -g foo.c -o foo.x
foo.c: In function 'main':
[root@localhost wang]# ls
def1.h  ex1   f2.c  fo.c   foo.x   makefile   mymakefile2  test.c
def2.h  f1.c  f2.o  foo.c  main.c  makefile4  mymakefile3
def3.h  f1.o  fo    foo.o  main.o  mymakefile1  test
```

图 3-30　普通多目标规则执行结果

对于模式规则，需要说明以下几点。

(1)在 makefile 中需要注意模式规则的顺序，当一个目标文件同时符合多个目标模式时，make 会把第一个目标匹配的模式规则作为重建它的规则。

(2)makefile 中明确指定的模式规则会覆盖隐含模式规则。也就是说，如果在 makefile 中出现了一个对目标文件合适可用的模式规则，那么 make 就不会再为这个目标文件寻找其他隐含规则，而直接使用在 makefile 中出现的这个规则。在使用时，明确规则永远优先于隐含规则。

(3)依赖文件存在或者被提及的规则，优先于那些需要使用隐含规则来创建其依赖文件的规则。

3.4.10　GNU make 和 GCC 的有关选项

如果当前正在使用的是 GNU make 和 GCC 编译器，那么它们还分别有一个选项可以使用，下面分别予以介绍。

1)用于 make 程序的-jN 选项

该选项允许 make 同时执行 N 条命令，也就是说，可以将该项目的多个部分单独进行编译，make 将同时调用多个规则。对于具有许多源文件的项目，这样做能够节约大量编译时间。

2)用于 GCC 的-MM 选项

该选项会为 make 生成一个依赖关系表。在一个含有大量源文件的项目中，往往每个源文件都包含一组头文件，而这组头文件有时又会包含其他头文件，这时准确区分依赖关系就比较困难了。如果遗漏掉一些依赖关系，编译根本无法通过。为了防止遗漏，最复杂的方法就是让每个源文件依赖于所有头文件，但这样做显然没有必要；这种情况下，可以用 GCC 的-MM 选项来生成一张依赖关系表，举例如下。

例 3-17　GCC 的-MM 选项举例。

在命令行中执行命令"gcc -MM main.c f1.c f2.c"，结果如图 3-31 所示。

```
[root@localhost wang]# gcc -MM main.c f1.c f2.c
main.o: main.c def1.h
f1.o: f1.c def1.h def2.h
f2.o: f2.c def2.h def3.h
```

图 3-31　执行"gcc -MM main.c f1.c f2.c"命令

此时，GCC 编译器会扫描所有源文件，并生成一张满足 makefile 格式要求的依赖关系表，只需将它保存到一个临时文件内，然后将其插入 makefile 即可。

本 章 小 结

本章主要介绍了 Linux 操作系统中 C 语言的开发环境，包括三部分内容。第一部分介绍了 GCC 编译器，读者从中可以学习到 GCC 编译器的编译过程和基本用法；第二部分介绍了 GDB 调试器，涉及 GDB 的启动方法和常用命令；第三部分介绍了 makefile 工程管理，主要包括 make 程序的命令行选项和参数、makefile 中的依赖关系、makefile 中的规则、makefile 中的宏、makefile 构建多个目标、makefile 隐含规则、makefile 后缀规则、makefile 的模式规则及 GNU make 和 GCC 的有关选项。每一部分都有相应的实例和操作步骤，方便读者学习和实践。

习题与实践

1．简述常用 C 语言开发嵌入式系统的原因。

2．GCC 编译过程一般分为哪几个阶段？各阶段的主要工作是什么？

3．简述 GDB 的功能。

4．GDB 有哪几种调试方法？分别是怎么调试的？

5．GDB 设置普通断点的方法有哪些？

6．GDB 设置条件断点的方法有哪些？

7．GDB 查看断点或观察点状态信息的方法有哪些？

8．makefile 文件的作用是什么？其书写规则有哪些？

9．makefile 规则所定义的构建目标的命令将会被执行的条件是什么？

10．如果一个项目的 makefile 文件命名为 mymakefile，请写出相应的 make 命令。

11．设某个程序由四个 C 语言源文件组成，分别是 a.c、b.c、c.c、d.c。其中 b.c 和 d.c 都使用了 defs.h 中的声明，最后生成的可执行文件名为 main。试为该程序编写相应的 makefile 文件。

12．使用宏重新编写第 11 题的 makefile 文件。

13．选择题。

(1)若使 GCC 编译器只编译.c源代码文件生成以.o 为后缀的目标文件，而不链接成为可执行文件，应使用（　　）。

　　A．-s　　　　　　　B．-g　　　　　　　C．-c　　　　　　　D．-E

(2)执行指令"gcc　test.c"，生成的可执行文件名称是（　　）。

　　A．test.exe　　　　B．test　　　　　　C．a.exe　　　　　D．a.out

(3)为了使生成的目标文件能够用于 GDB 调试，在编译时 GCC 应使用（　　）。

　　A．-s　　　　　　　B．-g　　　　　　　C．-c　　　　　　　D．-O

(4)要查看 GDB 当前的工作路径，可使用（　　）命令。

　　A．(gdb) route　　B．(gdb) pwd　　　C．(gdb) path　　　D．(gdb) break

(5)一般可以用（　　）实现自动编译。

　　A．gcc　　　　　　B．gdb *　　　　　 C．make　　　　　　D．vi

(6)使用 GNU GCC 编译器编译源文件，若要为 make 生成一个依赖关系表，应使用 GCC 的（　　）。

　　A．-m　　　　　　　B．-M　　　　　　　C．-mm　　　　　　D．-MM

(7)假设当前目录下有文件 makefile，其内容如下：

```
pr1:prog.o subr.o
```

```
    gcc -o pr1 prog.o subr.o
prog.o:prog.c prog.h
    gcc -c -l prog.o prog.c
subr.o:subr.c
    gcc -c -o subr.o subr.c
clear:
    rm -f pr1*.o
```

现在执行命令 make clear，实际执行的命令是(　　　)。

　　A. rm -f pr1*.o　　　　　　　　　　　B. gcc -c -l prog.o prog.c

　　C. gcc -c -o subr.o subr.c　　　　　　　D. 都执行

14. 上机实践，用 GDB 调试下面的程序 test3.c。

```c
#include<stdio.h>
#include <string.h>
#include<stdlib.h>
main()
{
    char my_string[] = "hello there";
    my_print (my_string);
    my_print2 (my_string);
}
my_print (char *string)
{
    printf ("The string is %s\n", string);
}
my_print2 (char *string)
{
    char *string2;
    int size, i;
    size = strlen (string);
    string2 = (char *) malloc (size + 1);
    for (i = 0; i < size; i++)
    string2[size - i] = string[i];
    string2[size+1] = `\0';
    printf ("The string printed backward is %s\n", string2);
}
```

第 4 章　嵌入式 Linux 文件编程

"一切皆文件"是 Linux 系统的基本哲学之一。在 Linux 中，除了普通文件，目录、字符设备、块设备、套接字等也都被当作文件对待，这些文件虽然类型不同，但是 Linux 虚拟文件系统(Virtual File System，VFS)对其提供了统一的文件系统接口，这样就简化了系统对各种不同类型设备的处理，提高了效率。为此，学会如何在 Linux 下操作文件具有重要意义。Linux 下的文件编程有两种途径，分别是基本文件 I/O 操作和基于流的标准 I/O 操作。这两种编程涉及的文件操作有创建、打开、读写、关闭及定位等。

在 Linux 编程时，经常需要输出系统的当前时间、计算程序执行的时间和延时执行等，以便对算法进行时间分析。因此，时间编程也是 Linux 系统下经常用到的编程方法。

本章主要介绍 Linux 下的文件编程和时间编程。

4.1　文件系统概述

现代操作系统中涉及大量的程序和数据信息，由于内存容量有限且无法长期存放数据，人们只能把这些数据以文件的形式存放在外存设备中，需要的时候再将它们调入内存，于是便有了文件系统。众所周知，在使用外存设备存放数据时，除了要进行分区之外，还要对其进行格式化处理，这个格式化过程正是建立文件系统的过程，一个分区只有建立了某种文件系统后才能使用。

文件系统是操作系统中用来组织、存储和命名文件的抽象数据结构，负责管理在外存储设备上的文件，并把对文件的存取、共享和保护等手段提供给用户，是现代操作系统中重要的组成部分之一。不同的文件系统存储数据的基本格式都是不一样的，Linux 操作系统目前几乎支持所有的 UNIX 类的文件系统，除了 ext2、ext3 和 reiserfs 外，还支持苹果 Mac OS 的 HFS，也支持其他 UNIX 操作系统的文件系统，如 XFS、JFS、Minix 及 UFS 等，同时也支持 Windows 文件系统 FAT 和 NTFS，但不支持 NTFS 文件系统的写入，支持 FAT 文件系统的读写，2008年以来，主要的 Linux 版本都支持 ext4 文件系统，但对于 Fedora 9 来说，默认使用的文件系统类型是 ext3，而 ext4 只是其可选的安装项。Linux 具体支持哪些文件系统，可以到/usr/src/linux/fs 目录下查看，支持的每种文件系统都有相应的子目录，如 ext2、HFS 等。那么 Linux 系统究竟是如何支持这么多种文件系统的呢？这得益于 Linux 内核中的虚拟文件系统。

4.1.1　虚拟文件系统

Linux 内核中有一个软件层——虚拟文件系统，用于给用户空间的程序提供文件系统接口；同时，它提供了内核中的一个抽象功能，允许不同的文件系统共存。系统中所有的文件系统不但依赖 VFS 共存，而且依靠 VFS 协同工作。

为了能够支持各种实际文件系统，VFS 定义了所有文件系统都支持的、统一的、概念上的接口和数据结构；同时实际文件系统也提供 VFS 所期望的抽象接口和数据结构，将自身的诸如文件、目录等概念在形式上与 VFS 的定义保持一致。换句话说，一个实际的文件系统想要被 Linux 支持，必须提供一个符合 VFS 标准的接口，才能与 VFS 协同工作。实际文件系统在统一的接口和数据结构下隐藏了具体的实现细节，所以在 VFS 层和内核的其他部分看来，所有文件系统都是相同的。图 4-1 显示了 VFS 在内核中与实际文件系统的协同关系。

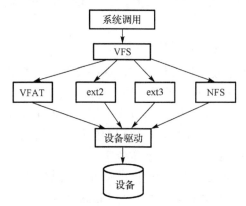

图 4-1　Linux 下的文件系统结构

从图 4-1 可以看出，Linux 下的文件系统主要可分为三大块：上层的文件系统的系统调用、VFS 及挂载到 VFS 中的实际文件系统，如 VFAT、ext2、NFS 等。

4.1.2　Linux 文件类型

Linux 和 Windows 文件类型最显著的区别就是 Linux 把目录和设备都当成文件来进行处理，这样就简化了对各种不同类型设备的处理，提高了效率。Linux 文件类型主要包括普通文件、目录文件、链接文件、设备文件、管道文件和套接字文件六种。

1. 普通文件

普通文件是最常见的一类文件，包括源程序文件、脚本文件、二进制可执行程序文件及各种数据文件，其特点是不包含文件系统的结构信息。一般的图形文件、数据文件、文档文件及声音文件等都属于普通文件。普通文件的文件类型标识位为 "-"，使用 "ls -l" 命令可以查看文件的类型，例如：

```
[root@localhost wang]# ls -l test.c
-rwxrwxrwx 1 root root 344 2014-11-21 17:39 test.c
```

2. 目录文件

Linux 文件系统的目录也是一种文件，它包含文件名、子目录名以及指向那些文件和子目录的指针。目录文件是 Linux 中存储文件名的唯一地方，当把文件和目录相对应起来，也就是用指针将其连接起来之后，就构成了目录文件，因此，在对目录文件进行操作时，一般不涉及文件内容的操作，而只是对目录名和文件名的对应关系进行操作。目录文件的文件类型标识位为 "d"，使用 "ls -l" 命令可以查看文件的类型，例如：

```
[root@localhost home]# ls -l
total 40
-rwxrwxr -x 1 root root 5448 2013-04-07 10:05 a.out
-rwxrwxr -x l root root 6058 2012-04-02 19:53 fifo
-rwxrw-rw-  1 root root  873 2012-04-02 19:53 fifo_write.c
```

```
-rwxrw-rw-  1 root root   674 2013-04-07 10:04 file_creat.c
drwxrwxrwx  4 root root  4096 2012-03-15 10:24 project
-rw-r-r--   1 root root   700 2012-04-01 09:19 test.c
drwx------  5 wang wang  4096 2015-01-23 18:43 wang
drwx------ 25 xiao xiao  4096 2014-11-19 21:03 xiao
```

3. 链接文件

链接文件相当于 Windows 系统下的快捷方式，实际上是指向另一个真实存在的文件，可以实现对不同的目录、文件系统甚至是不同机器上的文件直接访问，并且不必重新占用磁盘，用于不同目录下文件的共享。链接文件的文件类型标识位为 "l"，使用 "ls -l" 命令可以查看文件的类型，例如：

```
[root@localhost usr]# ls -l tmp
lrwxrwxrwx l root root 10 2011-11-14 21:11 tmp-> ../var/tmp
```

4. 设备文件

Linux 系统为外部设备提供了一种标准接口，将设备视为一种特殊的文件，这样用户就可以像访问普通文件一样十分方便地访问外部设备。设备文件不占用磁盘空间，通过其索引节点信息可建立与内核驱动程序的联系。设备文件可以分为两类：字符设备和块设备。字符设备的文件类型标识位为 "c"，打印机、键盘等都属于字符设备；块设备的文件类型标识位为 "b"，磁盘、磁带等都属于块设备。在 Linux 系统的/dev 目录下存放了大量的设备文件，例如，字符终端 tty0 的设备文件为/dev/tty0。使用 "ls -l" 命令可以看到字符设备的首字符为 "c"，块设备的首字符为 "b"，例如：

```
[root@localhost dev]# ls -l tty0
crw--w---- 1 root root 4, 0 2015-02-05 09:21 tty0
[root@localhost dev]# ls -l fd0
brw -r ----- l root floppy 2, 0 2015-02-05 09:21 fd0
```

5. 管道文件

管道文件是一种很特殊的文件，主要用于不同进程间的信息传递。管道是 Linux 系统中一种进程通信的机制。通常，一个进程将需要传递的数据写入管道的一端，另一个进程可以从管道的另一端读取。管道可以分为两种类型：无名管道与命名管道。无名管道由进程在使用时创建，当读写结束关闭文件后消失。无名管道是存在于内存中的特殊文件，没有文件名称，也不存在于文件系统中。命名管道是一个存在于硬盘上的文件，在形式上就是文件系统中的一个文件，有自己的文件名。

管道文件类型的标识位为 "p"，使用 "ls -l" 命令可以查看文件的类型，例如：

```
[root@localhost home]# ls -l myfifo
p-wx------ 1 root root 0 2015-02-06 22:13 myfifo
```

6. 套接字文件

套接字(Socket)是用来进行网络通信的特殊文件。Linux 系统可以启动一个程序来监听客户端的要求，客户端就可以通过套接字来进行数据通信。与管道不同的是，套接字能够使通过网络连接的不同计算机的进程之间进行通信，也就是网络通信，套接字文件不与任何数据区关联。套接字的文件类型标识位为 "s"，最常在 /var/run 目录中看到这种文件类型，例如：

```
[root@localhost run]# ls -l a*
srw-rw-rw- 1 root root    0 2015-02-05 09:22 acpid.socket
-rw-r--r-- 1 root root    5 2015-02-05 09:22 atd.pid
srw-r----- 1 root root    0 2015-02-05 09:22 audispd_events
-rw-r--r-- 1 root root    5 2015-02-05 09:22 auditd.pid
```

4.1.3　Linux 文件系统组成

Linux 的文件是一个简单的字节序列。文件由一系列块(Block)组成，每个块可能含有512B、1024B、2048B 或 4096B，具体由系统实现决定。不同文件系统的块大小可以不同，但同一个文件系统的块大小是相同的。Linux 操作系统版本较多，文件系统也不尽相同，但是其基本结构还是一致的。一般来讲，Linux 的文件系统由四部分组成，即引导块、超级块、索引节点表(Inode Table)及数据区，如图 4-2 所示。

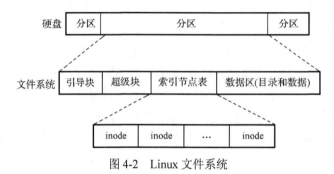

图 4-2　Linux 文件系统

1. 引导块

引导块为根文件系统所特有，在文件系统最开始的第一扇区，用来存放文件系统的引导程序，用于系统引导或启动操作系统。

2. 超级块

超级块位于文件系统第二扇区，紧跟引导块，是一个全局数据结构，用来描述整个文件系统属性的信息，包括文件系统名称(如 ext2)、文件系统的大小和状态、块设备的引用和元数据信息(如空闲列表等)，是文件系统的心脏。如果超级块不存在，也可以实时创建它。可以在./linux/include/linux/fs.h 中找到超级块结构。

超级块由如下字段构成。

(1)文件系统的规模(如 inode 数目、数据块数目、保留块数目和块的大小等)。

(2)文件系统中空闲块的数目。

(3)文件系统中部分可用的空闲块表。

(4)空闲块表中下一个空闲块号。

(5)索引节点表的大小。

(6)文件系统中空闲索引节点表数目。

(7)文件系统中部分空闲索引节点表。

(8)空闲索引节点表中下一个空闲索引节点号。

(9)超级块的锁字段。

(10)空闲块表的锁字段和空闲索引节点的锁字段。

(11)超级块是否被修改的标志。

(12)其他字段。

3. 索引节点表(inode 区)

索引节点表是整个 Linux 文件系统的基础，索引节点是描述文件属性信息的数据结构。存储于文件系统上的任何文件都可以用索引节点来表示。在 Linux 系统中，文件系统主要分为两部分，一部分为元数据，另一部分为数据文件本身。元数据就是关于文件属性的信息数据。索引节点用来管理文件系统中元数据的部分。文件系统中的每一个文件都与一个索引节点相对应。每个索引节点都是一个数据结构，存储着文件的如下信息。

(1)文件类型：文件可以是普通文件、目录文件、链接文件、设备文件、管道文件。

(2)文件链接数：记录了引用该文件的目录表项数。

(3)文件属主标识：指出该文件所有者的 ID。

(4)文件属主的组标识：指出该文件所有者属组的 ID。

(5)文件的访问权限：系统将用户分为文件属主、同组用户和其他用户三类。

(6)文件的存取时间：包括文件最后一次被修改的时间、最后一次被访问的时间和最后一次修改索引节点的时间。

(7)文件的长度：以字节表示的文件长度。

(8)文件的数据块指针：对文件操作的当前位置指针。

需要说明的是，索引节点中并不包含文件名，文件名信息存放在目录文件中。用户一般通过文件名来读取文件或与该文件相关的信息，但是，实质上这个文件名首先映射为存储于目录表中的索引节点号。通过该索引节点号又读取到相对应的索引节点。索引节点号及相对应的索引节点存放于索引节点表中。

每个文件系统都有一个超级块结构，每个超级块都要链接到一个超级块链表。而文件系统内的每个文件在打开时都需要在内存分配一个索引节点，这些索引节点都要链接到超级块。

超级块和索引节点之间的链接关系如图 4-3 所示，其中 super_block1 和 super_block2 是两个文件系统的超级块，分别链接到使用双向链表数据结构的 super_blocks 链表头，顺着 super_blocks 链表可以遍历整个操作系统打开过的文件的索引节点结构。

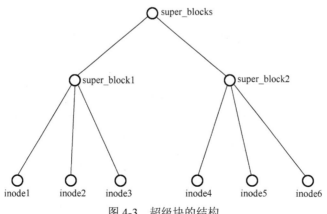

图 4-3　超级块的结构

4. 数据区

数据区用于存放目录文件和文件信息，根据不同的文件类型有以下几种情况。

(1) 对于普通文件，文件的数据存储在数据区中。

(2) 对于目录，该目录下的所有文件名和目录名存储在数据区中，注意文件名保存在它所在目录的数据区中，除文件名之外，用"ls -l"命令看到的其他信息都保存在该文件的索引节点中。注意：目录也是一种文件，是一种特殊类型的文件。

(3) 对于符号链接，如果目标路径名较短，则直接保存在索引节点中，以便更快地查找；如果目标路径名较长，则分配一个数据区来保存。

(4) 设备文件、管道和套接字等特殊文件没有数据区，不占用磁盘空间，设备文件的主设备号和次设备号保存在索引节点中，通过索引节点信息可建立与内核驱动程序的联系。

4.1.4　文件描述符

对于 Linux 而言，所有对设备和文件的操作都使用文件描述符来进行。文件描述符是内核为了高效地管理已被打开的文件所创建的索引，是一个非负整数(int 类型的值，通常是小整数)，用于指代被打开的文件。所有执行 I/O 操作的系统调用都通过文件描述符来进行，当打开一个现存文件或创建一个新文件时，内核就向进程返回一个文件描述符，当需要读写文件时，也需要把文件描述符作为参数传递给相应的函数。在 Linux操作系统中，由于Linux的设计思想是把一切设备都视为文件，所以文件描述符为在该系统上进行设备相关的编程实际上提供了一个统一的方法。

每个进程都可以拥有若干文件描述符，数量多少依赖于操作系统的实现，理论上讲只要系统内存足够大就可以打开足够多的文件，但是在实际的实现过程中内核是会作相应的处理的，一般最大打开的文件数是系统内存的 10%(以 KB 来计算，称为系统级限制)。与此同时，内核为了不让某一个进程消耗掉所有的文件资源，也会对单个进程最大打开文件数作默认值处理(称为用户级限制)，默认值一般是 1024，使用 ulimit -n 命令可以查看。

通常，打开一个进程时，都会同时打开三个文件：标准输入、标准输出和标准出错处理。标准输入的文件描述符是 0，对于一般进程来说是键盘；标准输出的文件描述符是 1，一般是输出到显示器；标准错误的文件描述符是 2，一般也是输出到屏幕。文件描述符 0、1、2 对应的符号常量分别是 STDIN_FILENO、STDOUT_FILENO、STDERR_FILENO，它们都定义在头文件<unistd.h>中。

4.2　Linux 基本文件 I/O 操作

Linux 提供的虚拟文件系统为多种文件系统提供了统一的接口，Linux 的文件编程有两种途径，分别是基本文件 I/O 操作和基于流的标准 I/O 操作。前者是基于 Linux 操作系统的，是针对文件描述符的操作，它不能跨系统使用；后者基于 C 语言库函数，是针对文件指针的操作，相对于操作系统是独立的，在任何操作系统下，使用 C 语言库函数操作文件的方法都是相同的。这两种编程所涉及的文件操作主要有新建、打开、读写和关闭，对随机文件还可以定位。

4.2.1　文件的创建

所需的头文件：
```
#include<sys/types.h>
```

```
#include<sys/stat.h>
#include<fcntl.h>
```

函数格式：int creat(const char *filename,mode_t mode)

函数功能：创建一个文件。

参数说明如下。

filename：要创建的文件名(包含路径，默认为当前路径)。

mode：创建模式，常见的创建模式有以下几种。

(1)S_IRUSR：可读。

(2)S_IWUSR：可写。

(3)S_IXUSR：可执行。

(4)S_IRWXU：可读、写、执行。

除了可以使用上述宏以外，还可以直接使用数字来表示文件的访问权限。

(1)1:可执行。

(2)2:可写。

(3)4:可读。

(4)6:上述值的和，如可写可读。

(5)0:无任何权限。

不同的权限分别对应二进制的不同位数。由左到右(高位到低位)对应的顺序为：读→写→执行。我们可以把它理解为修改一个程序代码的过程记忆，即阅读代码(读)、改代码(写)、运行代码(执行)。

返回值：若成功，则返回新的文件描述符；若失败，则返回–1。

例 4-1　创建文件实例。

```c
/*file_creat.c*/
#include<stdio.h>
#include<stdlib.h>
#include<sys/types.h>
#include<sys/stat.h>
#include<fcntl.h>

void  create_file(char *filename)
{
    /*创建的文件具有可读可写的属性*/
    if(creat(filename,0666)<0)
    {
        printf("create file %s failure!\n",filename);
        exit(EXIT_FAILURE);
    }
    else
    {
        printf("create file %s success!\n",filename);
    }
}
```

```
int main(int argc,char *argv[])
{
    /*判断入参有没有传入文件名*/
    if(argc<2)
    {
        printf("you haven't input the filename,please try again!\n");
        exit(EXIT_FAILURE);
    }
    create_file(argv[1]);
    exit(EXIT_SUCCESS);
}
```

编译 file_creat.c 文件，并运行可执行文件，结果如图 4-4 所示。

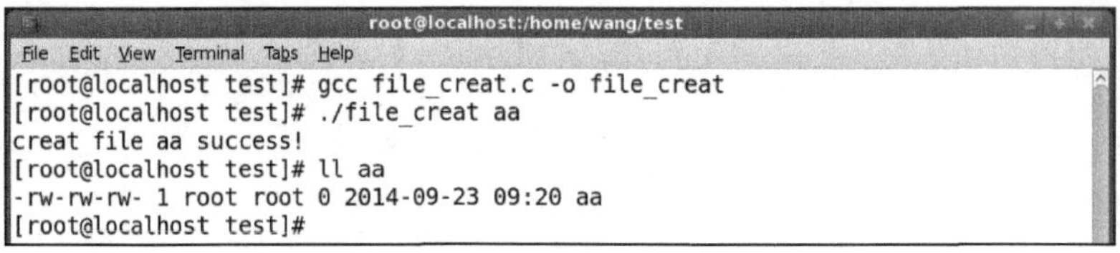

```
root@localhost:/home/wang/test
File Edit View Terminal Tabs Help
[root@localhost test]# gcc file_creat.c -o file_creat
[root@localhost test]# ./file_creat aa
creat file aa success!
[root@localhost test]# ll aa
-rw-rw-rw- 1 root root 0 2014-09-23 09:20 aa
[root@localhost test]#
```

图 4-4　创建文件

在 Linux 系统中，所有打开的文件都对应一个文件描述符。文件描述符的本质是一个非负整数。当打开一个文件时，该整数由系统来分配。文件描述符的范围是 0 ~ OPEN_MAX。早期的 UNIX 版本 OPEN_MAX =19，即允许每个进程同时打开 20 个文件，现在很多系统将其增加至 1024。

4.2.2　文件的打开

所需的头文件：

```
#include<sys/types.h>
#include<sys/stat.h>
#include<fcntl.h>
```

函数格式：int open(const char *pathname, int flags)
函数功能：打开一个文件。
参数说明如下。
pathname：要打开的文件名(包含路径，默认为当前路径)。
flags：打开标志，常见的打开标志有以下几种。
(1) O_RDONLY：只读方式打开。
(2) O_WRONLY：只写方式打开。
(3) O_RDWR：读写方式打开。
(4) O_APPEND：追加方式打开。
(5) O_CREAT：创建一个文件。
(6) O_NOBLOCK：非阻塞方式打开。
如果使用了 O_CREAT 标志，则使用的函数格式如下：

```
int open(const char *pathname,int flags,mode_t mode)
```

这时需要指定 mode 来表示文件的访问权限。

返回值：若成功，则返回文件描述符；若失败，则返回–1。

操作完文件以后，需要关闭文件。

4.2.3　文件的关闭

所需的头文件：#include<unistd.h>

函数格式：int close(int fd)

函数功能：关闭一个已打开的文件。

参数 fd 为文件描述符，来自于 creat 或者 open 函数的返回值。

返回值：若成功，则返回 0；若失败，则返回–1。

例 4-2　打开文件实例。

```c
/*file_open.c*/
#include<stdio.h>
#include<stdlib.h>
#include<sys/types.h>
#include<sys/stat.h>
#include<fcntl.h>
#include<unistd.h>

int main(int argc ,char *argv[])
{
    int fd;
    if(argc<2){
        puts("please input the open file pathname!\n");
        exit(1);
    }
//如果 flag 参数里有 O_CREAT，表示该文件如果不存在，则系统会创建该文件，该文件
//的权限由第三个参数决定，此处为 0755
    if((fd=open(argv[1],O_CREAT|O_RDWR,0755))<0){
        perror("open file failure!\n");
        exit(1);
    }
    else{
        printf("open file %d  success!\n",fd);
    }
        close(fd);
        exit(0);
}
```

程序运行结果如图 4-5 所示。

```
root@localhost:/home/wang/test
File  Edit  View  Terminal  Tabs  Help
[root@localhost test]# gcc file_open.c -o file_open
[root@localhost test]# ls aa
ls: cannot access aa: No such file or directory
[root@localhost test]# ./file_open aa
open file 3 success!
[root@localhost test]# ll aa
-rwxr-xr-x 1 root root 0 2014-09-23 10:34 aa
[root@localhost test]#
```

图 4-5　打开文件

4.2.4　读文件

所需的头文件：`#include<unistd.h>`

函数格式：`int read(int fd, const void *buf, size_t length)`

函数功能：从指定的文件中读取若干字节到指定的缓冲区。

参数说明如下。

fd：文件描述符，同 close 函数。

buf：指定的缓冲区指针，用于存放读取到的数据。

length：读取的字节数。

返回值：若成功，则返回实际读取的字节数；若已到文件尾，则返回 0；若出错，则返回−1。

4.2.5　写文件

所需的头文件：`#include<unistd.h>`

函数格式：`int write(int fd, const void *buf, size_t length)`

函数功能：将若干字节写入到指定的文件中。

参数说明如下。

fd：文件描述符，同 close 函数。

buf：指定的缓冲区指针，用于存放待写的数据。

length：写入的字节数。

返回值：若成功，则返回实际写入的字节数；若出错，则返回−1。

4.2.6　文件定位

所需的头文件：
```
#include<unistd.h>
#include<sys/types.h>
```

函数格式：`int lseek(int fd, offset_t offset, int whence)`

函数功能：将文件读写指针相对 whence 移动 offset 字节。

参数说明如下。

fd：文件描述符，同 close 函数。

offset：偏移量，每一次操作所需要移动的字节数，可正可负，取负值，表示向前移动；取正值，表示向后移动。

whence：当前位置的基点。

SEEK_SET：相对文件开头，新位置为偏移量的大小。

SEEK_CUR：相对文件读写指针的当前位置，新位置为当前位置加上偏移量。

SEEK_END：相对文件末尾，新位置为文件的大小加上偏移量大小。

返回值：若成功，则返回当前的读写位置，也就是相对文件开头多少字节；若失败，则返回−1。

例如，下述调用可将文件指针相对当前位置向前移动 5 字节：

```
lseek(fd, -5, SEEK_CUR)
```

由于 lseek 函数的返回值为文件指针相对于文件头的位置，所以下面调用的返回值就是文件的长度：

```
lseek(fd, 0, SEEK_END)
```

4.2.7　权限判断

所需的头文件：#include <unistd.h>

函数格式：int access(const char*pathname,int mode)

函数功能：判断文件是否可以进行某种操作（读、写等）。

参数说明如下。

pathname：文件名。

mode：要判断的访问权限，可以取以下值或者是它们的组合。

R_OK：文件可读。

W_OK：文件可写。

X_OK：文件可执行。

F_OK：文件存在。

返回值：若测试成功，则返回 0，否则返回–1。

例 4-3　access 函数应用实例——判断指定的文件是否存在。

```c
/*file_access.c*/
#include<unistd.h>
#include<stdio.h>
#include<stdlib.h>
#include<sys/types.h>
#include<sys/stat.h>
#include<fcntl.h>
void access__file(char *filename)
{
  if(access(filename,F_OK)==0)
    printf("This file is exist!\n");
  else
    printf("This file isn't exist!\n");
}
int main(int argc,char *argv[])
{
  int i;
  if(argc<2)
  {
    perror("you haven't input the filename,please try again!\n");
    exit(EXIT_FAILURE);
  }
  for(i=1;i<argc;i++)
  {
    access__file(argv[i]);
  }
  exit(EXIT_SUCCESS);
}
```

程序运行结果如图 4-6 所示。

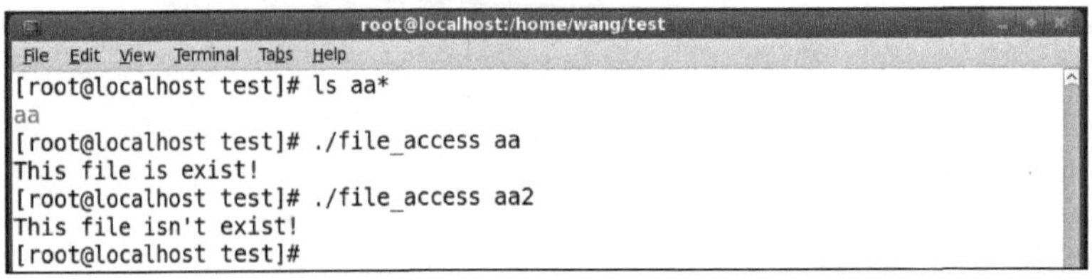

图 4-6　判断文件是否存在

例 4-4　系统调用文件访问综合实例——文件复制。

```
/*file_cp.c*/
#include<sys/types.h>
#include<sys/stat.h>
#include<fcntl.h>
#include<stdio.h>
#include<errno.h>

#define BUFFER_SIZE 1024

int main(int argc,char **argv)
{
    int from_fd,to_fd;
    int bytes_read,bytes_write;
    char buffer[BUFFER_SIZE];
    char *ptr;
    if(argc!=3)
    {
        fprintf(stderr,"Usage:%s fromfile tofile/n/a",argv[0]);
        exit(1);
    }

    /*打开源文件*/
    if((from_fd=open(argv[1],O_RDONLY))==-1)
    {
        fprintf(stderr,"Open %s Error:%s/n",argv[1],strerror(errno));
        exit(1);
    }
    /*创建目的文件*/
    if((to_fd=open(argv[2],O_WRONLY|O_CREAT,S_IRUSR|S_IWUSR))==-1)
    {
        fprintf(stderr,"Open %s Error:%s/n",argv[2],strerror(errno));
        exit(1);
    }
    /*以下代码是一段经典的复制文件的代码*/
    while(bytes_read=read(from_fd,buffer,BUFFER_SIZE))
    {
    /*一个致命的错误产生了*/
        if((bytes_read==-1)&&(errno!=EINTR)) break;
        else if(bytes_read>0)
```

```
        {
            ptr=buffer;
            while(bytes_write=write(to_fd,ptr,bytes_read))
            {
            /*一个致命错误产生了*/
                if((bytes_write==-1)&&(errno!=EINTR))break;
                /*写完了所有读的字节*/
                else if(bytes_write==bytes_read) break;
                /*只写了一部分，继续写*/
                else if(bytes_write>0)
                {
                    ptr+=bytes_write;
                    bytes_read-=bytes_write;
                }
            }
            /*写的时候产生的致命错误*/
            if(bytes_write==-1)break;
            }
        }
    close(from_fd);
    close(to_fd);
    exit(0);
    }
```

程序运行结果如图 4-7 所示。

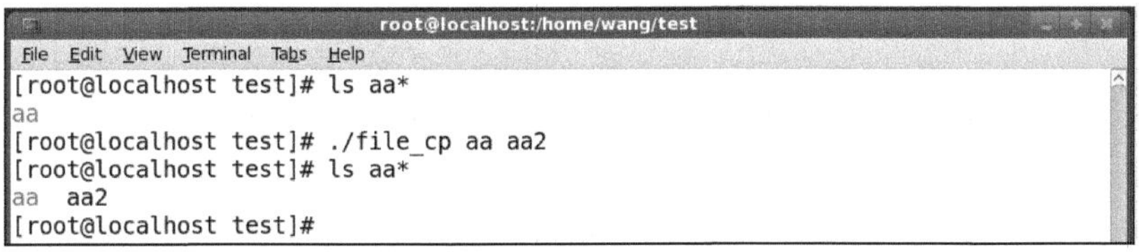

图 4-7　复制文件

4.3　基于流的标准 I/O 操作

基于流的标准 I/O 操作是基于 C 语言库函数、针对文件指针的操作，这种文件操作独立于具体的操作系统平台，不管是在 DOS、Windows、Linux 还是在 VxWorks 中，函数名和参数都一样，因此有更好的移植性。下面介绍基于库函数的文件访问函数。

4.3.1　文件的创建和打开

所需的头文件：#include<stdio.h>

函数格式：FILE *fopen(const char *filename,const char *mode)

函数功能：打开文件。

参数说明如下。

filename：欲打开的文件名，包含路径。

mode：打开模式，常见的打开方式有以下几种。

r,rb：只读。

w,wb：只写，如果文件不存在就创建文件。

a,ab：追加，如果文件不存在就创建文件。

r+、r+b、rb+：读写方式打开。

w+、w+b、wh+：读写方式打开，若文件不存在则创建文件。

a+、a+b、ab+：读和追加方式打开，若文件不存在则创建文件。

说明：b 表示二进制文件。

返回值：若成功，则返回指向文件的指针；若失败则返回 NULL，并把错误代码存在 errno 中。

4.3.2　读文件

所需的头文件：#include<stdio.h>

函数格式：size_t fread(void *ptr,size_t size,size_t n,FILE *stream)

函数功能：从文件流中读取数据。

参数说明如下。

ptr：指向欲存放读取的数据空间，是一个字符数组。

size：每个字段的字节数。

n：读取的字段数，读取的字符数为 size×n。

stream：待读取的源文件。

返回值：若成功，则返回实际读取的字节数；若失败，则返回 0。

4.3.3　写文件

所需的头文件：#include<stdio.h>

函数格式：size_t fwrite(const void *ptr,size_t size,size_t n,FILE *stream)

函数功能：用于对指定的文件流进行写操作。

参数说明如下。

ptr：存放待写入数据的缓冲区。

size：每个字段的字节数。

n：写入的字段数，写入的字符数为 size×n。

stream：要写入的目标文件。

返回值：若成功，则返回实际写入的字节数；若失败，则返回 0。

写函数只对输出缓冲区进行操作，读函数只对输入缓冲区进行操作。例如，向一个文件写入内容，所写的内容将首先放在输出缓冲区中，直到输出缓冲区存满或使用 fclose()函数关闭文件时，缓冲区的内容才会写入文件中。若无 fclose() 函数，则不会向文件中存入所写的内容或写入的文件内容不全。

所以在对文件操作时，打开一个文件后，切记在程序最后一定要用 fclose(fp)函数关闭该文件。

4.3.4　从文件读字符

所需的头文件：#include<stdio.h>

函数格式：`int fgetc(FILE *stream)`

函数功能：从文件指针stream 指向的文件中读取一个字符，读取一字节后，光标位置后移一字节。

参数 stream 为指定的待读取的文件。

返回值：返回读取到的字符的 ASCII 码值，若返回–1 则表示到了文件尾，或出现了错误。

4.3.5　向文件写字符

所需的头文件：`#include<stdio.h>`

函数格式：`int fputc(int c,FILE *stream)`

函数功能：向指定的文件中写入一个字符。

参数说明如下。

c：待写入的字符。

stream：待写入的文件。

返回值：若成功则返回写入的字符个数，返回–1 表示有错误发生。

4.3.6　格式化读

所需的头文件：`#include<stdio.h>`

函数格式：`int fscanf(FILE *stream,char *format[,argument...])`

函数功能：从一个文件中格式化地读取一些数据到 argument 指定的变量中，遇到空格和换行时结束。

参数说明如下。

stream：待读取的文件。

*format[,argument…]：读取格式。

返回值：如果读取成功，则返回读取数据的个数；如果读取到文件结尾，则返回–1。

4.3.7　格式化写入

所需的头文件：`#include<stdio.h>`

函数格式：`int fprintf(FILE *stream,char *format[,argument,…])`

函数功能：把一些数据按指定格式写入 stream 指定的文件中。

参数说明如下。

stream：指定的待写入的文件。

*format[,argument…]：写入格式。

返回值：若写入成功，则返回写入数据的个数；若出错，则返回–1。

4.3.8　文件定位

所需的头文件：`#include<stdio.h>`

函数格式：`int fseek(FILE *stream,long offset, int whence)`

函数功能：移动文件指针的读写位置。

参数说明如下。

stream：已打开的文件。

offset：移动的字节数，向后移动为正值，向前移动为负值。

whence：从什么位置开始移动，移动的基准点，参数 whence 可为下列值其中之一。

①SEEK_SET：相对文件开头，新位置为偏移量的大小。

②SEEK_CUR：相对文件读写指针的当前位置，新位置为当前位置加上偏移量。

③SEEK_END：相对文件末尾，新位置为文件的大小加上偏移量大小。

当 whence 值为 SEEK_CUR 或 SEEK_END 时，参数 offset 允许出现负值。

以下是较特别的使用方式。

(1)欲将读写位置移动到文件开头时，设置参数如下：

```
fseek(FILE*stream,0,SEEK_SET)
```

(2)欲将读写位置移动到文件尾时，设置参数如下：

```
fseek(FILE*stream,0,0SEEK_END)
```

返回值：若成功，则返回 0；若失败，则返回–1。

附加说明： fseek()函数不像 lseek()函数会返回读写位置，因此必须使用 ftell()来获取目前读写的位置。

4.3.9　获取文件读写位置

所需的头文件：`#include<stdio.h>`

函数格式：`long ftell(FILE * stream)`

函数功能：用来获取文件流目前的读写位置。

参数 stream 为已打开的文件。

返回值：当调用成功时，则返回目前的读写位置；若有错误则返回–1。

4.3.10　获取当前路径

所需的头文件：`#include <unistd.h>`

函数格式：`char *getcwd(char *buffer,size_t size)`

函数功能：获取当前工作的绝对路径。

参数说明如下。

buffer：存放当前路径的内存空间。

size：指定缓冲区的大小。

返回值：若成功，会把当前的路径名复制到 buffer 中；如果 buffer 太小，则会返回–1。

4.3.11　创建目录

所需的头文件：`#include <sys/stat.h>`

函数格式：`int mkdir(char *dir,int mode)`

函数功能：创建一个新目录。

参数说明如下。

dir：要创建的目录名，可带路径，也可不带。

mode：目录属性，同创建文件。

返回值：若成功，则返回 0，否则返回–1。

例 4-5　从指定的文件中读取字符，并显示在屏幕上。

```c
/*file_fgetc.c*/
#include<curses.h>
#include<stdio.h>
main()
{
    FILE *fp;
    char ch;
    if((fp=fopen("file_fgetc.c","rw"))==NULL)
    {
        printf("\nCannot open file strike any key exit!");
        getch();
        exit(1);
    }
    ch=fgetc(fp);
    while(ch!=EOF)
    {
        putchar(ch);
        ch=fgetc(fp);
    }
    fclose(fp);
}
```

程序运行结果如图 4-8 所示。

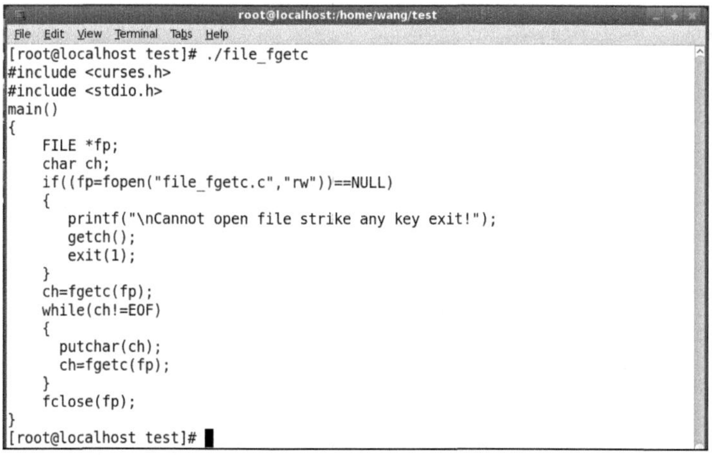

图 4-8　从指定的文件中读取字符

例 4-6　向指定的文件中写入字符。

```c
/*file_fputc.c*/
#include<stdio.h>
#include<curses.h>
main()
{
    FILE *fp;
    char ch;
```

```
    if((fp=fopen("string","wt+"))==NULL)
    {
       printf("Cannot open file,strike any key exit!");
       getch();
       exit(1);
    }
    printf("input a string:\n");
    ch=getchar();
    while(ch!='\n'){
       fputc(ch,fp);
       ch=getchar();
    }
    printf("\n");
    fclose(fp);
}
```

程序运行结果如图 4-9 所示，被写入文件 string 的内容如图 4-10 所示。

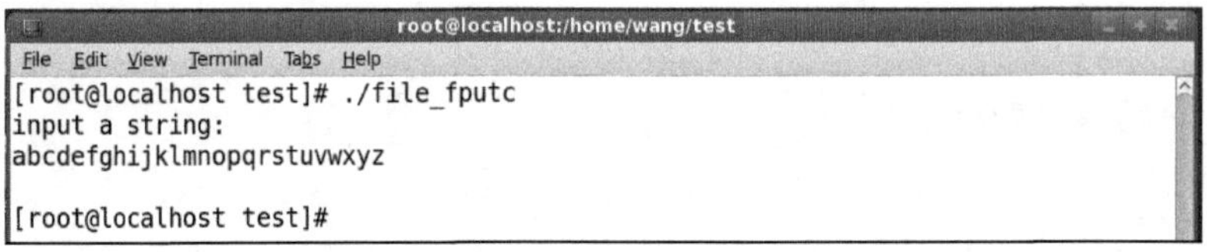

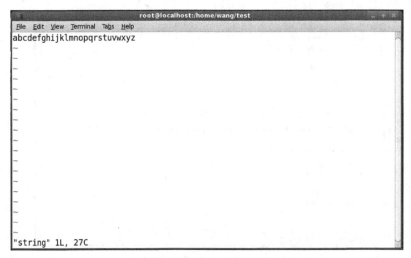

图 4-9　向指定的文件中写入字符

图 4-10　string 文件内容

4.4　Linux 时间编程

在程序设计中，经常需要与"时间"打交道。例如，需要计算一段代码运行了多久；要在日志文件中记录事件发生时的时间戳；需要一个定时器以便能够定期做某些操作等。在 Linux 系统下，通过时间编程可以实现上述功能。

时间类型有下面两种。

(1) 世界标准时间 (Coordinated Universal Time，CUT)，也就是常说的格林威治标准时间 (Greenwich Mean Time，GMT)，简称 UTC。

(2) 日历时间 (Calendar Time，CT)，是用从一个标准时间点 (如 1970 年 1 月 1 日 0 点) 到此时经过的秒数来表示的时间。

下面介绍时间编程函数。

4.4.1　时间获取

所需的头文件：#include<time.h>

函数格式：time_t time(time_t *tloc)

函数功能：获取日历时间，即从 1970 年 1 月 1 日 0 时到现在经历的秒数。

参数 tloc 为用来存放秒数的内存单元指针。

返回值：从 1970 年 1 月 1 日 0 时到现在经历的秒数。

4.4.2　时间转换

1.　日历转化为格林威治标准时间

所需的头文件：#include<time.h>

函数格式：struct tm *gmtime(const time_t *timep)

函数功能：将参数 timep 所指的 time_t 结构中的信息转换成真实世界所使用的时间日期表示方法，然后将结果由结构 tm 返回。

参数 timep 用来存放日历时间。

tm 结构体定义如下：

```
struct tm{
        int tm_sec;            //目前秒数，正常范围为 0~59
        int tm_min;            //目前分钟数，范围为 0~59
        int tm_hour;           //从午夜算起的时数，范围为 0~23
        int tm_mday;           //本月第几日，范围为 0~31
        int tm_mon;            //目前月份，从 1 月算起，范围为 0~11
        int tm_year;           //从 1900 年算起至今的年数
        int wday;              //周几，从星期一算起，范围为 0~6
        int yday;              //本年第几天，从 1 月 1 日算起，范围为 0~365
        int tm_isdst;          //日光节约时间
        };
```

返回值：该函数返回的时间日期未经时区转换，返回结构 tm 代表目前 UTC 时间。

2.　日历转化为本地时间

所需的头文件：#include<time.h>

函数格式：struct tm *localtime(const time_t *timep)

函数功能：将参数 timep 所指的 time_t 结构中的信息转换成真实世界所使用的时间日期表示方法，然后将结果由结构 tm 返回。

参数 timep 用来存放日历时间。

结构 tm 结构体的定义同上。

返回值：该函数返回的时间日期已经转换成当地时区，返回结构 tm 代表目前的当地时间。

例 4-7　时间获取实例。

```
/*time1.c*/
#include<stdio.h>
#include<time.h>
int main(void){
    struct tm *local;
    time_t t;
    t=time(null);
    local=localtime(&t);
    printf("local hour is:%d\n",local->tm_hour);
    local=gmtime(&t);
    printf("utc hour is%d\n",local->tm_hour);
    return 0;
}
```

程序运行结果如图 4-11 所示。

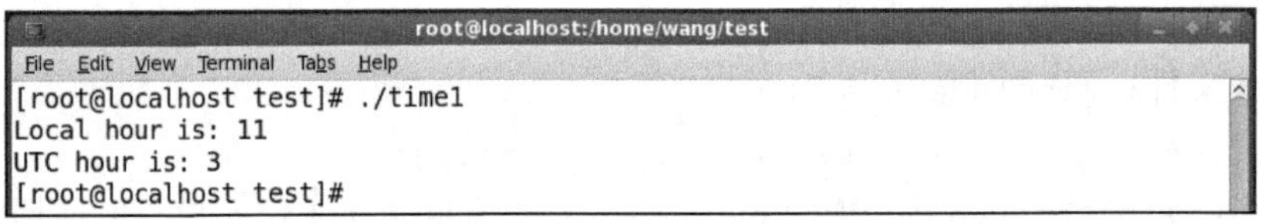

图 4-11　获取时间

4.4.3　时间显示

1. tm 格式时间转化为字符串

所需的头文件：`#include<time.h>`

函数格式：`char *asctime(const struct tm *timeptr)`

函数功能：将 tm 格式时间转化为字符串，如 Sat Jul 30 08:43:03 2005。

参数 timeptr 用来存放 tm 结构中的信息。

返回值：返回以字符串形态表示的真实世界的时间日期。

2. 将日历时间转化为本地时间后转字符串

所需的头文件：`#include <time.h>`

函数格式：`char *ctime(const time_t *timep)`

函数功能：将日历时间转化为本地时间的字符串形式。

参数 timep 用来存放 time_t 结构中的信息。

返回值：表示本地时间的字符串。

例 4-8　时间显示实例。

```
/* time2.c */
#include<time.h>
#include<stdio.h>
int main(void)
```

```
    {
        struct tm *ptr;
        time_t lt;
        /*获取日历时间*/
        lt=time(NULL);
        /*转化为格林威治时间结构形式*/
        ptr=gmtime(&lt);
        /*转化成字符串形式,并打印*/
        printf("The UTC is:\%s",asctime(ptr),"\n");
        printf("The Local time is: \%s",ctime(&lt),"\n");
        return 0;
    }
```

程序运行结果如图 4-12 所示。

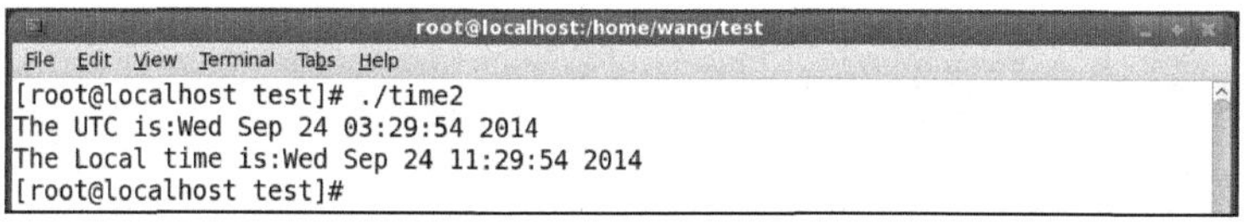

图 4-12　时间显示

4.4.4　取得当前时间

所需的头文件: #include<time.h>

函数格式: int gettimeofday(struct timeval *tv,struct timezone *tz)

函数功能: 获取从 1970 年 1 月 1 日到现在的时间差, 常用于计算事件耗时。

参数说明如下。

tv: 用来存放目前的时间。

tz: 用来存放当地时区的信息。

timeval 结构体定义如下:

```
struct timeval{
  long tv_sec;  /*秒*/
  long tv_usec;  /*微秒*/
};
```

timezone 结构体定义如下:

```
struct timezone{
  int tz_minuteswest;  /*和 Greenwich 时间差了多少分钟*/
  int tz_dsttime;  /*日光节约时间的状态*/
};
```

tz_dsttime 所代表的状态如下:

```
DST_NONE  /*不使用*/
DST_USA  /*美国*/
DST_AUST  /*澳洲*/
DST_WET  /*西欧*/
DST_MET  /*中欧*/
```

```
DST_EET      /*东欧*/
DST_CAN      /*加拿大*/
DST_GB       /*大不列颠*/
DST_RUM      /*罗马尼亚*/
DST_TUR      /*土耳其*/
DST_AUSTALT /*澳洲(1986年以后)*/
```
返回值：若成功，则返回 0；若失败，则返回–1。

4.4.5　延时执行

1. 让程序睡眠多少秒

所需的头文件：#include<time.h>

函数格式：unsigned int sleep(unsigned int seconds)

函数功能：让程序睡眠多少秒。

参数 seconds 用于指定睡眠的秒数。

2. 让程序睡眠多少微秒

所需的头文件：#include<time.h>

函数格式：void usleep(unsigned long usec)

函数功能：让程序睡眠多少微秒。

参数 usec 用于指定睡眠的微秒数。

本 章 小 结

本章主要介绍了 Linux 下的文件编程和时间编程方法。在文件编程部分，首先介绍了虚拟文件系统 Linux 文件类型、Linux 文件系统组成及文件描述符等概念。在此基础上，介绍了两种途径的文件编程，即基于 Linux 操作系统的基本文件 I/O 操作和基于流的标准 I/O 操作。前者是针对文件描述符的操作，且不能跨系统使用；后者基于 C 语言库函数，是针对文件指针的操作，相对于操作系统是独立的。这两种文件编程所涉及的文件操作主要有新建、打开、读写和关闭，对随机文件还可以定位等。除此之外，还介绍了 Linux 时间编程，涉及时间获取、时间转化及时间显示等操作。每种编程方法都配有相应的实例，方便读者学习和实践。

习题与实践

1. 什么是文件系统？
2. Linux 系统有哪几种类型的文件？它们分别有哪些相同点和不同点？
3. Linux 的文件系统由哪几部分组成？
4. 超级块由哪些字段组成？
5. 索引节点和数据区分别存储着文件的哪些信息？
6. 什么是文件描述符？它有什么作用？
7. Linux 基本文件 I/O 操作编程练习。

(1)创建一个文件(用 umask()函数可设置限制新文件权限)，并执行 ll 命令观察其属性。

(2)以只读方式打开一个已有文件，从中读取 20 个字符并打印。

(3)打开当前目录下的一个文件，写入字符串"Hello，welcome to Beijing！"

(4)复制文件，将一个文件的内容读出，写入另一个文件。

(5)通过 lseek()函数计算一个文件的长度。

(6)访问判断，判断从键盘输入的文件名是否存在。

(7)从键盘输入 10 个字符，将其写到一个文件中。

8．基于流的标准 I/O 操作编程练习。

(1)用 C 语言库函数实现复制文件的功能。要求：将一个文件的内容读出，写入另一个文件。

(2)用 C 语言库函数实现读取文件内容。要求：依次读取每行内容并显示在屏幕上。

(3)用 C 语言库函数实现复制文件。要求：从键盘输入若干字符，用 fputc()将其写入一个文件中。

9．Linux 时间编程练习。

(1)编写一个程序，要求以字符串的形式显示本地时间。

(2)编写一个程序，要求测试一段循环代码的运行时间，并显示在屏幕上。

第5章　嵌入式 Linux 进程控制

在嵌入式系统中，处理器占用率是一个非常重要的性能指标，为保证系统能长时间稳定地运行，一般要求处理器占用率不高于 80%。但单一程序在运行过程中很可能停下来等待某个事件的发生，例如，等待外设完成某个操作，等待用户输入数据等，这种等待是对处理器的巨大浪费。多任务程序设计采用分时技术，即把处理器时间划分成很短的时间片，时间片轮流分配给各个程序，这样就允许多个相互独立的程序在内存中同时存放，相互穿插运行，宏观上并行，微观上串行，从而可以有效地降低处理器的占用率。那么系统在实现多任务运行的时候又是如何来定义各个宏观上并行的程序实体呢？由此引入进程的概念。由于处于用户态的不同进程之间是彼此隔离的，进程间通信就是在不同进程之间传递或交换信息，就像处于不同地方的人们，必须通过某种方式来通信，如人们现在广泛使用的手机、QQ、微信等方式。本章将首先介绍进程控制相关概念及嵌入式 Linux 进程控制编程。

5.1　进程控制理论基础

5.1.1　进程定义

进程是 20 世纪 60 年代初首先由麻省理工学院的 MULTICS 系统和 IBM 公司的 CTSS/360 系统引入的。进程是一个具有一定独立功能的程序关于某个数据集合的一次运行活动。它是操作系统动态执行的基本单元，在传统的操作系统中，进程既是基本的分配单元，也是基本的执行单元，是操作系统中最基本、最重要的概念，是多任务系统出现后，为了刻画系统内部出现的动态情况，描述系统内部各任务的活动规律引进的一个概念，所有的多任务程序设计操作系统都建立在进程的基础上。

通常一个程序的一次执行就是一个任务，一个任务包含一个或多个完成独立功能的子任务，这个独立的子任务就是进程(或线程)。例如，一个杀毒软件的一次运行是一个任务，目的是在各种病毒的侵害中保护计算机系统，这个任务包含多个独立功能的子任务(进程或线程)，包括实时监控功能、定时查杀功能、防火墙功能及用户交互功能等。任务、进程和线程之间的关系如图 5-1 所示。

进程可以申请和拥有系统资源，是一个动态的概念，是一个活动的实体。它不只是程序的代码，还包括当前的活动，通过程序计数器的值和处理寄存器的内容来表示。

进程的概念主要包括两点。

(1)进程是一个实体。每一个进程都有它自己的地址空间，一般情况下，包括文本区域(Text Region)、数据区域(Data Region)和堆栈(Stack Region)。文本区域存储处理器执行的代码；数据区域存储变量和进程执行期间使用的动态分配的内存；堆栈区域存储着活动过程调用的指令和本地变量。

(2)进程是一个执行中的程序。程序是一个没有生命的实体，只有处理器赋予程序生命时，它才能成为一个活动的实体，才能称为进程。

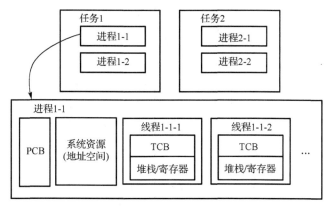

图 5-1　任务、进程和线程之间的关系

5.1.2　进程特点

进程有以下特点。

1）动态性

进程是程序在数据集合上的一次执行过程，具有生命周期，由创建而产生，由调度而运行，由结束而消亡，是一个动态推进、不断变化的过程。而程序则不然，程序是文件，静态而持久地存在。

2）并发性

在同一段时间内，若干进程可以共享一个 CPU。进程的并发性能够改进系统的资源利用率，提高计算机的效率。进程在单 CPU 系统中并发执行，在多 CPU 系统中并行执行。进程的并发执行意味着进程的执行可以被打断，可能会带来一些意想不到的问题，因此必须对并发执行的进程进行协调。

3）独立性

进程是操作系统资源分配、保护和调度的基本单位，每个进程都有其自己的运行数据集，以各自独立的、不可预知的进度异步运行。进程的运行环境不是封闭的，进程间也可以通过操作系统进行数据共享、通信。

4）异步性

进程间的相互制约使进程具有执行的间断性，即进程按各自独立的、不可预知的速度向前推进。

5.1.3　进程状态

进程状态反映进程执行过程的变化，这些状态随着进程的执行和外界条件的变化而转换。一个进程的生命周期可以划分为一组状态，这些状态刻画了整个进程，进程状态即体现一个进程的生命状态。

1. 三态模型

在多道程序系统中，进程在处理器上交替运行，状态也不断发生变化。进程一般有三种基本状态：执行态、就绪态和阻塞态。

1）执行态

当一个进程在处理机上运行时，称该进程处于执行态。处于此状态的进程的数目小于等于处理器的数目，对于单处理器系统，处于执行态的进程只有一个。在没有其他进程可以执行时(如所有进程都处于阻塞态)，通常会自动执行系统的空闲进程。

2) 就绪态

当一个进程获得了除处理机以外的一切所需资源，一旦得到处理器即可运行，则称此进程处于就绪态。就绪进程可以按多个优先级来划分队列。例如，当一个进程由于时间片用完而进入就绪态时，排入低优先级队列；当进程由 I/O 操作完成而进入就绪态时，排入高优先级队列。

3) 阻塞态

阻塞态也称为等待或睡眠态，一个进程正在等待某一事件发生(如请求 I/O 而等待 I/O 完成等)而暂时停止运行，这时即使把处理器分配给进程也无法运行，故称该进程处于阻塞态。

进程创建后首先处于就绪态，就绪态通过进程调度进入执行态，执行态因为时间片用完回到就绪态，执行态通过 I/O 请求进入阻塞态(如访问串口时该串口正在读取数据)，阻塞态因为 I/O 完成进入就绪态。

进程的三态模型如图 5-2 所示。

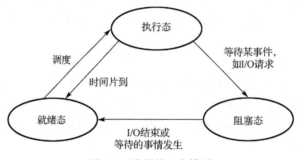

图 5-2　进程的三态模型

2. 五态模型

对于一个实际系统，进程的状态及其转换更加复杂。引入新建态和终止态构成了进程的五态模型。

1) 新建态

对应于进程刚刚被创建时没有被提交的状态，并等待系统完成创建进程的所有必要信息。进程正在创建过程中，还不能运行。操作系统在创建状态要进行的工作包括分配和建立进程控制块表项、建立资源表格(如打开文件表)并分配资源、加载程序并建立地址空间表等。创建进程时分为两个阶段，第一个阶段为一个新进程创建必要的管理信息，第二个阶段让该进程进入就绪状态。由于有了新建态，操作系统往往可以根据系统的性能和主存容量的限制推迟新建态进程的提交。

2) 终止态

进程已结束运行，回收除进程控制块之外的其他资源，并让其他进程从进程控制块中收集有关信息(如记账和将退出代码传递给父进程)。类似地，进程的终止也可分为两个阶段，第一个阶段等待操作系统进行善后处理，第二个阶段释放主存。进程的五态模型如图 5-3 所示。

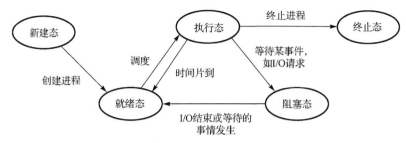

图 5-3　进程的五态模型

3. 进程状态的转换

由于进程的不断创建，系统资源特别是主存资源已不能满足所有进程运行的要求。这时，就必须将某些进程挂起，放到磁盘对换区，暂时不参加调度，以平衡系统负载；进程挂起的原因可能是系统故障，或者是用户调试程序，也可能是需要检查问题。

(1)活跃就绪：进程在主存并且可被调度的状态。

(2)静止就绪(挂起就绪)：进程被对换到辅存时的就绪状态，是不能被直接调度的状态，只有当主存中没有活跃就绪态进程，或者是挂起就绪态进程具有更高的优先级时，系统将把挂起就绪态进程调回主存并转换为活跃就绪态。

(3)活跃阻塞：进程已在主存，一旦等待的事件发生便进入活跃就绪态。

(4)静止阻塞：进程对换到辅存时的阻塞状态，一旦等待的事件发生便进入静止就绪态。

进程状态转换过程如图 5-4 所示。

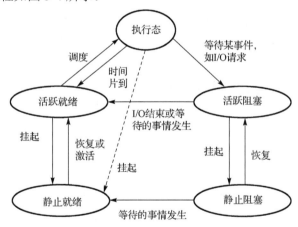

图 5-4　进程状态转换过程

5.1.4　进程 ID

在计算机领域，进程标识符(Process Identifier)，又称为进程 ID(Process ID，PID)是大多数操作系统的内核用于唯一标识进程的一个数值。进程被创建时，系统就会赋给它这个唯一的标识符，系统中运行的其他进程不会有相同的 ID，这个值也是可以被使用的，例如，父进程可以通过创建子进程时得到的 ID 来和子进程通信。

5.1.5　进程互斥

进程互斥是指当有两个或两个以上的进程都要使用某一共享资源时，任何时刻最多允许一个进程使用，其他要使用该资源的进程必须等待，直到占用该资源者释放了该资源为止。

5.1.6　临界资源与临界区

在多道程序环境下，存在临界资源，它是指多进程存在时必须互斥访问的资源，也就是某一时刻不允许多个进程同时访问，只允许单个进程访问。

进程中访问临界资源的那段程序代码称为临界区。为实现对临界资源的互斥访问，应保证诸进程互斥地进入各自的临界区。

临界区存在的目的是有效地防止竞争条件又能保证最大化地使用共享数据。而这些并发进程必须有好的解决方案，才能防止出现以下情况：多个进程同时处于临界区，临界区外的进程阻塞其他进程，有些进程在临界区外无休止地等待。除此以外，这些方案还不能对 CPU 的速度和数目作出任何假设。只有满足了这些条件，才是一个好的解决方案。

5.1.7　进程同步

把异步环境下的一组并发进程因直接制约而互相发送消息、互相合作、互相等待，使得各进程按一定的速度执行的过程称为进程间的同步。具有同步关系的一组并发进程称为合作进程，合作进程间互相发送的信号称为消息或事件。如果对一个消息或事件赋以唯一的消息名，那么可用过程 wait(消息名)表示进程等待合作进程发来的消息，而用过程 signal(消息名)表示向合作进程发送消息。

5.1.8　进程调度

一般来说，进程数都多于 CPU 数，这将导致它们互相争夺 CPU。这就要求进程调度程序按一定的策略，动态地把 CPU 分配给处于就绪队列中的某一个进程，以使之执行。

调度方式有抢占式和非抢占式两种。

抢占式调度：允许高优先级的任务打断当前执行的任务，抢占 CPU 的控制权。

非抢占式调度：只有在当前任务主动放弃 CPU 控制权的情况下(如任务挂起)，才允许其他任务(包括高优先级的任务)控制 CPU。

5.1.9　调度算法

调度算法是指根据系统的资源分配策略所规定的资源分配算法，通常有下面几种调度算法。

1. 先来先服务(First Come First Serve，FCFS)调度算法

如果早就绪的进程排在就绪队列的前面，迟就绪的进程排在就绪队列的后面，那么 FCFS 算法总是把当前处于就绪队列之首的那个进程调度到运行状态。也就是说，它只考虑进程进入就绪队列的先后，而不考虑它的下一个 CPU 周期的长短及其他因素。FCFS 算法简单易行，性能却不大好。有利于长作业(进程)而不利于短作业(进程)，有利于 CPU 繁忙型作业(进程)而不利于 I/O 繁忙型作业(进程)。

2. 短进程优先调度算法

该算法从就绪队列中选出下一个"CPU 执行期最短"的进程，为之分配 CPU。该算法虽可获得较好的调度性能，但难以准确地知道下一个 CPU 执行期，而只能根据每一个进程的执行历史来预测。在批处理系统中，为了照顾为数众多的段作业，常采用该调度算法。

3. 高优先级优先调度算法

高优先级优先调度算法是指把 CPU 分配给就绪进程队列中优先级最高的进程。高优先级优先调度算法可以分成如下两种方式。

1) 非抢占式优先级调度算法

在这种调度方式下，系统一旦把 CPU 分配给就绪队列中优先级最高的进程，该进程就能一直执行下去，直至完成；或因等待某事件的发生使该进程不得不放弃 CPU 时，系统才能将 CPU 分配给另一个优先级高的就绪进程。

非抢占式优先级调度算法主要用于一般的批处理系统、分时系统，也常用于某些实时性要求不太高的实时系统。

2) 抢占式优先级调度算法

在这种调度方式下，进程调度程序把 CPU 分配给当时优先级最高的就绪进程，使之执行。一旦出现另一个优先级更高的就绪进程，进程调度程序就停止正在执行的进程，将 CPU 分配给新出现的优先级最高的就绪进程。

抢占式优先级调度算法常用于实时性要求比较严格的系统中，以及对实时性能要求高的分时系统。

进程的优先级可采用静态优先级和动态优先级两种，优先级可由用户自定或由系统确定。

(1) 静态优先级：静态优先级是在创建进程时确定进程的优先级，并且规定它在进程的整个运行期间保持不变。确定优先级的依据通常包括以下几方面。

① 进程的类型：通常系统进程优先级高于一般用户进程的优先级；交互型用户进程的优先级高于批处理作业所对应的进程的优先级。

② 进程对资源的需求：进程的估计执行时间及内存需求量少的进程，应赋于较高的优先级，这有利于缩短作业的平均周转时间。

③ 根据用户的要求：用户可以根据自己作业的紧迫程度来指定一个合适的优先级。

静态优先级法的优点是简单易行且系统开销小。其缺点是不太灵活，很可能出现低优先级的进程长期得不到调度而等待的情况。

静态优先级法仅适用于实时性要求不太高的系统。

(2) 动态优先级：动态优先级是在创建进程时赋予该进程一个初始优先级，然后其优先级随着进程的执行情况的变化而改变，以便获得更好的调度性能。

动态优先级法的优点是使相应的优先级调度算法比较灵活、科学，可防止有些进程一直得不到调度，也可防止有些进程长期垄断 CPU。动态优先级法的缺点是需要花费相当多的执行程序时间，因而系统开销比较大。

4. 时间片轮转法

时间片轮转调度是一种最古老、最简单、最公平且使用最广泛的算法。每个进程被分配一个时间段，称为它的时间片，即该进程允许运行的时间。如果在时间片结束时进程还在运行，则 CPU 将被剥夺并分配给另一个进程。如果进程在时间片结束前阻塞或结束，则 CPU 当即进行切换。调度程序所要做的就是维护一张就绪进程列表，当进程用完它的时间片后，就被移到队列的末尾。

时间片轮转法具体实施方法：将系统中所有的就绪进程按照 FCFS 原则，排成一个队列。每次调度时将 CPU 分配给队首进程，让其执行一个时间片。时间片的长度从几毫秒到几百毫秒。在一个时间片结束时，发生时钟中断。调度程序据此暂停当前进程的执行，将其送到就绪队列的末尾，并通过上下文切换执行当前队首进程。进程可以未使用完一个时间片就出让 CPU（如阻塞）。

时间片长度的确定需要根据实际情况而定。时间片设得太短会导致过多的进程切换，降低了 CPU 效率；而设得太长又可能引起对短的交互请求的响应变差。将时间片设为 100ms 通常是一个比较合理的折中。

在分时系统中，为了保证系统具有合理的响应时间，应当采用时间片轮转调度算法。

5. 多级反馈队列算法

多级反馈队列算法是时间片轮转算法和优先级算法的综合和发展。设置多个就绪队列，分别赋予不同的优先级，如逐级降低，队列 1 的优先级最高。每个队列执行时间片的长度也不同，规定优先级越低时间片越长，如逐级加倍。

新进程进入内存后，先投入队列 1 的末尾，按 FCFS 算法调度；若按队列 1 一个时间片未能执行完，则降低投入到队列 2 的末尾，同样按 FCFS 算法调度；如此下去，降低到最后的队列，则按时间片轮转算法调度直到完成。

仅当较高优先级的队列为空时，才调度较低优先级的队列中的进程执行。如果进程执行时有新进程进入较高优先级的队列，则抢先执行新进程，并把被抢先的进程投入原队列的末尾。

优点：为提高系统吞吐量和缩短平均周转时间而照顾短进程；为获得较好的 I/O 设备利用率和缩短响应时间而照顾 I/O 型进程；不必估计进程的执行时间，可动态调节。

5.1.10　死锁

多个进程因争夺资源而造成的一种互相等待的现象，若无外力作用，这些进程都将永远不能再向前推进，此时称系统处于死锁状态或系统产生了死锁，这些永远在互相等待的进程称为死锁进程。此时执行程序中两个或多个线程发生永久堵塞（等待），每个线程都在等待被其他线程占用并堵塞了的资源。

例如，如果线程 A 锁住了记录 1 并等待记录 2，而线程 B 锁住了记录 2 并等待记录 1，这样两个线程就发生了死锁现象。

采用有序资源分配法可以避免死锁。例如，R1 的编号为 1，R2 的编号为 2。进程 A 的申请次序是 R1、R2；进程 B 的申请次序也是 R1、R2。这样就破坏了环路条件，避免了死锁的发生。

5.2　进程控制编程

5.2.1　获取进程信息

1. getpid 函数

所需的头文件：`#include<sys/types.h>`
　　　　　　　`#include<unistd.h>`
函数格式：`pid_t getpid(void)`

函数功能：用来获取目前进程的进程标识。

返回值：返回当前进程的进程识别号。

2. getppid 函数

所需的头文件：`#include<sys/types.h>`
　　　　　　　`#include<unistd.h>`

函数格式：`pid_t getppid(void)`

函数功能：用来获取目前进程的父进程标识。

返回值：返回当前进程的父进程识别号。

3. getpgid 函数

所需的头文件：`#include<unistd.h>`

函数格式：`pid_t getpgid(pid_t pid)`

函数功能：用来获得参数 pid 指令进程所属于的组识别号，若参数为 0，则返回当前进程的组识别码。

参数 pid 为进程识别码。

返回值：若执行成功则返回正确的组识别码，若有错则返回–1，错误原因存在于 errno 中。

4. getpgrp 函数

所需的头文件：`#include<unistd.h>`

函数格式：`pid_t getpgrp(void)`

函数功能：用来获得目前进程所属于的组识别号，等价于 getpgid(0)。

返回值：执行成功则返回正确的组识别码。

5. getpriority 函数

所需的头文件：`#include<sys/time.h>`
　　　　　　　`#include<sys/resource.h>`

函数格式：`int getpriority(int which,int who)`

函数功能：用来获得进程、进程组和用户的进程执行优先权。

参数说明如下。

参数 which 有三种数值，参数 who 依 which 值有不同定义：

①当 which 为 PRIO_PROCESS 时，who 为进程识别码；

②当 which 为 PRIO_PGRP 时，who 为进程的组识别码；

③当 which 为 PRIO_USER 时，who 为用户识别码。

返回值：返回进程执行优先权，返回的数值为–20～20，代表进程执行优先权，数值越低代表有较高的优先次序，执行会较频繁。如有错误发生则返回值为–1，错误原因存于 errno 中。

例 5-1 获取进程信息实例。

```
/*getpid.c*/
#include<stdio.h>
#include<unistd.h>
#include<sys/resource.h>
```

```
#include<sys/time.h>
int main(void)
{
    printf("This process's pid is:%d\n",getpid());
    printf("This process's farther pid is:%d\n",getppid());
    printf("This process's group pid is:%d\n",getpgid(getpid()));
    printf("This process's group pid is:%d\n",getpgrp());
    printf("This process's priority is:%d\n",getpriority(PRIO_PROCESS,getpid()));
    return 0;
}
```

程序运行结果如图 5-5 所示。

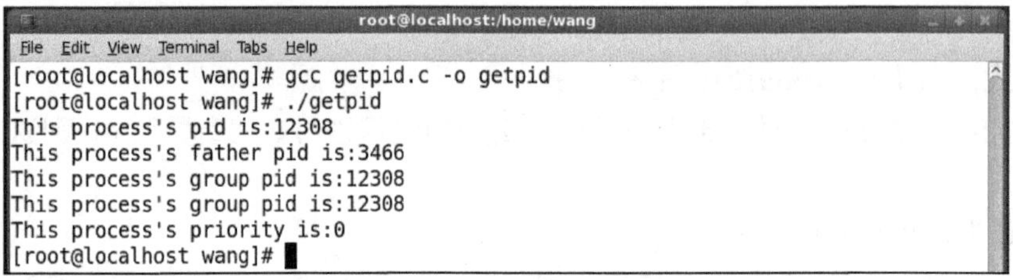

图 5-5　程序 getpid 运行结果

5.2.2　进程控制

1. 创建子进程 fork

所需的头文件：#include<unistd.h>
　　　　　　 #include<sys/types.h>
函数格式：pid_t fork(void)
函数功能：创建子进程。

fork 函数的奇妙之处在于它被调用一次，却返回两次，它可能有以下三种不同的返回值。

(1)在父进程中，fork 函数返回新创建的子进程的 PID。

(2)在子进程中，fork 函数返回 0。

(3)如果出现错误，则 fork 函数返回一个负值。

可以根据这个返回值来区分父子进程。父进程为什么要创建子进程呢？Linux 是一个多用户操作系统，在同一时间会有许多用户在争夺系统资源，有时进程为了早一点完成任务就创建子进程来争夺资源。

2. 创建子进程 vfork

所需的头文件：#include<unistd.h>
　　　　　　 #include<sys/types.h>
函数格式：pid_t vfork(void)
函数功能：创建子进程。

返回值：如果成功，则在父进程会返回新建立的子进程代码(PID)，而在新建立的子进程中则返回 0。如果 vfork 函数失败则直接返回−1，失败原因存于 errno 中。

fork 函数与 vfork 函数的作用都是创建一个进程，它们有以下三点区别。

（1）fork 函数子进程复制父进程的数据段和堆栈段；vfork 函数子进程与父进程共享数据段。

（2）fork 函数父子进程的执行次序不确定；vfork 函数保证子进程先运行。

（3）vfork 函数在调用 exec 或 exit 之前与父进程数据是共享的，在它调用 exec 或 exit 之后父进程才可能被调度运行。如果在调用这两个函数之前子进程依赖于父进程的进一步动作，则会导致死锁。

下面通过几个实例加以说明。

例 5-2　进程控制实例一。

```
/*fork_li1.c*/
#include<sys/types.h>
#include<unistd.h>
#include<stdio.h>
int main()
{
  pid_t pid;
  pid = fork();
  if(pid<0)
      printf("error in fork!\n");
  else if(pid = = 0)
      printf("I am the child process,ID is %d\n",getpid());
  else
      printf("I am the parent process,ID is %d\n",getpid());
  return 0;
}
```

程序运行结果如图 5-6 所示。

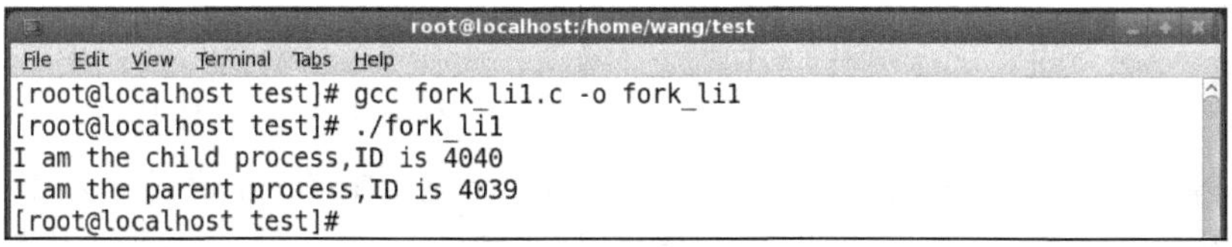

```
root@localhost:/home/wang/test
File  Edit  View  Terminal  Tabs  Help
[root@localhost test]# gcc fork_li1.c -o fork_li1
[root@localhost test]# ./fork_li1
I am the child process,ID is 4040
I am the parent process,ID is 4039
[root@localhost test]#
```

图 5-6　进程控制实例一

在 "pid=fork();" 语句之前，只有一个进程在执行，但在这条语句执行之后，就变成两个进程在执行了，这两个进程的共享代码段将要执行的下一条语句都是 if(pid<0)。两个进程中，原来就存在的那个进程被称为父进程，新出现的那个进程被称为子进程，父子进程的区别在于进程标识符不同。

例 5-3　进程控制实例二。

```
/*fork_li2.c*/
#include<sys/types.h>
#include<unistd.h>
#include<stdio.h>

int main()
{
    pid_t pid;
```

```
    int cnt = 0;
    pid = fork();
    if(pid<0)
        printf("error in fork!\n");
    else if(pid == 0)
    {
        cnt++;
        printf("cnt=%d\n",cnt);
        printf("I am the child process,ID is %d\n",getpid());
    }
    else
    {
        cnt++;
        printf("cnt=%d\n",cnt);
        printf("I am the parent process,ID is %d\n",getpid());
    }
    return 0;
}
```

程序运行结果如图 5-7 所示。

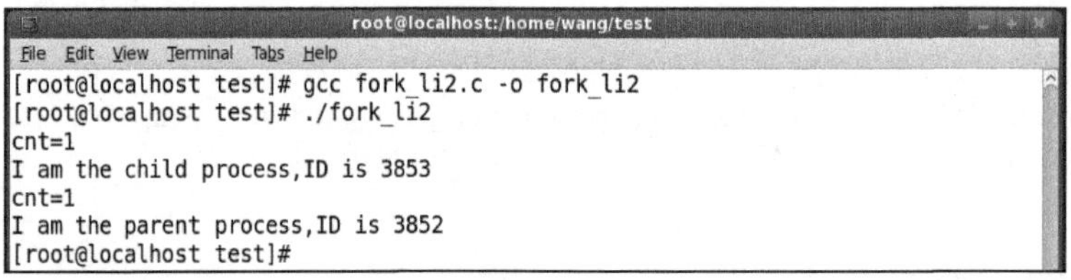

图 5-7　进程控制实例二

思考：cnt++被父进程、子进程一共执行了两次，为什么 cnt 的第二次输出不为 2？

子进程的数据空间、堆栈空间都会从父进程得到一个副本，而不是共享。在子进程中对 cnt 执行加 1 操作，并没有影响到父进程中的 cnt 值，父进程中的 cnt 值仍然为 0。

调用 fork 函数之后，数据、堆栈有两份，代码仍然为一份，但是这个代码段成为两个进程的共享代码段，都从 fork 函数中返回，当父子进程有一个想要修改数据或者堆栈时，两个进程真正分裂。

那么再来看看 vfork 函数，如果将上面程序中的 fork 改成 vfork，运行结果又如何呢？请看下面的程序 fork_li3.c。

例 5-4　进程控制实例三。

```
/*fork_li3.c*/
#include<sys/types.h>
#include<unistd.h>
#include<stdio.h>

int main()
{
    pid_t pid;
    int cnt = 0;
```

```
    pid = vfork();
    if(pid<0)
        printf("error in fork!\n");
    else if(pid == 0)
    {
        cnt++;
        printf("cnt=%d\n",cnt);
        printf("I am the child process,ID is %d\n",getpid());
    }
    else
    {
        cnt++;
        printf("cnt=%d\n",cnt);
        printf("I am the parent process,ID is %d\n",getpid());
    }
    return 0;
}
```

程序运行结果如图 5-8 所示。

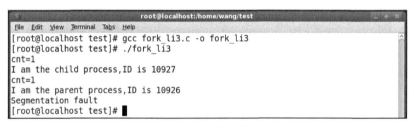

图 5-8　进程控制实例三

从图 5-8 可以发现，本来 vfork 是共享数据段的，cnt 的第二次输出结果应该是 2，但实际输出是 1，这是为什么呢？

前面介绍过，vfork 和 fork 之间的一个区别是：vfork 保证子进程先运行，在它调用 exec 或 exit 之后父进程才可能被调度运行。如果在调用这两个函数之前子进程依赖于父进程的进一步动作，则会导致死锁。

这样上面程序中的 fork 改成 vfork 后，vfork 创建子进程并没有调用 exec 或 exit，所以最终导致了死锁。

思考：如何修改程序来避免死锁呢？请看下面的程序 fork_li4.c。

例 5-5　进程控制实例四。

```
/*fork_li4.c*/
#include<sys/types.h>
#include<unistd.h>
#include<stdio.h>

int main()
{
    pid_t pid;
    int cnt = 0;
```

```
        pid = vfork();
        if(pid<0)
            printf("error in fork!\n");
        else if(pid = = 0)
        {
            cnt++;
            printf("cnt=%d\n",cnt);
            printf("I am the child process,ID is %d\n",getpid());
            _exit(0);
        }
        else
        {
            cnt++;
            printf("cnt=%d\n",cnt);
            printf("I am the parent process,ID is %d\n",getpid());
        }
        return 0;
    }
```

程序运行结果如图 5-9 所示。

```
                    root@localhost:/home/wang/test
File  Edit  View  Terminal  Tabs  Help
[root@localhost test]# gcc fork_li4.c -o fork_li4
[root@localhost test]# ./fork_li4
cnt=1
I am the child process,ID is 14362
cnt=2
I am the parent process,ID is 14361
[root@localhost test]#
```

图 5-9　进程控制实例四

分析：如果没有_exit(0)语句，子进程没有调用 exec 或 exit，所以父进程是不可能执行的，在子进程调用 exec 或 exit 之后父进程才可能被调度运行。本程序中加上了_exit(0)使得子进程退出，父进程执行，这样 else 后的语句就会被父进程执行，又因在子进程调用 exec 或 exit 之前与父进程数据是共享的，所以子进程退出后把父进程的数据段 cnt 改成了 1，子进程退出后，父进程又执行，最终就将 cnt 变成了 2。

3．exec 函数族

exec 函数族的作用是根据指定的文件名启动一个新的程序，并用它来替换原有的进程。换句话说，就是在调用进程内部执行一个可执行文件。这里的可执行文件既可以是二进制文件，也可以是任何 Linux 下可执行的脚本文件。

与一般情况不同，exec 函数族的函数执行成功后不会返回，因为调用进程的实体，包括代码段、数据段和堆栈等都已经被新的内容取代，只留下进程 PID 等一些表面上的信息仍保持原样。只有调用失败了，它们才会返回–1，从原程序的调用点接着往下执行。

1）execl 函数

所需的头文件：#include<unistd.h>

函数格式：int execl(const char * path,const char * arg1, …)

参数说明如下。

path：被执行程序名(含完整路径)。

arg1,…：被执行程序所需的命令行参数，含程序名，以空指针(NULL)结束。

返回值：如果执行成功则函数不会返回，执行失败则直接返回–1，失败原因存于 errno 中。

例 5-6　execl 函数实例。

```
/*execl.c*/
#include<unistd.h>
main()
{
    execl("/bin/ls","ls","-al","/etc/",(char * )0);
}
```

程序运行结果相当于执行如下命令：

```
ls  -al  /etc
```

2) execlp 函数

所需的头文件：#include<unistd.h>

函数格式：int execlp(const char * path,const char * arg1, …)

参数说明如下。

path：被执行程序名(不含路径，将从 path 环境变量中查找该程序)。

arg1,…：被执行程序所需的命令行参数，含程序名，以空指针(NULL)结束。

返回值：如果执行成功则函数不会返回，执行失败则直接返回–1，失败原因存于 errno 中。

execlp 函数会从 PATH 环境变量所指的目录中查找符合参数 file 的文件名，找到后便执行该文件，然后将第二个以后的参数当成该文件的 argv[0]、argv[1]、…，最后一个参数必须以空指针(NULL)结束。

如果用常数 0 来表示一个空指针，则必须将它强制转换为一个字符指针，否则将它解释为整型参数，如果一个整型数的长度与 char * 的长度不同，那么 exec 函数的实际参数就将出错。

如果函数调用成功，则进程自己的执行代码就会变成加载程序的代码，execlp 后边的代码也就不会执行了。

3) execv 函数

所需的头文件：#include<unistd.h>

函数格式：int execv(const char * path, char * const argv[ ])

参数说明如下。

path：被执行程序名(含完整路径)。

argv[]：被执行程序所需的命令行参数数组。

4) system 函数

所需的头文件：#include<stdlib.h>

函数格式：int system(const char* string)

参数 string 用来存放命令的指针。

函数功能：调用 fork 函数产生子进程，由子进程来调用/bin/sh -c string 来执行参数 string 所代表的命令。

4. 进程等待

所需的头文件：#include<sys/types.h>

```
        #include<sys/wait.h>
```
函数格式：pid_t wait(int * status)

函数功能：阻塞该进程，直到其某个子进程退出。

参数 status 用来保存被收集进程退出时的一些状态，它是一个指向 int 类型的指针。

返回值：如果调用成功，则返回被收集子进程的进程 PID；如果调用进程没有子进程，调用就会失败，此时返回–1。

例 5-7　进程等待实例。

```
/*wait.c*/
#include<sys/types.h>
#include<sys/wait.h>
#include<unistd.h>
#include<stdlib.h>

void main()
{
    pid_t pc,pr;
    pc=fork();
    if(pc==0)
    {
      printf("This is child process with pid of %d\n",getpid());
      sleep(10);
    }
    else if(pc>0)
    {
      pr=wait(NULL);

      printf("I catched a child process with pid of %d\n",pr);
    }
    exit(0);
}
```

程序运行结果如图 5-10 所示。

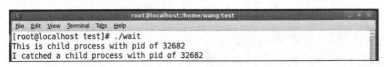

图 5-10　进程等待

首先屏幕上显示 This is child process with pid of 32682，过 10 秒钟后，在下一行显示：I catched a child process with pid of 32682。

思考：如果去掉"pr=wait(NULL);"语句，结果会怎样？

本 章 小 结

本章首先介绍了进程控制理论基础，包括进程定义、进程特点、进程状态、进程 ID、进程互斥、临界资源与临界区、进程同步、进程调度、调度算法及死锁，全面阐述了进程相关概念及特点，需要注意进程与程序的区别。接下来介绍了嵌入式 Linux 进程控制编程，包括获取进程信息、创建子进程、exec 函数族及进程等待等函数，为了让读者能够深入理解进程控制相关函数的用法，每个函数都配有相应的实例，并特别通过实例对比分析了 fork 函数与 vfork 函数的区别。

习题与实践

1．什么是进程？

2．进程与程序的区别有哪些？

3．简述进程的特点。

4．进程有哪几种状态？其状态模型分别是什么？

5．名词解释：进程互斥、临界资源、临界区、进程同步、进程调度、死锁。

6．有哪些调度算法?它们各自有什么特点？

7．进程控制编程练习。

（1）编写应用程序，使用 fork 函数创建一子进程，分别在父进程和子进程中打印进程 ID。

（2）使用 vfork 函数创建一子进程，分别在父进程和子进程中打印进程 ID，观察父、子进程的运行顺序。

（3）使用 execl 函数族中的函数创建一个文件。

（4）编写一个应用程序，在程序中创建一子进程，父进程需等待子进程运行结束后才能执行。

（5）编程说明 fork 函数与 vfork 函数的区别。

（6）编程说明 exit 函数与_exit 函数的区别。

第 6 章　嵌入式 Linux 进程间通信

在上一章中，我们已经知道了进程是一个程序的一次执行过程。这里所说的进程一般是指运行在用户态的进程，而由于处于用户态的不同进程之间是彼此隔离的，进程间通信就是在不同进程之间传递或交换信息，就像处于不同地方的人们，必须通过某种方式来进行通信，如人们现在广泛使用的手机、QQ、微信等方式。目前在 Linux 中使用较多的进程间通信方式主要有六种，即管道、信号、消息队列、共享内存、信号量及套接字，本章主要讲述前五种通信方式，套接字通信方式将会在第 8 章单独介绍。

6.1　进程通信概述

6.1.1　进程通信目的

为了完成下面所列的一些特定任务，进程间经常需要进行通信。

(1) 数据传输：一个进程需要将它的数据发送给另一个进程。

(2) 资源共享：多个进程之间共享同样的资源。

(3) 通知事件：一个进程需要向另一个或一组进程发送消息，通知它们发生个某种事件。

(4) 进程控制：有些进程希望完全控制另一个进程的执行(如 Debug 进程)，此时控制进程希望能够拦截另一个进程的所有操作，并能够及时知道它的状态改变。

6.1.2　进程通信发展历程

Linux 下的进程通信手段基本上是从 UNIX 平台继承而来的。AT&T 的贝尔实验室和 BSD（加州大学伯克利分校的伯克利软件发布中心）曾对 UNIX 的发展做出过重大贡献，但二者在进程通信方面的侧重点有所不同。前者是对 UNIX 早期的进程通信手段进行了系统的改进和扩充，形成了 "System V 进程间通信" 机制，其通信进程主要局限在单个计算机内；后者则突破了单个计算机的限制，形成了基于套接字的进程间通信机制，实现了不同计算机之间的进程双向通信，Linux 则把两者的优势都继承了下来，Linux 下的进程通信机制如图 6-1 所示。

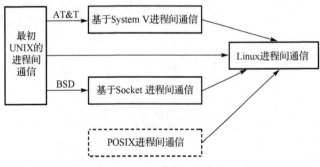

图 6-1　Linux 进程间通信机制

其中，UNIX 进程间通信方式包括管道、FIFO 及信号；System V 进程间通信包括 System

V 消息队列、System V 信号灯及 System V 共享内存区；Posix 进程间通信(Portable Operating System Interface)是 System V 进程间通信的变体，是在 Solaris 7 (Sun Microsystems 研发的计算机操作系统)发行版中引入的，包括 Posix 消息队列、Posix 信号灯及 Posix 共享内存区。

6.1.3　进程通信分类

目前在 Linux 中使用较多的进程间通信方式主要有以下几种。

1) 管道及有名管道

管道可用于具有亲缘关系进程间的通信，有名管道除具有管道所具有的功能外，还允许无亲缘关系进程间的通信。

2) 信号

信号是在软件层次上对中断机制的一种模拟，它是比较复杂的通信方式，用于通知接收进程有某事件发生，一个进程收到一个信号与处理器收到一个中断请求效果上是一样的。

3) 消息队列

消息队列是消息的链接表，包括 Posix 消息队列和 System V 消息队列。它克服了前两种通信方式中信息量有限的缺点，具有写权限的进程可以向消息队列中按照一定的规则添加新消息；对消息队列具有读权限的进程则可以从消息队列中读取消息。

4) 共享内存

共享内存是最有用的进程间通信方式，它使得多个进程可以访问同一块内存空间，不同进程可以及时看到对方进程中对共享内存中数据的更新。这种通信方式需要依靠某种同步机制，如互斥锁和信号量等。

5) 信号量

信号量主要作为进程间以及同一进程不同线程之间的同步手段。

6) 套接字

套接字是一种更为普遍的进程间通信机制，它可用于不同计算机之间的进程间通信，应用非常广泛。

6.2　管 道 通 信

6.2.1　管道通信概述

管道是单向、先进先出、无结构、固定大小的字节流，它把一个进程的标准输出和另一个进程的标准输入连接在一起。一个进程(写进程)在管道的尾部写入数据，另一个进程(读进程)从管道的头部读出数据。

数据被一个进程读出后，将被从管道中删除，其他读进程将不能再读到这些数据。管道提供了简单的流控制机制，当进程试图读空管道时，进程将被阻塞。同样，当管道已经写满时，进程再试图向管道写入数据时，进程也将被阻塞。

管道包括无名管道和命名管道两种，前者用于具有亲缘关系的进程间通信，后者可用于运行于同一系统中的任意两个进程间通信。

6.2.2　无名管道

无名管道只能用于具有亲缘关系的进程间通信(也就是父子进程或者兄弟进程之间)。它是一个半双工的通信模式,具有固定的读端和写端。管道也可以看成一种特殊的文件,对于它的读写也可以使用普通的 read、write 等函数。同时它又不是普通的文件,并不属于其他任何文件系统,并且只存在于内存中。

1. 无名管道的创建

无名管道由 pipe 函数创建。

所需的头文件:#include<unistd.h>

函数格式:int pipe(int pipe_fd[2]);

函数功能:创建无名管道。

返回值:若创建成功,则返回 0;若失败,则返回-1,错误原因存于 errno 中。

在调用函数成功后,参数数组中将包含两个新的文件描述符 pipe_fd[0] 和 pipe_fd[1],两个文件描述符分别表示管道的两端。管道两端的任务是固定的,一端只能用于读,由文件描述符 pipe_fd[0] 表示,称为管道读端;另一端只能用于写,由文件描述符 pipe_fd[1] 表示,

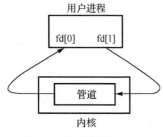

图 6-2 无名管道示意图

称为管道写端,如图 6-2 所示。试图从管道写端读数据,或者向管道读端写数据都将导致出错。

管道是一种文件,因此对文件操作的 I/O 函数都可以用于管道,如 read、write 等。

管道的一般用法是,进程在使用 fork 函数创建子进程前创建一个管道,然后创建子进程。之后如果父进程关闭管道的读端,子进程关闭管道的写端,也就意味着父进程负责写,子进程负责读,反过来亦然。这样的管道可以用于父子进程间的通信,也可以用于兄弟进程间的通信。

2. 无名管道的关闭

管道关闭时只需将这两个文件描述符关闭即可,可使用普通的 close 函数逐个关闭各个文件描述符。

例 6-1 无名管道创建实例。

```c
/*pipe.c*/
#include<unistd.h>
#include<errno.h>
#include<stdio.h>
#include<stdlib.h>
int main()
{
  int pipe_fd[2];
  if(pipe(pipe_fd)<0)
  {
      printf("pipe create error! \n");
      return -1;
  }
  else
      printf("pipe create success! \n");
  close(pipe_fd[0]);
```

```
    close(pipe_fd[1]);
}
```

GCC 编译后，程序运行结果如图 6-3 所示。

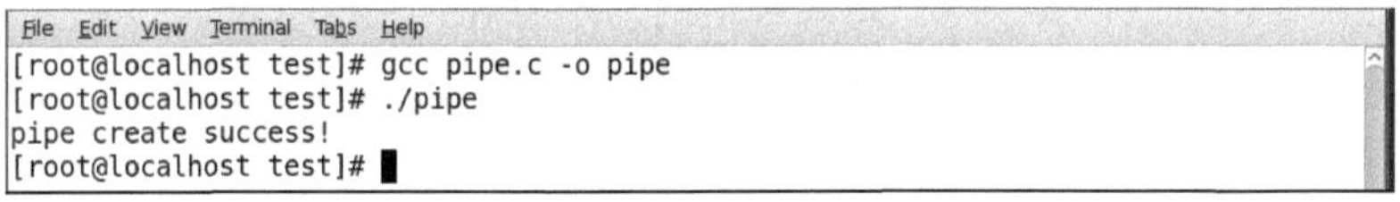

File Edit View Terminal Tabs Help
[root@localhost test]# gcc pipe.c -o pipe
[root@localhost test]# ./pipe
pipe create success!
[root@localhost test]#

图 6-3　管道创建

3. 无名管道通信

用 pipe()函数创建的管道主要用于父子进程之间的通信，通常先是创建一个管道，再通过 fork()函数创建一个子进程，该子进程会继承父进程所创建的管道，父子进程管道的文件描述符对应关系如图 6-4 所示。

父进程
fd[0]
fd[1]
子进程
fd[0]
fd[1]
内核
管道

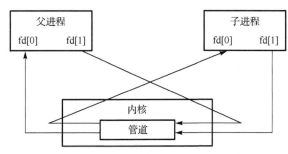

图 6-4　父子进程管道的文件描述符对应关系

注意：必须在系统调用 fork()函数前调用 pipe()函数，否则子进程将不会继承文件描述符。

图 6-4 显示的关系给不同进程之间的读写创造了很好的条件。此时，父子进程分别拥有自己的读写通道。为了实现父子进程之间的读写，只需把无关的读端或写端的文件描述符关闭即可。例如，在图 6-5 中，把父进程的写端 fd[1]和子进程的读端 fd[0]关闭，父子进程之间就建立起一条“子进程写，父进程读”的通道。

同样，也可以关闭父进程的 fd[0]和子进程的 fd[1]，这样就可以建立一条“父进程写，子进程读”的通道。另外，父进程还可以创建多个子进程，各个子进程都继承了相应的 fd[0]和 fd[1]，这时，只需要关闭相应端口就可以建立起各子进程之间的通信通道。

父进程
fd[0]
fd[1]
子进程
fd[0]
fd[1]
内核
管道

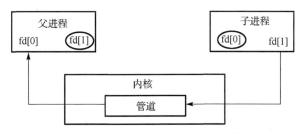

图 6-5　把父进程的写端 fd[1]和子进程的读端 fd[0]关闭

1) 从管道中读数据

如果一个进程要读取管道中的数据，那么该进程应该关闭写端 fd[1]，同时向管道写数据的另一个进程应当关闭读端 fd[0]。因为无名管道只能用于具有亲缘关系的进程间的通信，在各进程进行通信时，它们共享文件描述符。在使用前，应及时关闭不需要的管道一端，以免发生意外错误。

进程在管道的读端读取数据时，如果管道写端不存在，则读进程认为已经读到了数据的末尾，该函数返回读出的字节数为 0；如果管道的写端存在，且请求读取的字节数大于管道最大写入值 PIPE_BUF，则返回管道中现有数据的字节数；如果请求的字节数不大于 PIPE_BUF，则返回请求的字节数。

注意：PIPE_BUF 在 include/linux/limits.h 头文件中定义，不同的内核版本会有所不同，Fedora 9 中为 4096。

2) 向管道中写数据

如果一个进程打算向管道中写入数据，那么该进程应当关闭读端 fd[0]，同时从管道读数据的另一个进程应该关闭写端 fd[1]。

向管道中写入数据时，Linux 不保证写入的原子性（原子性是指操作在任何时候都不能被任何原因所打断，操作要么不做要么就一定要完成）。管道缓冲区一有空闲区域，写进程就会试图向管道中写入数据。如果读进程未从管道缓冲区中读走数据，那么写操作将一直被阻塞等待。

在写管道时，如果要求写入的字节数小于等于 PIPE_BUF，则多个进程对同一管道的写操作不会交错进行（空间够用，一个写完到另一个）。但是，如果多个进程同时写一个管道，而且某些进程要求写的字节数超过 PIPE_BUF 所容纳时，则多个写操作的数据可能会交错。

注意：只有在管道的读端存在时，向管道中写入数据才有意义，否则向管道中写入数据的进程将收到内核传来的 SIGPIPE 信号。应用程序可以处理也可以忽略该信号，如果忽略该信号或者捕捉该信号并从其处理程序返回，则写出错，出错代码为 EPIPE。

必须在系统调用 fork() 之前调用 pipe()，否则子进程将不会继承管道的文件描述符。

例 6-2　无名管道读写实例。

```
/*pipe_rw.c*/
#include<unistd.h>
#include<sys/types.h>
#include<errno.h>
#include<stdio.h>
#include<stdlib.h>
int main()
{
    int pipe_fd[2];
    pid_t pid;
    char buf_r[100];
    char* p_wbuf;
    int r_num;
    memset(buf_r,0,sizeof(buf_r));

    /*创建管道*/
    if(pipe(pipe_fd)<0)
    {
        printf("pipe create error\n");
        return -1;
```

```
    }

    /*创建子进程*/
    if((pid=fork())==0)   //子进程还是父进程?
    {
        printf("\n");
        close(pipe_fd[1]);
        sleep(2);   //为什么要睡眠?
        if((r_num=read(pipe_fd[0],buf_r,100))>0)
        {
            printf("%d numbers read from the pipe is %s\n",r_num,buf_r);
        }
        close(pipe_fd[0]);
        exit(0);
    }
    else if(pid>0)
    {
        close(pipe_fd[0]);
        if(write(pipe_fd[1],"12345",5)!=-1)
            printf("parent write1 12345!\n");
        if(write(pipe_fd[1]," 67890",5)!=-1)
            printf("parent write2 67890!\n");
        close(pipe_fd[1]);
        sleep(3);
        waitpid(pid,NULL,0);   //等待子进程结束
        exit(0);
    }
    return 0;
}
```

思考下面几个问题。

(1)为什么先创建管道后创建子进程?

(2)父进程和子进程哪个负责向管道写数据?哪个负责从管道读数据?

(3)子进程中的"sleep(2);"语句起什么作用?父进程中的"sleep(3);"语句起什么作用?

程序运行结果如图 6-6 所示。

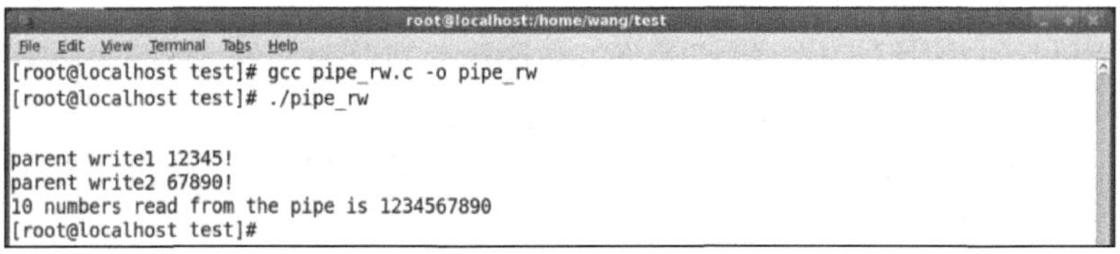

图 6-6 无名管道读写

管道读写注意事项如下。

(1)向管道中写入数据时,Linux 将不保证写入的原子性,管道缓冲区一有空闲区域,写进程就会试图向管道写入数据。如果读进程未读取管道缓冲区中的数据,那么写操作将会一直阻塞。

(2)父子进程在运行时，它们的先后次序并不能保证，因此，在这里为了保证父进程已经关闭了读描述符，可在子进程中调用 sleep 函数。

6.2.3　命名管道

前面介绍的无名管道只能用于具有亲缘关系的进程之间，这就大大限制了管道的使用。命名管道的出现突破了这种限制，它可以使互不相关的两个进程彼此通信。这里将会介绍进程的另一种通信方式——命名管道，来解决不相关进程间的通信问题。

1．命名管道概述

命名管道也被称为 FIFO 文件，它是一种特殊类型的文件，它在文件系统中以文件名的形式存在，但是它的行为和无名管道类似。由于 Linux 中所有的事物都可被视为文件，所以对命名管道的使用也可以像平常的文件名一样在命令中使用。不过需要注意的是，FIFO 是严格地遵循先进先出规则的，对 FIFO 的读总是从开始处返回数据，对其写则把数据添加到末尾，不支持如 lseek 等文件定位操作。

命名管道和无名管道基本相同，但有以下两点不同。

(1)无名管道只能用于具有亲缘关系的进程之间通信，而命名管道可以用于任意两个进程之间的通信。

(2)命名管道是一个存在于硬盘上的文件，而无名管道是仅存在于内存中的特殊文件。

2．命名管道的创建

所需的头文件：`#include<sys/types.h>`
　　　　　　　　`#include<sys/stat.h>`
函数格式：`int mkfifo(const char * pathname, mode_t mode)`
函数功能：创建一个命名管道。
参数说明如下。
pathname：FIFO 文件名。
mode：打开方式，有以下几种打开方式。
(1)O_RDONLY：读管道。
(2)O_WRONLY：写管道。
(3)O_NONBLOCK：非阻塞，当打开 FIFO 时，非阻塞标志(O_NONBLOCK)将对以后的读写产生如下影响。
①没有使用 O_NONBLOCK：访问要求无法满足时进程将阻塞。如试图读取空的 FIFO，将导致进程阻塞。
②使用 O_NONBLOCK：访问要求无法满足时不阻塞，立刻出错返回，错误号是 ENXIO。
返回值：若创建成功则返回 0，否则返回−1，错误原因存于 errno 中。
一旦创建了一个 FIFO，就可用 open 函数打开它，一般的文件访问函数(close、read、write等)都可用于 FIFO，但是要注意以下两点。
(1)程序不能以 O_RDWR 模式打开 FIFO 文件进行读写操作，而其行为也未明确定义，因为如果一个管道以读/写方式打开，进程就会读回自己的输出，而我们通常使用 FIFO 只是为了单向的数据传递。
(2)传递给 open 调用的是 FIFO 的路径名，而不是正常的文件。

例 6-3　命名管道通信实例。

命名管道的通信由两个 C 源文件组成，一个是读文件 read.c，另一个是写文件 write.c。

```c
/*fifo_read.c*/
#include<sys/types.h>
#include<sys/stat.h>
#include<errno.h>
#include<fcntl.h>
#include<stdio.h>
#include<stdlib.h>
#include<string.h>
#define FIFO "/tmp/myfifo"

main(int argc,char** argv)
{
  char buf_r[100];
  int  fd;
  int  nread;
  /*创建管道*/
  if((mkfifo(FIFO,O_CREAT|O_EXCL)<0)&&(errno!=EEXIST))
  printf("cannot create fifoserver\n");
  printf("Preparing for reading bytes...\n");
  memset(buf_r,0,sizeof(buf_r));
  /*打开管道*/
  fd=open(FIFO,O_RDONLY|O_NONBLOCK,0);
  if(fd==-1)
  {
      perror("open");
      exit(1);
  }
  while(1)
  {
      memset(buf_r,0,sizeof(buf_r));

      if((nread=read(fd,buf_r,100))==-1)
      {
          if(errno==EAGAIN)
          printf("no data yet\n");
      }
      printf("read %s from FIFO\n",buf_r);
      sleep(1);
  }
  pause(); /*暂停，等待信号*/
  unlink(FIFO); //删除文件
}

/*fifo_write.c*/
#include<sys/types.h>
```

```
#include<sys/stat.h>
#include<errno.h>
#include<fcntl.h>
#include<stdio.h>
#include<stdlib.h>
#include<string.h>
#define FIFO_SERVER "/tmp/myfifo"

main(int argc,char** argv)
{
    int fd;
    char w_buf[100];
    int nwrite;
    /*打开管道*/
    fd=open(FIFO_SERVER,O_WRONLY|O_NONBLOCK,0);
    if(argc==1)
    {
        printf("Please send something\n");
        exit(-1);
    }
    strcpy(w_buf,argv[1]);
    /*向管道写入数据*/
    if((nwrite=write(fd,w_buf,100))==-1)
    {
        if(errno==EAGAIN)
            printf("The FIFO has not been read yet.Please try later\n");
    }
    else
        printf("write %s to the FIFO\n",w_buf);
}
```

思考：应该先运行读进程还是写进程？为什么？

命名管道通信程序运行结果如图 6-7 所示。

(a) 读进程运行结果

(b) 写进程运行结果

图 6-7　命名管道通信

6.3　信　号　通　信

6.3.1　信号概述

信号(Signal)是 UNIX 中所使用的进程通信的一种最古老的方法。它是在软件层次上对中断机制的一种模拟，进程收到一个信号等同于处理器收到一个中断。信号是一种异步通信方式，一个进程不必等待信号的到达，事实上，进程也不知道信号什么时候到达。

信号可以直接进行用户空间进程和内核进程之间的交互，内核进程也可以利用它来通知用户空间进程发生了哪些系统事件。它可以在任何时候发给某一进程，而无须知道该进程的状态。如果该进程当前并未处于执行态，则该信号由内核保存，直到该进程恢复执行再传递给它为止；如果一个信号被进程设置为阻塞，则该信号的传递将被延迟，直到其阻塞被取消时才被传递给进程。

众所周知，在 Windows 系统下无法正常结束一个程序时，可以用任务管理器强制结束这个进程。同样的功能在 Linux 上是通过生成信号和捕获信号来实现的，运行中的进程捕获到这个信号然后做出一定的操作并最终被终止。

下面的事件可以产生信号。

(1)硬件中断，如除以 0(SIGFPE)、非法内存访问(SIGSEV)，这些情况通常由硬件检测到，将其通知内核，然后内核产生适当的信号通知进程，例如，内核对正在访问一个无效存储区的进程产生一个 SIGSEEV 信号。

(2)软件中断，如 alarm 超时(SIGALRM)，读进程终止之后又向管道写数据(SIGPIPE)。

(3)按下特殊的组合键，如 Ctrl+C(SIGINT)、Ctrl+Z(SIGTSTP)。

(4)kill 函数可以对进程发送信号。

(5)kill 命令，实际上是对 kill 函数的一个封装实现。

进程可以通过以下三种方式来响应一个信号。

(1)忽略信号：大部分信号都可以被忽略，SIGKILL 和 SIGSTOP 信号除外，因为它们向超级用户提供了一种终止或停止进程的方法。

(2)捕捉信号：也就是执行用户希望的动作，通知内核在某种信号发生时，调用用户定义的信号处理函数，不过 SIGKILL 和 SIGSTOP 信号无法被捕捉。

(3)执行缺省行为，对大多数信号的系统默认动作是终止该进程。

6.3.2 信号的种类

信号共有 60 多种，下面是几种常见的信号。

(1)SIGHUP：从终端上发出的结束信号。

(2)SIGINT：来自键盘的中断信号(Ctrl+C)。

(3)SIGKILL：该信号结束接收信号的进程。

(4)SIGTERM：kill 命令发出的信号。

(5)SIGCHLD：标识子进程停止或结束的信号。

(6)SIGSTOP：来自键盘(Ctrl+Z)或调试程序的停止执行信号。

(7)SIGQUIT：来自键盘(Ctrl+\)或退出信号。

6.3.3 信号的生命周期

对于一个完整的信号生命周期(从信号发送到相应的处理函数执行完毕)来说，可以分为三个重要的阶段，这三个阶段由四个重要事件来刻画：信号产生；信号在进程中注册完毕；信号在进程中注销完毕；信号处理函数执行完毕。相邻两个事件的时间间隔构成信号生命周期的一个阶段。

1. 信号产生

信号产生指的是触发信号的事件发生，如检测到硬件异常、定时器超时以及调用信号发送函数 kill 或 sigqueue 等。

2. 信号在目标进程中注册

信号在进程中注册指的是信号值加入进程的未决信号集中。只要信号在进程的未决信号集中，就表明进程已经知道这些信号的存在，只是还没来得及处理，或者该信号被进程阻塞。

注意：当一个实时信号发送给一个进程时，不管该信号是否已经在进程中注册，都会被再注册一次，因此，实时信号不会丢失，又称为可靠信号；当一个非实时信号发送给一个进程时，如果该信号已经在进程中注册，则该信号将被丢弃，造成信号丢失。因此，非实时信号又称为不可靠信号。

3. 信号在进程中的注销

在目标进程执行过程中，会检测是否有信号等待处理。如果存在未决信号并且该信号没有被进程阻塞，则在运行相应的信号处理函数前，首先要把信号在进程中注销。注销的意思就是把信号从未决信号集中删除。

注意：在从信号注销到相应的信号处理函数执行完毕这段时间内，如果进程又收到相同的信号，同样会在进程中注册。

4. 执行信号处理函数

进程注销信号后，立即执行相应的信号处理函数，执行完毕后，信号的本次发送对进程的影响彻底结束。

6.3.4　信号相关函数

1. 信号发送

发送信号的主要函数有 kill 和 raise。二者的区别在于：kill 函数不仅可以终止进程(实际上是通过发出 SIGKILL 信号终止)，而且可以向进程发送其他信号；而 raise 函数是向进程自身发送信号。

发送信号的函数格式如下。

所需的头文件：`#include<sys/types.h>`
　　　　　　　`#include<signal.h>`

函数格式：(1)`int kill(pid_t pid, int signo)`
　　　　　(2)`int raise(int signo)`

函数功能：发送信号。

参数说明如下。

kill 函数的 pid 参数有以下四种不同的情况。

(1)pid>0：将信号发送给进程 ID 为 pid 的进程。

(2)pid == 0：将信号发送给同组的进程。

(3)pid < 0：将信号发送给其进程组 ID 等于 pid 绝对值的进程。

(4)pid == −1：将信号发送给所有进程。

signo 参数：信号编号。

返回值：若发送信号成功则返回 0，否则返回–1。

2. alarm 函数

alarm 函数又称为闹钟函数，使用该函数可以在进程中设置一个定时器，当定时器指定的时间到时，产生 SIGALRM 信号。如果不捕捉此信号，则默认动作是终止该进程。

alarm 函数格式如下。

包含的头文件：`#include<unistd.h>`

函数格式：`unsigned int alarm(unsigned int seconds)`

函数功能：捕捉闹钟信号。

参数说明如下。

seconds：指定的秒数，经过了 seconds 秒后向该进程发送 SIGALRM 信号。

返回值：①捕捉成功，若在调用该函数前进程已经设置了闹钟时间，则返回上一个闹钟时间的剩余秒数，否则返回 0；②出错，返回–1。

需要说明的是，每个进程只能有一个闹钟时间。如果在调用 alarm 函数之前已为该进程设置过闹钟时间，而且它还没有超时，以前登记的闹钟时间将被新值替换。如果有以前设置的尚未超过的闹钟时间，而这次 seconds 值是 0，则表示取消以前的闹钟。

3. pause 函数

所需的头文件：`#include<unistd.h>`

函数格式：`int pause(void)`

函数功能：使调用进程挂起，直至捕捉到一个信号。

返回值：只有执行了一个信号处理程序并从其返回时，pause 才返回。在这种情况下，pause 返回–1，并将 errno 设置为 EINTR。

4. signal 函数

当系统捕捉到某个信号时，可以忽略该信号或是使用指定的处理函数来处理该信号，或者使用系统默认的方式。进程通过系统调用 signal 函数来指定对某个信号的处理行为。

signal 函数格式如下。

所需的头文件：`#include<signal.h>`

函数格式：`void (*signal (int signo, void (*func)(int)))(int)`

函数功能：指定对某个信号的处理行为。

参数说明如下。

signo：准备捕获的信号编号。

func：是一个类型为 void (*)(int) 的函数指针。该函数返回一个与 func 相同类型的指针，指向先前指定信号处理函数的函数指针。接收到指定的信号后要调用的函数由参数 func 给出。func 可能的值是下面三种之一。

SIG_IGN：忽略此信号。

SIG_DFL：按系统默认方式处理。

信号处理函数名：使用该函数处理。

注意：信号处理函数的原型必须为 void func(int)。

例 6-4 信号通信实例一。

```c
/*mysignal.c*/
#include<signal.h>
#include<stdio.h>
#include<stdlib.h>

void my_func(int sign_no)
{
  if(sign_no==SIGINT)
      printf("\nI have get SIGINT\n");
  else if(sign_no==SIGQUIT)
      printf("\nI have get SIGQUIT\n");
}
int main()
{
  printf("Waiting for signal SIGINT or SIGQUIT \n ");
  /*注册信号处理函数*/
  signal(SIGINT, my_func);
  signal(SIGQUIT, my_func);
  pause();
  exit(0);
}
```

程序运行结果如图 6-8 所示。

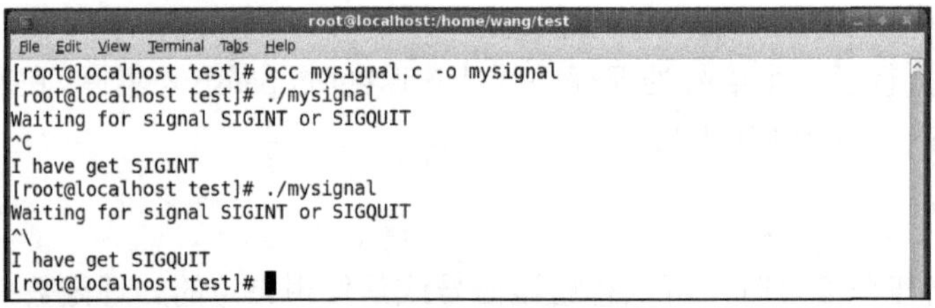

图 6-8 信号通信一

例 6-5 信号通信实例二。

```c
/*mysignal2.c*/
#include<signal.h>
#include<stdio.h>
#include<unistd.h>
void ouch(int sig)
{
    printf("\nOUCH! - I got signal %d\n", sig);
    //恢复终端中断信号 SIGINT 的默认行为
    (void) signal(SIGINT, SIG_DFL);
}
int main()
{
    //改变终端中断信号 SIGINT 的默认行为，使之执行 ouch 函数
    //而不是终止程序的执行
    (void) signal(SIGINT, ouch);
```

```
    while(1)
    {
        printf("Hello World!\n");
        sleep(1);
    }
    return 0;
}
```

程序运行结果如图 6-9 所示。

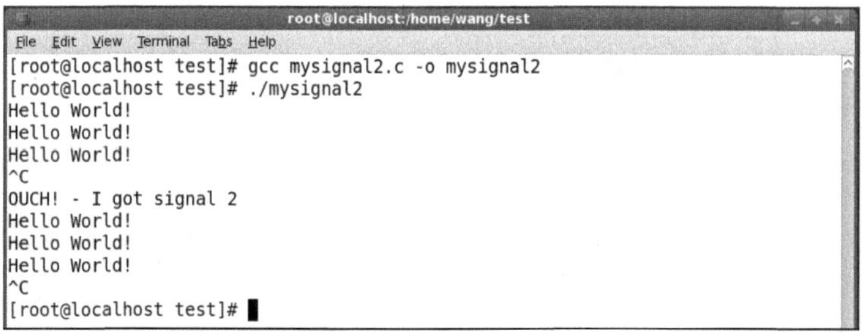

图 6-9　信号通信二

从图 6-9 可以看出,第一次执行终止命令(Ctrl+C)时,进程并没有被终止,而是输出 OUCH!
- I got signal 2,因为 SIGINT 的默认行为被 signal 函数改变了,当进程接收到信号 SIGINT 时,
它就调用函数 ouch 去处理,注意 ouch 函数把信号 SIGINT 的处理方式改变成默认的方式,所
以当再按一次 Ctrl+C 键时,进程就像之前那样被终止了。

6.4　共享内存通信

6.4.1　共享内存概述

共享内存是进程间通信中最简单的方式之一。共享内存允许两个或更多进程访问同一块
内存,就如同 malloc 函数向不同进程返回了指向同一个物理内存区域的指针。共享内存是被
多个进程共享的一部分物理内存。共享内存是进程间共享数据的一种最快的方法,一个进程
向共享内存区域写入了数据,共享这个内存区域的所有进程就可以立刻看到其中的内容。

共享内存的特点如下。

(1)共享内存是一种最高效的进程间通信方式,进程可以直接读写内存,而不需要任何数
据的复制。

(2)为了在多个进程间交换信息,内核专门留出了一块内存区,可以由需要访问的进程将
其映射到自己的私有地址空间。进程就可以直接读写这一块内存而不需要进行数据的复制,
从而大大提高效率。

(3)共享内存并未提供同步机制。也就是说,在第一个进程结束对共享内存的写操作之前,
并无自动机制可以阻止第二个进程开始对它进行读取,所以通常需要用其他机制来同步对共
享内存的访问,如信号量。

6.4.2　共享内存操作步骤

共享内存的操作分为四个步骤,如图 6-10 所示。

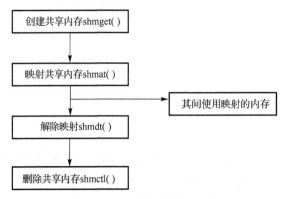

图 6-10　共享内存操作步骤

1) 创建共享内存

创建共享内存也就是从内存中获得一段共享内存区，使用 shmget 函数实现。

2) 映射共享内存

映射共享内存是指将这段创建的共享内存映射到具体的进程空间去，使用 shmat 函数实现。

3) 解除映射

解除映射是指当一个进程不再需要共享内存时，需要把它从进程地址空间中脱离，使用 shmdt 函数实现。

4) 删除共享内存

在结束使用每个共享内存块的时候都应当将其释放，以防止超过系统所允许的共享内存块的总数限制，使用 shmctl 函数实现。

6.4.3　共享内存操作函数

1. 创建共享内存函数

所需的头文件：`#include<sys/ipc.h>`
　　　　　　　`#include<sys/shm.h>`

函数格式：`int shmget(key_t key, int size, int shmflg)`

函数功能：得到一个共享内存标识符或创建一个共享内存对象。

参数说明如下。

key：标识共享内存的键值，0/IPC_PRIVATE。当 key 的取值为 IPC_PRIVATE 时，函数 shmget 将创建一块新的共享内存；如果 key 的取值为 0，而函数 shmflg 中又设置 IPC_PRIVATE 这个标志，则同样会创建一块新的共享内存。

size：以字节为单位指定需要共享的内存容量大小。

shmflg：权限标志，同 open 函数的 mode 参数一样。

返回值：如果成功，则返回共享内存标识符(非负整数)；如果失败，则返回−1。

其他进程可以通过该函数的返回值访问同一共享内存，它代表进程可能要使用的某个资源，程序对所有共享内存的访问都是间接的，程序先通过调用 shmget 函数并提供一个键，由系统生成一个相应的共享内存标识符(shmget 函数的返回值)，只有 shmget 函数才直接使用信号量键，所有其他信号量函数使用由 shmget 函数返回的信号量标识符。

2．映射共享内存函数

所需的头文件：#include<sys/types.h>

　　　　　　　　#include<sys/shm.h>

函数格式：int shmat(int shmid, char *shmaddr, int flag)

函数功能：把共享内存区对象映射到调用进程的地址空间。

参数说明如下。

shmid：shmget 函数返回的共享内存区标识符。

shmaddr：将共享内存映射到指定地址，此项若为 0，则表示系统自动分配地址，并把该段共享内存映射到调用进程的地址空间。

flag：决定以什么方式来确定映射的地址，若为 SHM_RDONLY，则表示共享内存只读；若为其他，则表示共享内存可读写。

返回值：如果成功，则返回一个指向共享内存第一字节的指针，即共享内存映射到进程中的段地址；如果失败，则返回–1。

3．解除映射函数

所需的头文件：#include<sys/types.h>

　　　　　　　　#include<sys/shm.h>

函数格式：int shmdt(char *shmaddr)

函数功能：与 shmat 函数相反，用来将共享内存从当前进程中分离。注意，将共享内存分离并不是删除它，只是使该共享内存对当前进程不再可用。

参数 shmaddr：被映射的共享内存起始地址，即 shmat 函数返回的地址指针。

返回值：如果成功，则返回 0；如果失败，则返回–1。

4．共享内存管理函数

所需的头文件：#include<sys/types.h>

　　　　　　　　#include<sys/shm.h>

函数格式：int shmctl(int shmid, int cmd, struct shmid_ds *buf)

函数功能：完成对共享内存的控制。

参数说明如下。

shmid：是 shmget 函数返回的共享内存标识符。

cmd：操作的命令，常用的操作有以下几种。

①IPC_STAT：得到共享内存的状态，把共享内存的 shmid_ds 结构复制到 buf 中（每个共享内存中都包含一个 shmid_ds 结构，里面保存了一些关于本共享内存的信息）。

②IPC_SET：改变共享内存的状态，把 buf 所指的 shmid_ds 结构中的 uid、gid、mode 复制到共享内存的 shmid_ds 结构内。

③IPC_RMID：删除共享内存和其包含的数据结构。

buf：共享内存管理结构体，是一个结构指针，它指向共享内存模式和访问权限的结构。

例 6-6　共享内存通信实例一。

```
/*shmem.c*/
#include<stdlib.h>
#include<stdio.h>
```

```c
#include<string.h>
#include<errno.h>
#include<unistd.h>
#include<sys/stat.h>
#include<sys/types.h>
#include<sys/ipc.h>
#include<sys/shm.h>

#define PERM S_IRUSR|S_IWUSR
/*共享内存*/
int main(int argc,char **argv)
{
  int shmid;
  char *p_addr,*c_addr;

  if(argc!=2)
  {
      fprintf(stderr,"Usage:%s\n\a",argv[0]);
      exit(1);
  }
  /*创建共享内存*/
  if((shmid=shmget(IPC_PRIVATE,1024,PERM))==-1)
  {
      fprintf(stderr,"Create Share Memory Error:%s\n\a",strerror(errno));
      exit(1);
  }
  /*创建子进程*/
  if(fork())
  {
      p_addr=shmat(shmid,0,0);
      memset(p_addr,'\0',1024);
      strncpy(p_addr,argv[1],1024);
      wait(NULL); //释放资源,不关心终止状态
      exit(0);
  }
  else
  {
      sleep(1); //暂停 1 秒
      c_addr=shmat(shmid,0,0);
      printf("Client get %s\n",c_addr);
      exit(0);
  }
}
```

思考：父子进程通过共享内存进行通信，哪个进程负责写数据? 哪个进程负责读数据?
程序运行结果如图 6-11 所示。

```
root@localhost:/home/wang/test
File  Edit  View  Terminal  Tabs  Help
[root@localhost test]# gcc shmem.c -o shmem
[root@localhost test]# ./shmem 123456789
Client get 123456789
[root@localhost test]#
```

图 6-11　共享内存通信一

例 6-7　共享内存通信实例二。

```
/*shmem2.c*/
#include<unistd.h>
#include<sys/ipc.h>
#include<sys/shm.h>
#define KEY 1234
#define SIZE 1024
int main()
{
    int shmid;
    char *shmaddr;
    struct shmid_ds buf;
    shmid = shmget(KEY, SIZE, IPC_CREAT | 0600);    /*建立共享内存*/
    if(fork() == 0)
    {
        shmaddr = (char *) shmat(shmid, 0, 0);
        strcpy(shmaddr, "Hi! I am Chiled process!\n");
        printf("Child:write to shared memery: \nHi! I am Chiled process!\n");
        shmdt(shmaddr);
        return;
    }
    else
    {
        sleep(3);   /*等待子进程执行完毕*/
        shmctl(shmid, IPC_STAT, &buf);          /*取得共享内存的状态*/
        printf("shm_segsz = %d bytes\n", buf.shm_segsz);
        printf("shm_cpid = %d\n", buf.shm_cpid);
        printf("shm_lpid = %d\n", buf.shm_lpid);
        shmaddr = (char*) shmat(shmid, 0, SHM_RDONLY);
        printf("Father:   %s\n", shmaddr);      /*显示共享内存内容*/
        shmdt(shmaddr);
        shmctl(shmid, IPC_RMID, NULL);          /*删除共享内存*/
    }
}
```

程序运行结果如图 6-12 所示。

```
root@localhost:/home/wang/test
File  Edit  View  Terminal  Tabs  Help
[root@localhost test]# gcc shmem2.c -o shmem2
[root@localhost test]# ./shmem2
Child: write to shared memery:
Hi! I am Chiled process!
shm_segsz = 1024 bytes
shm_cpid = 9897
shm_lpid = 9898
Father:   Hi! I am Chiled process!
[root@localhost test]#
```

图 6-12　共享内存通信二

6.5　消息队列通信

6.5.1　消息队列概述

UNIX 早期通信机制之一的管道只能传送无格式的字节流，而信号能够传送的信息量又有限，这无疑会给应用程序开发带来不便。消息队列（又称报文队列）克服了这些缺点。

消息队列就是一个消息的链表。可以把消息看作一个记录，具有特定的格式。进程可以按照一定的规则向其中添加新消息；另一些进程则可以从消息队列中读取消息。

消息队列提供了一种从一个进程向另一个进程发送一个数据块的方法。每个数据块都被认为含有一个类型，接收进程可以独立地接收含有不同类型的数据结构。我们可以通过发送消息来避免命名管道的同步和阻塞问题。不过消息队列与命名管道一样，每个数据块都有一个最大长度的限制。Linux 用宏 MSGMAX 和 MSGMNB 来限制一条消息的最大长度和一个队列的最大长度。

目前主要有两种类型的消息队列：POSIX 消息队列和系统 V 消息队列，其中系统 V 消息队列应用广泛。系统 V 消息队列是随内核持续的，只有在内核重启或者人工删除时，该消息队列才会被删除。

消息队列的内核持续性要求每个消息队列都在系统范围内对应唯一的键值，所以要获得一个消息队列的描述字，必须提供该消息队列的键值。

6.5.2　消息队列相关函数

1．获取键值函数

系统建立 IPC 通信（消息队列、信号量和共享内存）时必须指定一个 ID 值。通常情况下，该 ID 值通过 ftok 函数得到。

所需的的头文件：`#include<sys/types.h>`
　　　　　　　　`#include<sys/ipc.h>`

函数格式：`key_t ftok(const char * fname, int id)`

函数功能：返回文件名对应的键值。

参数说明如下。

fname：指定的文件名（已经存在的文件名），一般使用当前目录。

id：子序号，虽然为 int 型，但是只有 8 位（0～255）被使用。

返回值：当成功执行的时候，返回一个 key_t 值，否则返回–1。

在一般的 UNIX 实现中，ftok 函数是将文件的索引节点号取出，前面加上子序号得到 key_t 的返回值。例如，指定文件的索引节点号为 65538，换算成十六进制为 0x010002，而指定的 ID 值为 38，换算成十六进制为 0x26，则最后的 key_t 返回值为 0x26010002。

2．创建消息队列函数

所需的头文件：`#include<sys/types.h>`
　　　　　　　`#include<sys/ipc.h>`
　　　　　　　`#include<sys/msg.h>`

函数格式：`int msgget(key_t key, int msgflg)`

函数功能：创建和访问一个消息队列。

参数说明如下。

key：由 ftok 获得的消息队列的键值，函数将它与已有的消息队列对象的关键字进行比较来判断消息队列对象是否已经创建，多个进程可以通过它访问同一个消息队列，其中有一个特殊值 IPC_PRIVATE，用于创建当前进程的私有消息队列。

msgflg：权限标志位，表示消息队列的访问权限，与文件的访问权限一样。而函数进行的具体操作是由 msgflg 控制的，有以下几种访问权限。

IPC_CREAT：创建新的消息队列。

IPC_EXCL：与 IPC_CREAT 一同使用，表示如果要创建的消息队列已经存在，则返回错误消息。

IPC_NOWAIT：当读写消息队列要求无法得到满足时，不阻塞。

在以下两种情况下，将创建一个新的消息队列。

(1) 如果没有与 key 相对应的消息队列，并且 msgflg 中包含了 IPC_CREAT 标志位。

(2) key 参数为 IPC_PRIVATE。

返回值：若成功，则返回与 key 相对应的消息队列描述字；若失败，则返回–1。

3. 发送消息函数

所需的头文件：#include<sys/types.h>
　　　　　　　#include<sys/ipc.h>
　　　　　　　#include<sys/msg.h

函数格式：int msgsnd(int msqid,struct msgbuf*msgp,int msgsz,int msgflg)

函数功能：向消息队列中发送一条消息。

参数说明如下。

msqid：已打开的消息队列 ID。

msgp：存放消息的结构。

msgsz：消息正文的字节数。

msgflg：发送标志，IPC_NOWAIT，若当前消息队列已满，函数会立即返回 0，msgsnd 调用阻塞，直到发送成功为止。

消息格式如下：

```
struct msgbuf
{
  long mtype;
  char mtext[1]; /*消息正文的首地址*/
};
```

返回值：如果调用成功，消息数据的一份副本将被放到消息队列中，并返回 0，失败时返回–1。

4. 接收消息函数

所需的头文件：#include<sys/types.h>
　　　　　　　#include<sys/ipc.h>
　　　　　　　#include<sys/msg.h>

函数格式：int msgrcv(int msqid, struct msgbuf *msgp, int msgsz, long msgtyp, int msgflg)

函数功能：从 msqid 代表的消息队列中读取一个 msgtyp 类型的消息，并把消息存储在 msgp 指向的 msgbuf 结构中。在成功地读取了一条消息以后，队列中的这条消息将被删除。

参数说明如下。

msqid、msgp 及 msgsz 参数同 msgsnd 函数。

msgtyp：可以实现一种简单的接收优先级。如果其值为 0，就获取队列中的第一个消息；如果其值大于 0，将获取具有相同消息类型的第一个信息；如果其值小于 0，就获取类型等于或小于 msgtyp 的绝对值的第一个消息。

msgflg 用于控制当队列中没有相应类型的消息可以接收时将发生的事情，取值如下。

(1) 0，表示忽略。

(2) IPC_NOWAIT，如果消息队列为空，则不阻塞，并将控制权交回调用函数的进程。

(3) 如果不指定这个参数，那么进程将被阻塞，直到函数可以从队列中得到符合条件的消息为止。

返回值：成功执行时，返回存储到 msgbuf 结构中的实际字节数；失败时返回−1。

5. 控制消息队列函数

所需的头文件：#include<sys/types.h>
　　　　　　　　#include<sys/ipc.h>
　　　　　　　　#include<sys/msg.h>

函数格式：int msgctl(int msqid, int cmd, struct msqid_ds *buf)

函数功能：用来控制消息队列，它与共享内存的 shmctl 函数作用相似。

参数说明如下。

msqid：同 msgsnd 函数。

cmd：是将要采取的动作，它可以取以下三个值。

(1) IPC_STAT：把 msgid_ds 结构中的数据设置为消息队列的当前关联值，即用消息队列的当前关联值覆盖 msgid_ds 的值。

(2) IPC_SET：如果进程有足够的权限，就把消息列队的当前关联值设置为 msgid_ds 结构中给出的值。

(3) IPC_RMID：删除消息队列。

buf：指向 msgid_ds 结构的指针，它指向消息队列模式和访问权限的结构。msgid_ds 结构至少包括以下成员：

```
struct msgid_ds
{
    uid_t shm_perm.uid;
    uid_t shm_perm.gid;
    mode_t shm_perm.mode;
};
```

返回值：成功时返回 0，失败时返回−1。

例 6-8　消息队列通信实例。

```
/*msgsend.c*/
#include<unistd.h>
#include<stdlib.h>
```

```c
#include<stdio.h>
#include<string.h>
#include<sys/msg.h>
#include<errno.h>
#define MAX_TEXT 512
struct msg_st
{
    long int msg_type;
    char text[MAX_TEXT];
};

int main()
{
    int running = 1;
    struct msg_st data;
    char buffer[BUFSIZ];
    int msgid = -1;

    //建立消息队列
    msgid = msgget((key_t)1234, 0666 | IPC_CREAT);
    if(msgid == -1)
    {
        fprintf(stderr, "msgget failed with error: %d\n", errno);
        exit(EXIT_FAILURE);
    }

    //向消息队列中写消息，直到写入 end
    while(running)
    {
        //输入数据
        printf("Enter some text: ");
        fgets(buffer, BUFSIZ, stdin);
        data.msg_type = 1;
        strcpy(data.text, buffer);
        //向队列发送数据
        if(msgsnd(msgid, (void*)&data, MAX_TEXT, 0) == -1)
        {
            fprintf(stderr, "msgsnd failed\n");
            exit(EXIT_FAILURE);
        }
        //输入 end 结束输入
        if(strncmp(buffer, "end", 3) == 0)
            running = 0;
        sleep(1);
    }
    exit(EXIT_SUCCESS);
}

/*msgreceive.c*/
#include<unistd.h>
```

```
#include<stdlib.h>
#include<stdio.h>
#include<string.h>
#include<errno.h>
#include<sys/msg.h>

struct msg_st
{
    long int msg_type;
    char text[BUFSIZ];
};

int main()
{
    int running = 1;
    int msgid = -1;
    struct msg_st data;
    long int msgtype = 0;

    //建立消息队列
    msgid = msgget((key_t)1234, 0666 | IPC_CREAT);
    if(msgid == -1)
    {
        fprintf(stderr, "msgget failed with error: %d\n", errno);
        exit(EXIT_FAILURE);
    }
    //从队列中获取消息，直到遇到 end 消息为止
    while(running)
    {
        if(msgrcv(msgid, (void*)&data, BUFSIZ, msgtype, 0) == -1)
        {
            fprintf(stderr, "msgrcv failed with errno: %d\n", errno);
            exit(EXIT_FAILURE);
        }
        printf("You wrote: %s\n",data.text);
        //遇到 end 结束
        if(strncmp(data.text, "end", 3) == 0)
            running = 0;
    }
    //删除消息队列
    if(msgctl(msgid, IPC_RMID, 0) == -1)
    {
        fprintf(stderr, "msgctl(IPC_RMID) failed\n");
        exit(EXIT_FAILURE);
    }
    exit(EXIT_SUCCESS);
}
```

程序运行结果如图 6-13 所示。

图 6-13　消息队列通信

6.6　信号量通信

6.6.1　信号量概述

信号量(又名信号灯)与其他进程间通信方式不大相同，其主要用途是保护临界资源。为了防止出现因多个进程同时访问一个共享资源而引发的一系列问题，我们需要一种方法，它可以通过生成并使用令牌来授权，在任一时刻只能有一个执行线程访问代码的临界区域。而信号量就可以提供这样一种访问机制，让一个临界区同一时间只有一个进程在访问它，也就是说信号量是用来调协进程对共享资源的访问的。除了用于访问控制外，还可用于进程同步。

信号量是一个特殊的变量，程序对其访问都是原子操作，且只允许对它进行等待和发送信息操作。最简单的信号量是只能取 0 和 1 的变量，这也是信号量最常见的一种形式，称为二值信号量。而可以取多个正整数的信号量被称为计数信号量，本书主要讨论二值信号量。

二值信号量类似于互斥锁，但两者又有所不同：信号量强调共享资源，只要共享资源可用，其他进程同样可以修改信号量的值；互斥锁更强调进程，占用资源的进程使用完资源后，必须由进程本身来解锁。

6.6.2　信号量工作原理

信号量只能进行两种操作，即等待和发送信号，又称 P(S) 操作和 V(S) 操作，它们的操作过程如下。

1. P(S) 操作

(1)将信号量 S 的值减 1，即 $S=S-1$。

(2)如果 $S \geqslant 0$，则该进程继续执行，否则该进程置为等待状态，排入等待队列。

2. V(S) 操作

(1)将信号量 S 的值加 1，即 $S=S+1$。

(2)如果 $S>0$，则该进程继续执行，否则释放队列中第一个等待信号量的进程。

举个例子，就是两个进程共享信号量 S，一旦其中一个进程执行了 P(S) 操作，它将得到信号量，并可以进入临界区，使 S 减 1。而第二个进程将被阻止进入临界区，因为当它试图执行 P(S)时，S 为 0，它会被挂起以等待第一个进程离开临界区域并执行 V(S)释放信号量，这时第二个进程就可以恢复执行。

6.6.3　信号量相关函数

1. 信号量创建函数

所需的头文件：#include<sys/types.h>
　　　　　　　#include<sys/ipc.h>
　　　　　　　#include<sys/sem.h>

函数格式：int semget(key_t key, int nsems, int semflg)

函数功能：创建一个新的信号量或取得一个已有的信号量。

参数说明如下。

key：整数键值(唯一非零)，由 ftok 获得，不相关的进程可以通过它访问同一个信号量。

nsems：指定打开或者新创建的信号量集中将包含信号量的数目，对于二值信号量取值为 1。

semflg：标识，同消息队列。

返回值：若成功，则返回信号量标识符；若出错，则返回–1。

2. 信号量操作函数

所需的头文件：#include<sys/types.h>
　　　　　　　#include<sys/ipc.h>
　　　　　　　#include<sys/sem.h>

函数格式：int semop(int semid, struct sembuf *sops, unsigned nsops)

函数功能：改变信号量的值。

参数说明如下。

semid：由 semget 返回的信号量标识符。

sops：是一个存储信号操作结构的数组指针，表明要进行什么操作。信号操作结构的原型如下：

```
struct sembuf
{
    unsigned short semnum;
    short semop;
    short semflg;
};
```

这三个字段的意义分别如下。

semnum：信号量在信号集中的编号，第一个信号量的编号是 0。

semop：用来定义信号量操作，如果其值为正数，则该值会加到现有的信号量值中，即进行 V 操作，通常用于释放所控制资源的使用权；如果 semop 的值为负数，而其绝对值又大于信号的现值，操作将会阻塞，直到信号值大于或等于 semop 的绝对值，即进行 P 操作，通常用于获取资源的使用权；如果 semop 的值为 0，则操作将暂时阻塞，直到信号量的值变为 0。对于二值信号量，若 semop 取值为–1 则表示进行 P 操作，若 semop 取值为+1 则表示进行 V 操作。

semflg：信号操作标志，可能的选择有下面两种。

（1）IPC_NOWAIT：对信号的操作不能满足时，semop 不会阻塞，并立即返回，同时设定错误信息。

（2）SEM_UNDO：程序结束时（不论正常还是不正常），保证信号值会被重设为 semop 调用前的值。这样即使进程没释放信号量而退出时，系统自动释放该进程中未释放的信号量。其目的在于避免程序在异常情况下结束时未将锁定的资源解锁，造成该资源永远锁定。

nsops：指出将要进行操作的信号量的个数，通常取值为 1。

返回值：若成功，则返回 0；若出错，则返回–1。

3. 信号量控制函数

所需的头文件：#include<sys/types.h>
　　　　　　　　#include<sys/ipc.h>
　　　　　　　　#include<sys/sem.h>

函数格式：int semctl(int semid, int semnum, int cmd, union semun arg)

函数功能：对信号量进行控制。

参数说明如下。

semid：信号量标识符，同 semop 函数。

semnum：信号量编号，当使用信号量集时才用到。通常取值为 0，表示使用单个信号量。

cmd：指对信号量的各种操作，当使用单个信号量时，常用的操作有以下几种。

（1）IPC_STAT：读取一个信号量集的数据结构 semid_ds，并将其存储在由 arg.buf 指针指向的内存区。

（2）IPC_SET：将由 arg.buf 指针指向的 semid_ds 的一些成员写入相关联的内核数据结构。

（3）IPC_RMID：将信号量集从内存中删除。

（4）GETALL：用于读取信号量集中的所有信号量的值，并将其存入 semun.array 中。

（5）SETALL：将所有 semun.array 的值设定到信号量集中。

（6）GETVAL：返回信号量的当前值。

（7）SETVAL：设置信号量集中的一个单独的信号量的值。

arg：是 union semun 结构，用于设置或返回信号量的信息，有时需要自己定义，格式如下：

```
union semun
{
    int  val;
    struct semid_ds *buf;
    unsigned short *array;
}
```

返回值：若成功，根据 cmd 值的不同而返回不同的值，IPC_STAT、IPC_SETVAL、IPC_RMID 返回 0；IPC_GETVAL 返回信号量的当前值；出错返回–1。

例 6-9　信号量通信实例。

```
/*sem.c*/
#include<stdlib.h>
#include<string.h>
#include<sys/types.h>
#include<unistd.h>
#include<sys/sem.h>
```

```c
#include<sys/ipc.h>
#include "sem_com.c"

#define DELAY_TIME 3

int main()
{
    pid_t pid;
    int sem_id;
    key_t sem_key;

    sem_key=ftok(".",'a');
    sem_id=semget(sem_key,1,0666|IPC_CREAT);
    init_sem(sem_id,1);

    if((pid=fork())<0)
    {
     perror("Fork error!\n");
     exit(1);
     }
     else if (pid==0)
    {
     sem_p(sem_id);
     printf("Child running...\n");
     sleep(DELAY_TIME);
     printf("Child %d,returned value:%d.\n",getpid(),pid);
     sem_v(sem_id);
     exit(0);
     }
     else
    {
     sem_p(sem_id);
     printf("Parent running!\n");
     sleep(DELAY_TIME);
     printf("Parent %d,returned value:%d.\n",getpid(),pid);
     sem_v(sem_id);
     waitpid(pid,0,0);
     del_sem(sem_id);
     exit(0);
     }
}

/*sem_com.c*/
union semun
{
    int val;
    struct semid_ds *buf;
    unsigned short *array;
 };

int init_sem(int sem_id,int init_value)
{
```

```
    union semun sem_union;
    sem_union.val=init_value;
    if (semctl(sem_id,0,SETVAL,sem_union)==-1)
    {
        perror("Sem init");
        exit(1);
    }
    return 0;
}

int del_sem(int sem_id)
{
    union semun sem_union;
    if (semctl(sem_id,0,IPC_RMID,sem_union)==-1)
    {
        perror("Sem delete");
    }
    return 0;
}

int sem_p(int sem_id)
{
    struct sembuf sem_buf;
    sem_buf.sem_num=0;
    sem_buf.sem_op=-1;
    sem_buf.sem_flg=SEM_UNDO;
    if (semop(sem_id,&sem_buf,1)==-1)
    {
        perror("Sem P operation");
        exit(1);
    }
    return 0;
}

int sem_v(int sem_id)
{
    struct sembuf sem_buf;
    sem_buf.sem_num=0;
    sem_buf.sem_op=1;
    sem_buf.sem_flg=SEM_UNDO;
    if (semop(sem_id,&sem_buf,1)==-1)
    {
        perror("Sem V operation");
        exit(1);
    }
    return 0;
}
```

程序运行结果如图 6-14 所示。

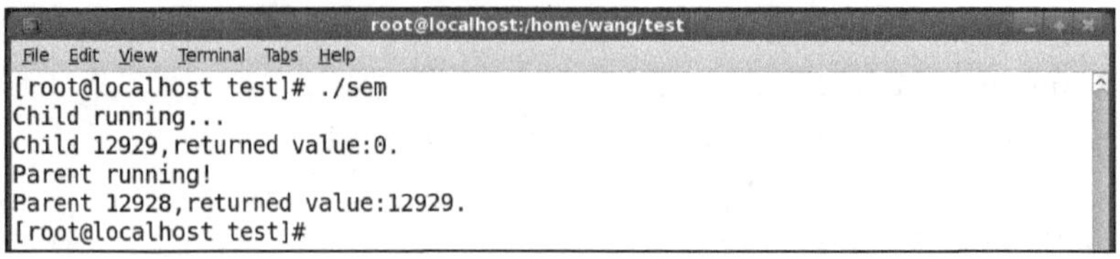

图 6-14　信号量通信

本 章 小 结

　　本章首先进行了进程通信概述，包括进程通信目的、发展历程及分类。接下来依次介绍了五种进程通信方式，包括管道通信、信号通信、共享内存通信、消息队列通信及信号量通信。其中管道通信又包括无名管道和命名管道两种通信方式。每种进程通信方式都介绍了其通信原理和相关函数，并配有例题，便于读者深入学习和灵活运用各种进程通信方法。

习题与实践

　　1. 进程有哪几种通信方式？

　　2. 什么是管道？管道包括哪几种？

　　3. 什么是无名管道？简述其通信机制。

　　4. 无名管道编程练习：创建两个无名管道，实现父子进程之间的双向通信。

　　5. 简述无名管道与命名管道的区别。

　　6. 无名管道通信中，为什么要先创建管道，后创建子进程？

　　7. 信号通信过程包括哪几个环节？

　　8. 简述共享内存的特点和操作步骤。

　　9. 简述信号量通信的工作原理。

　　10. 命名管道编程练习：启动 A 进程，创建一命名管道，并向其写入一些数据；启动 B 进程，从 A 创建的命名管道中读取数据。

　　11. 信号通信编程练习：在进程中为 SIGSTOP 注册处理函数，并向该进程发送 SIGSTOP（Ctrl+Z）信号，观察注册的函数是否得到调用。

　　12. 共享内存编程练习。

　　(1) 启动 A 进程，创建一共享内存，并向其写入一些数据；启动 B 进程，从 A 创建的共享内存中读出数据，看读出的数据和写入的数据是否一致。

　　(2) 利用共享内存实现文件的打开和读写。

　　13. 消息队列编程练习：创建一消息队列，实现向队列中存放数据与读取数据，并对比是否一样。

　　14. 信号量编程练习：使用信号量实现两个进程间的同步控制，即 A 进程结束后，B 进程再结束。

第 7 章　嵌入式 Linux 多线程编程

进程(Process)与线程(Thread)是现代操作系统进行多任务处理的核心内容。Linux 操作系统通常以进程作为计算机资源分配的最小单位，这些资源包括处理器、物理及虚拟内存、文件 I/O 缓冲、通信端口等。为了适应多处理器环境下日益增长的细粒度并行运算的需要，现代操作系统提供了线程支持。线程是进程中执行运算的最小单位，它也是处理器调度的基本单位，我们可以把线程看成进程中指令的不同执行路线。一个线程同所属进程中的其他线程共享该进程占有的资源。本章将主要介绍多线程理论基础、多线程程序设计、线程属性及线程数据处理。

7.1　多线程概述

线程技术早在 20 世纪 60 年代就被提出，但真正将多线程应用到操作系统中是在 20 世纪 80 年代中期。传统的 UNIX 操作系统也支持线程的概念，但是在一个进程中只允许有一个线程，这样多线程就意味着多进程。现在，多线程技术已经被许多操作系统所支持，包括 Linux 和 Windows NT。

使用多线程的优势有以下几点。

(1)和进程相比，它是一种非常"节俭"的多任务操作方式。在 Linux 系统下，启动一个新的进程必须分配给它独立的地址空间，建立众多的数据表来维护它的代码段、堆栈段和数据段，这是一种"昂贵"的多任务工作方式。运行于一个进程中的多个线程，它们之间使用相同的地址空间，而且线程间彼此切换所需的时间也远远小于进程间切换所需要的时间。据统计，一个进程的开销大约是一个线程开销的 30 倍。

(2)线程间方便的通信机制。对不同进程来说，它们具有独立的数据空间，要进行数据的传递只能通过进程间通信的方式进行，这种方式不仅费时，而且很不方便。线程则不然，由于同一进程下的线程之间共享数据空间，所以一个线程的数据可以直接为其他线程所用，这不仅快捷，而且方便。

(3)使多 CPU 系统更加有效。操作系统会保证当线程数不大于 CPU 数目时，不同的线程运行于不同的 CPU 上。

(4)改善程序结构。一个既长又复杂的进程可以考虑分为多个线程，成为几个独立或半独立的运行部分，这样的程序便于理解和修改。

Linux 系统下的多线程遵循 POSIX 线程接口，称为 pthread。编写 Linux 下的多线程程序需要使用头文件 pthread.h，连接时需要使用库 libpthread.a。

7.2　多线程程序设计

1. 创建线程函数

所需的头文件：`#include<pthread.h>`

函数格式：`int pthread_create(pthread_t * tidp,const pthread_attr_t *attr,void *(*start_rtn)(void),void *arg);`

函数功能：创建一个线程。

参数说明如下。

tidp：线程 ID，通常为无符号整型数。

*attr：指向一个线程属性结构的指针，结构中的元素分别对应着新线程的运行属性。属性对象主要包括是否绑定、是否分离、堆栈地址、堆栈大小、优先级等。通常使用默认属性值 NULL，表示非绑定、非分离、1MB 堆栈、与父进程有相同级别的优先级。

线程属性结构 pthread_attr_t 定义如下：

```
 typedef struct
 {
   int detachstate;                    //线程的分离状态
   int schedpolicy;                    //线程调度策略
   struct sched_param schedparam;      //线程的调度参数
   int inheritsched;                   //线程的继承性
   int scope;                          //线程的作用域
   size_t guardsize;                   //线程栈末尾的警戒缓冲区大小
   int stackaddr_set;
   void * stackaddr;                   //线程栈的位置
   size_t stacksize;                   //线程栈的大小
 }pthread_attr_t;
```

start_rtn：指定当新的线程创建之后，将执行的线程函数。

arg：线程函数的参数。如果想传递多个参数，需将它们封装在一个结构体中。

返回值：若线程创建成功，则返回 0；若线程创建失败，则返回出错编号。

2. 线程退出函数

如果进程中任何一个线程调用 exit 或_exit，那么整个进程都会终止。线程的正常退出方式有以下几种。

(1)线程从启动例程中返回。

(2)线程可以被另一个进程终止。

(3)线程自己调用 pthread_exit 函数。

下面介绍 pthread_exit 函数。

所需的头文件：`#include<pthread.h>`

函数格式：`void pthread_exit(void * rval_ptr);`

函数功能：终止调用线程。

参数说明如下。

rval_ptr：线程退出返回值的指针。

返回值：若成功，则返回 0；若失败，则返回出错编号。

3. 线程等待函数

所需的头文件：`#include<pthread.h>`

函数格式：`int pthread_join(pthread_t tid,void **rval_ptr);`

函数功能：等待某个线程退出。

参数说明如下。

tid：等待退出的线程 ID。

rval_ptr：线程退出返回值的指针。

返回值：若成功，则返回 0；若失败，则返回出错编号。

4. 线程清除

线程终止有两种情况：正常终止和非正常终止。线程主动调用 pthread_exit 或者执行线程函数中的 return 都将使线程正常退出，这是可预见的退出方式；非正常终止是线程在其他线程的干预下，或者出于自身运行出错（如访问非法地址）而退出，这种退出方式是不可预见的。

不论可预见的线程终止还是异常终止，都存在资源释放的问题，如何保证线程终止时能顺利地释放掉自己所占用的资源，是一个必须考虑解决的问题。

从 pthread_cleanup_push 的调用点到 pthread_cleanup_pop 之间的程序段中的终止动作（包括调用 pthread_exit 和异常终止，不包括 return）都将执行 pthread_cleanup_push 所指定的清理函数。

1）pthread_cleanup_push 函数

所需的头文件：#include<pthread.h>

函数格式：`void pthread_cleanup_push(void (*rtn)(void *),void *arg);`

函数功能：将清除函数压入清除栈。

参数说明如下。

rtn：清除函数。

arg：清除函数的参数。

2）pthread_cleanup_pop 函数

所需的头文件：#include<pthread.h>

函数格式：`void pthread_cleanup_pop(int execute);`

函数功能：将清除函数弹出清除栈。

参数说明如下。

execute：执行到 pthread_cleanup_pop 时是否在弹出清理函数的同时执行该函数，若为 0，则不执行；若非 0，则执行。

5. 编译

因为 pthread 的库不是 Linux 系统的库，所以在进行编译的时候要加上-lpthread。例如，在编译线程程序时，应在命令行键入以下命令：

```
# gcc filename.c -lpthread -o filename
```

例 7-1　线程创建实例。

```
/*thread_create.c*/
#include<stdio.h>
#include <pthread.h>

void *myThread1(void)
{
```

```
        int i;
        for(i=0; i<2; i++)
        {
            printf("This is the 1st pthread,created by Wang.\n");
            sleep(1);//Let this thread to sleep 1 second,and then continue to run
        }
    }

    void *myThread2(void)
    {
        int i;
        for(i=0; i<3; i++)
        {
            printf("This is the 2st pthread,created by Wang.\n");
            sleep(1);
        }
    }

    int main()
    {
        int i=0, ret=0;
        pthread_t id1,id2;

        /*创建线程1*/
        ret = pthread_create(&id1, NULL, (void *)myThread1, NULL);
        if(ret)
        {
            printf("Create pthread error!\n");
            return 1;
        }

        /*创建线程2*/
        ret = pthread_create(&id2, NULL, (void*)myThread2, NULL);
        if(ret)
        {
            printf("Create pthread error!\n");
            return 1;
        }

        pthread_join(id1, NULL);
        pthread_join(id2, NULL);

        return 0;
    }
```

程序运行结果如图 7-1 所示。

例 7-2　线程退出实例，

分别比较三种退出方式，即在横线处分别使用下面三条语句之一：

图 7-1　创建线程

```
return (void *)8;
pthread_exit((void*)5);
exit(0);
```

并将程序分别命名为 thread_return.c、thread_pthread_exit.c 及 thread_exit.c。试比较程序的运行结果。

```
#include<stdio.h>
#include<pthread.h>
#include<unistd.h>

void *create(void *arg)
{
    printf("new thread is created ... \n");
    _____;
}

int main(int argc,char *argv[])
{
    pthread_t tid;
    int error;
    void *temp;
    error = pthread_create(&tid, NULL, create, NULL);
    printf("main thread!\n");
    if(error)
    {
        printf("thread is not created ... \n");
        return -1;
    }
    error = pthread_join(tid, &temp);
    if(error)
    {
        printf("thread is not exit ... \n");
        return -2;
    }
    printf("thread is exit code %d \n", (int)temp);
    return 0;
}
```

thread_return、thread_pthread_exit 及 thread_exit 三个程序运行结果分别如图 7-2～图 7-4 所示。

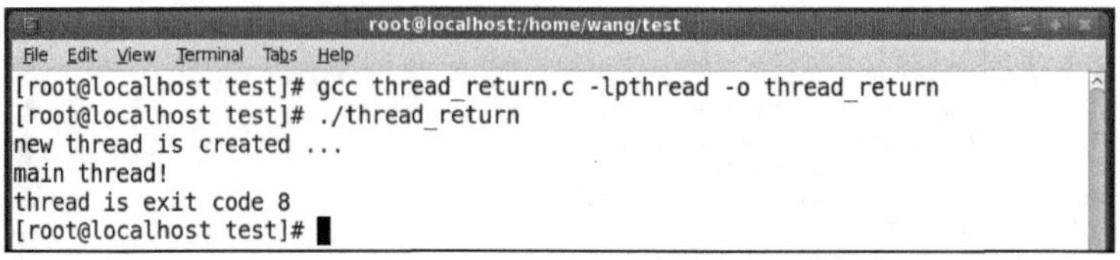

图 7-2　return 退出

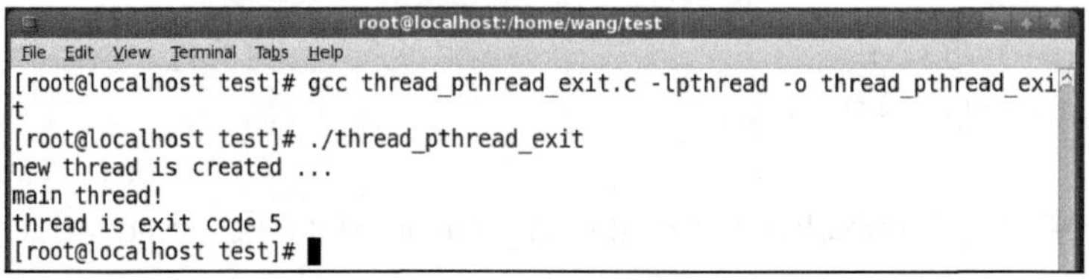

图 7-3　pthread_exit 退出

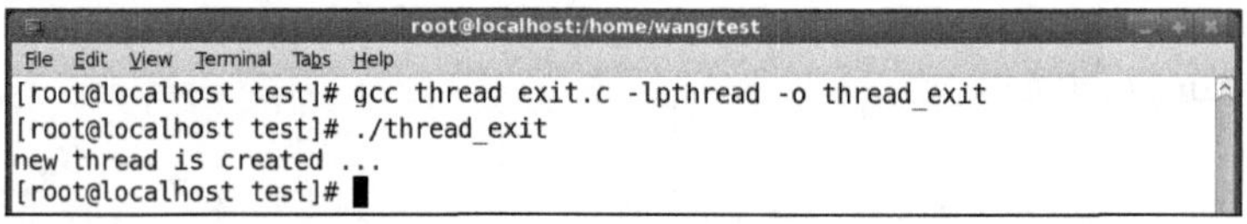

图 7-4　exit 退出

例 7-3　线程等待实例。

```c
/*thread_join.c*/
#include<pthread.h>
#include<unistd.h>
#include<stdio.h>
void *thread(void *str)
{
    int i;
    for(i = 0; i < 5; ++i)
    {
        sleep(2);
        printf("This in the thread : %d\n" , i);
    }
    return NULL;
}

int main()
{
    pthread_t pth;
    int i;
    int ret = pthread_create(&pth, NULL, thread, (void *)(i));
    pthread_join(pth, NULL);
    printf("123\n");
    for(i = 0; i < 3; ++i)
    {
        sleep(1);
        printf("This in the main : %d\n" , i);
```

```
    }
    return 0;
}
```

程序运行结果如图 7-5 所示。

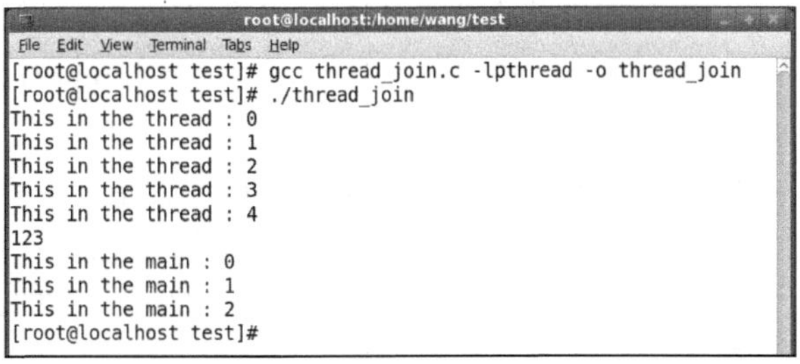

图 7-5　线程等待

思考：如果去掉语句"pthread_join(pth, NULL);"，程序运行结果会怎样？

7.3　线 程 属 性

用 pthread_create 函数创建一个线程时，一般使用默认参数，即将该函数的第二个参数 attr 设为 NULL，但线程还有其他一些属性。线程的属性值一般不能直接设置，需要使用相关函数进行操作。下面介绍与线程属性相关的函数。

1. pthread_attr_init 函数

所需的头文件：#include<pthread.h>

函数格式：int pthread_attr_init(pthread_attr_t *attr);

函数功能：初始化一个线程对象的属性。

参数说明如下。

*attr：指向属性结构的指针。

返回值：若成功，则返回 0；若失败，则返回–1。

2. pthread_attr_destroy 函数

所需的头文件：#include<pthread.h>

函数格式：int pthread_attr_destroy(pthread_attr_t *attr);

函数功能：去除对 pthread_attr_t 结构的初始化。

参数说明如下。

*attr：指向属性结构的指针。

返回值：若成功，则返回 0；若失败，则返回–1。

3. pthread_attr_setdetachstate 函数

所需的头文件：#include<pthread.h>

函数格式：int pthread_attr_setdetachstate(pthread_attr_t *attr,int detachstate);

函数功能：设置线程的分离状态。

参数说明如下。

*attr：指向属性结构的指针。

detachstate：线程的分离状态属性，若设置为 PTHREAD_CREATE_DETACHED，表示以分离状态启动线程；若设置为 PTHREAD_CREATE_JOINABLE，表示正常启动线程。

返回值：若成功，则返回 0；若失败，则返回–1。

线程的分离状态决定一个线程以什么样的方式来终止自己。在默认情况下线程是非分离状态的，这种情况下，原有的线程等待创建的线程结束。只有当 pthread_join 函数返回时，创建的线程才算终止，才能释放自己占用的系统资源。

而分离线程则不然，它没有被其他线程所等待，自己运行结束了，线程也就终止了，马上释放系统资源。程序员应该根据自己的需要选择适当的分离状态。所以如果在创建线程时就知道不需要了解线程的终止状态，则可用 pthread_attr_t 结构中的 detachstate 线程属性，让线程以分离状态启动。

例 7-4　分析下面程序的运行结果，思考：为什么设置为分离状态启动线程？如果设置为正常启动线程，结果会怎样？

```
/*pthread4.c*/
#include<pthread.h>

void *task1(void *);
void usr();

int p1;
int main()
{
    p1=0;
    usr();                    //触发函数
    getchar();
    return 1;
}

void usr()
{
    pthread_t  pid1;
    pthread_attr_t attr;

    if(p1==0)
    {
        pthread_attr_init(&attr);
        pthread_attr_setdetachstate(&attr, PTHREAD_CREATE_DETACHED);
        //设置为分离线程
        pthread_create(&pid1, &attr, task1, NULL);
    }
}
void *task1(void *arg1)
{
    p1=1;                               //让子线程不会被多次调用
    int i=0;
```

```
        printf("thread1 begin.\n");
        for(i=0;i<10;i++)
        {
            sleep(2);
            printf("At thread1: i is %d\n",i);
            usr();                        //继续调用 usr 函数
        }
        pthread_exit(0);
    }
```

本例中，task1 这个线程函数居然会多次调用其父线程里的函数，显然 usr 函数里，无法等待 task1 结束，反而 task1 会多次调用 usr，如果在 usr 函数里用 pthread_join，则在子线程退出前，有多个 usr 函数会等待，很浪费资源，所以此处将 task1 设置为分离线程是一种很好的做法。

4. pthread_attr_getdetachstate 函数

所需的头文件：#include<pthread.h>

函数格式：intpthread_attr_getdetachstate(constpthread_attr_t*attr,int*detachstate);

函数功能：获取线程的分离状态。

参数说明如下。

*attr：指向属性结构的指针。

*detachstate：指向线程分离状态属性的指针。

返回值：若成功，则返回 0；若失败，则返回–1。

5. pthread_attr_setinheritsched 函数

所需的头文件：#include<pthread.h>

函数格式：int pthread_attr_setinheritsched(pthread_attr_t *attr,int inheritsched);

函数功能：设置线程的继承性。

参数说明如下。

*attr：指向属性结构的指针。

inheritsched：线程的继承性，其值若是 PTHREAD_INHERIT_SCHED，表示新线程将继承创建进程的调度策略和参数；若是 PTHREAD_EXPLICIT_SCHED，表示使用在 schedpolicy 和 schedparam 属性中显式设置的调度策略和参数。

返回值：若成功，则返回 0；若失败，则返回–1。

继承性决定调度的参数是从创建的进程中继承还是使用在 schedpolicy 和 schedparam 属性中显式设置的调度信息。线程不会为 inheritsched 指定默认值，因此如果关心线程的调度策略和参数，必须先设置该属性。

6. pthread_attr_getinheritsched 函数

所需的头文件：#include<pthread.h>

函数格式：int pthread_attr_getinheritsched(const pthread_attr_t *attr,int *inheritsched);

函数功能：获取线程的继承性。

参数说明如下。

*attr：指向属性结构的指针。

*inheritsched：指向线程继承性的指针。

返回值：若成功，则返回 0；若失败，则返回–1。

7. pthread_attr_setschedpolicy 函数

所需的头文件：#include<pthread.h>

函数格式：int pthread_attr_setschedpolicy(pthread_attr_t *attr,int policy);

函数功能：设置线程的调度策略。

参数说明如下。

*attr：指向属性结构的指针。

policy：线程的调度策略，调度策略可能的值是先进先出(SCHED_FIFO)、轮转法(SCHED_RR)或其他(SCHED_OTHER)。

SCHED_FIFO 策略允许一个线程运行直到有更高优先级的线程准备好，或者直到它自愿阻塞自己。在 SCHED_FIFO 调度策略下，当有一个线程准备好时，除非有平等或更高优先级的线程已经在运行，否则它会很快开始执行。

SCHED_RR 策略与 SCHED_FIFO 策略是基本相同的，不同之处在于：如果有一个 SCHED_RR 策略的线程执行了超过一个固定的时期(时间片间隔)没有阻塞，而另外的 SCHED_RR 或 SCHED_FIFO 策略相同优先级的线程准备好时，运行的线程将被抢占，以便准备好的线程可以执行。

当有 SCHED_FIFO 或 SCHED_RR 策略的线程在一个条件变量上等待或等待加锁同一个互斥量时，它们将以优先级顺序被唤醒。也就是说，如果一个低优先级的 SCHED_FIFO 线程和一个高优先级的 SCHED_FIFO 线程都在等待锁相同的互斥量，则当互斥量被解锁时，高优先级线程将总是被首先解除阻塞。

返回值：若成功，则返回 0；若失败，则返回–1。

8. pthread_attr_getschedpolicy 函数

所需的头文件：#include<pthread.h>

函数格式：intpthread_attr_getschedpolicy(constpthread_attr_t*attr,int *policy);

函数功能：获取线程的调度策略。

参数说明如下。

*attr：指向属性结构的指针。

*policy：指向线程调度策略的指针。

返回值：若成功，则返回 0；若失败，则返回–1。

9. pthread_attr_setschedparam 函数

所需的头文件：#include <pthread.h>

函数格式：int pthread_attr_setschedparam(pthread_attr_t *attr,const struct sched_param *param);

函数功能：设置线程的调度参数。

参数说明如下。

*attr：指向属性结构的指针。

*param：是 sched_param 结构。结构 sched_param 在文件/usr/include /bits/sched.h 中定义如下：

```
struct sched_param
{
        int sched_priority;
};
```

结构 sched_param 的子成员 sched_priority 控制一个优先权值，大的优先权值对应高的优先权。系统支持的最大和最小优先权值可以用 sched_get_priority_max 函数和 sched_get_priority_min 函数分别得到。

返回值：若成功，则返回 0；若失败，则返回–1。

10. pthread_attr_getschedparam 函数

所需的头文件：#include<pthread.h>

函数格式：int pthread_attr_getschedparam(const pthread_attr_t *attr,struct sched_param *param);

函数功能：获取线程的调度参数。

参数说明如下。

*attr：指向属性结构的指针。

*param：是指向 sched_param 结构的指针。

返回值：若成功，则返回 0；若失败，则返回–1。

注意：如果不是编写实时程序，不建议修改线程的优先级。因为调度策略是一件非常复杂的事情，如果不正确使用会导致程序错误，从而导致死锁等问题。例如，在多线程应用程序中为线程设置不同的优先级，有可能因为共享资源而导致优先级倒置。

11. sched_get_priority_max 函数

所需的头文件：#include<pthread.h>

函数格式：int sched_get_priority_max(int policy);

函数功能：获得系统支持的线程优先权的最大值。

参数说明如下。

policy：指系统支持的线程优先权的最大值。

返回值：若成功，则返回 0；若失败，则返回–1。

12. sched_get_priority_min 函数

所需的头文件：#include<pthread.h>

函数格式：int sched_get_priority_min(int policy);

函数功能：获得系统支持的线程优先权的最小值。

参数说明如下。

policy：指系统支持的线程优先权的最小值。

返回值：若成功，则返回 0；若失败，则返回–1。

13. pthread_attr_setscope 函数

所需的头文件：#include<pthread.h>

函数格式：int pthread_attr_setscope(pthread_attr_t *attr, int scope);

函数功能：设置线程的作用域。

参数说明如下。

*attr：指向属性结构的指针。

scope：线程的作用域，作用域控制线程是否在进程内或在系统级上竞争资源，它有两个取值：PTHREAD_SCOPE_PROCESS，表示进程内竞争资源；PTHREAD_SCOPE_SYSTEM，表示系统级上竞争资源。

返回值：若成功，则返回 0；若失败，则返回–1。

14. pthread_attr_getscope 函数

所需的头文件：#include<pthread.h>

函数格式：int pthread_attr_getscope(const pthread_attr_t *attr,int *scope);

函数功能：获取线程的作用域。

参数说明如下。

*attr：指向属性结构的指针。

*scope：指向线程作用域的指针。

返回值：若成功，则返回 0；若失败，则返回–1。

15. pthread_attr_ setstacksize 函数

所需的头文件：#include<pthread.h>

函数格式：int pthread_attr_setstacksize(pthread_attr_t *attr,size_t *stacksize);

函数功能：设置线程堆栈的大小。

参数说明如下。

*attr：指向属性结构的指针。

*stacksize：指向线程堆栈大小的指针。

返回值：若成功，则返回 0；若失败，则返回–1。

pthread_attr_setstacksize 函数常用在希望改变堆栈的默认大小，但又不想自己处理线程堆栈分配问题的场合。

16. pthread_attr_ getstacksize 函数

所需的头文件：#include<pthread.h>

函数格式：int pthread_attr_ getstacksize(const pthread_attr_t *restrict attr, size_t *restrict stacksize);

函数功能：获取线程堆栈的大小。

参数说明如下。

*restrict attr：指向属性结构的指针。

*restrict stacksize：指向线程堆栈大小的指针。

返回值：若成功，则返回 0；若失败，则返回–1。

17. pthread_ attr_setstackaddr 函数

所需的头文件：#include<pthread.h>

函数格式：int pthread_attr_setstackaddr(pthread_attr_t *attr,void *stackaddr);

函数功能：设置线程堆栈的位置。

参数说明如下。

*attr：指向属性结构的指针。

*stackaddr：线程堆栈地址。

返回值：若成功，则返回 0；若失败，则返回–1。

18．pthread_attr_ getstackaddr 函数

所需的头文件：#include<pthread.h>

函数格式：int pthread_attr_getstackaddr(const pthread_attr_t *attr, void **stackaddf);

函数功能：获取线程堆栈的位置。

参数说明如下。

*attr：指向属性结构的指针。

**stackaddr：指向线程堆栈地址的指针。

返回值：若成功，则返回 0；若失败，则返回–1。

19．pthread_attr_setguardsize 函数

所需的头文件：#include<pthread.h>

函数格式：int pthread_attr_setguardsize(pthread_attr_t *attr,size_t *guardsize);

函数功能：设置线程栈末尾的警戒缓冲区大小。

参数说明如下。

*attr：指向属性结构的指针。

*guardsize：线程栈末尾的警戒缓冲区大小。

返回值：若成功，则返回 0；若失败，则返回–1。

线程属性 guardsize 控制着线程栈末尾之后避免栈溢出的扩展内存大小，默认设置为 PAGESIZE 字节。可以把 guardsize 线程属性设置为 0，在这种情况下不会提供警戒缓存区。同样地，如果对线程属性 stackaddr 作了修改，系统就会假设用户会自己管理栈，并使警戒栈缓冲区机制无效，等同于把 guardsize 线程属性设置为 0。

20．pthread_attr_getguardsize 函数

所需的头文件：#include<pthread.h>

函数格式：int pthread_attr_getguardsize(const pthread_attr_t *restrict attr, size_t *restrict guardsize);

函数功能：获取线程栈末尾的警戒缓冲区大小。

参数说明如下。

*restrict attr：指向属性结构的指针。

*restrict guardsize：线程栈末尾的警戒缓冲区大小。

返回值：若成功，则返回 0；若失败，则返回–1。

例 7-5　线程属性举例。

```
/*pthread5.c*/
#include<pthread.h>
```

```c
void *child_thread(void *arg)
{
    int policy;
    int max_priority,min_priority;
    struct sched_param param;
    pthread_attr_t attr;
    pthread_attr_init(&attr);                              /*初始化线程属性变量*/
    pthread_attr_setinheritsched(&attr,PTHREAD_EXPLICIT_SCHED);
                                                           /*设置线程继承性*/
    pthread_attr_getinheritsched(&attr,&policy);    /*获得线程的继承性*/
    if(policy==PTHREAD_EXPLICIT_SCHED)
        printf("Inheritsched:PTHREAD_EXPLICIT_SCHED\n");
    if(policy==PTHREAD_INHERIT_SCHED)
        printf("Inheritsched:PTHREAD_INHERIT_SCHED\n");

    pthread_attr_setschedpolicy(&attr,SCHED_RR);    /*设置线程调度策略*/
    pthread_attr_getschedpolicy(&attr,&policy);     /*取得线程的调度策略*/
    if(policy==SCHED_FIFO)
        printf("Schedpolicy:SCHED_FIFO\n");
    if(policy==SCHED_RR)
        printf("Schedpolicy:SCHED_RR\n");
    if(policy==SCHED_OTHER)
        printf("Schedpolicy:SCHED_OTHER\n");
    sched_get_priority_max(max_priority);    /*获得系统支持的线程优先权的最大值*/
    sched_get_priority_min(min_priority);    /*获得系统支持的线程优先权的最小值*/
    printf("Max priority:%u\n",max_priority);
    printf("Min priority:%u\n",min_priority);
    param.sched_priority=max_priority;
    pthread_attr_setschedparam(&attr,&param);    /*设置线程的调度参数*/
    printf("sched_priority:%u\n",param.sched_priority);    /*获得线程的调度参数*/
    pthread_attr_destroy(&attr);
}
int main(int argc,char *argv[])
{
    pthread_t child_thread_id;
    pthread_create(&child_thread_id,NULL,child_thread,NULL);
    pthread_join(child_thread_id,NULL);
}
```

程序运行结果如图 7-6 所示。

```
[root@localhost wang]# ./pthread5
Inheritsched:PTHREAD_EXPLICIT_SCHED
Schedpolicy:SCHED_RR
Max priority:3087611064
Min priority:11969744
sched_priority:3087611064
```

图 7-6　线程属性程序运行结果

7.4　线程的数据处理

和进程相比，线程的最大优点之一是数据的共享性，多个线程共享父进程处继承的数据段，对于获取和修改数据十分方便。但同时也给多线程编程带来了许多问题。必须当心有多个不同的线程访问相同的变量。许多函数是不可重入的，即不能同时运行一个函数的多个拷贝（除非使用不同的数据段）。函数中声明的静态变量和函数的返回值也常常带来一些问题，因为如果返回的是函数内部静态声明的空间地址，则在一个线程调用该函数得到地址后使用该地址指向的数据时，别的线程可能也调用此函数并修改了这段数据。为此，在进程中共享的变量必须用关键字 volatile 来定义，这是为了防止编译器在优化时（如 GCC 中使用-OX 参数）改变它们的使用方式。为了保护变量，必须使用信号量、互斥等方法来保证对变量的正确使用，即线程同步。下面介绍处理线程数据时用到的相关知识。

7.4.1　线程数据

在单线程的程序里，有两种基本的数据：全局变量和局部变量。但在多线程程序里，还有第三种数据类型：线程数据（Thread-Specific Data，TSD）。它和全局变量很像，在线程内部，各个函数可以像使用全局变量一样调用它，但它对线程外部的其他线程是不可见的。例如，常见的返回标准出错信息的变量 errno，就是一个典型的线程数据。它显然不能是一个局部变量，因为几乎每个函数都可以调用它；但它又不能是一个全局变量，否则在 A 线程里输出的很可能是 B 线程的出错信息。要实现类似功能的变量，就必须使用线程数据。为每个线程数据创建一个键，用来标识线程数据，但在不同的线程里，这个键代表的数据是不同的，在同一个线程里，它代表同样的数据内容。

线程数据采用了一种一键多值的技术，即一个键对应多个数值。访问数据时都是通过键值来访问，看上去是对一个变量进行访问，其实是在访问不同的数据。使用线程数据时，首先要为其创建一个相关联的键。

POSIX 中操作线程数据的函数主要有 4 个：pthread_key_create（创建一个键），pthread_setspecific（为一个键设置线程私有数据），pthread_getspecific（从一个键读取线程数据），pthread_key_delete（删除一个键）。

1．pthread_key_create 函数

所需的头文件：`#include<pthread.h>`

函数格式：`int pthread_key_create(pthread_key_t *key, void(*destr_function)(void*));`

函数功能：创建一个标识线程数据的键。

参数说明如下。

*key：指向一个键值的指针。

*destr_function：为一个函数指针，如果这个参数不为空，则在每个线程退出时，系统将以 key 所关联的数据为参数调用 destr_function 函数来释放绑定在这个键上的内存块。

返回值：若创建成功，则返回 0；若失败，则返回出错编号。

2. pthread_setspecific 函数

所需的头文件：#include<pthread.h>

函数格式：int pthread_setspecific(pthread_key_t key, const void *value);

函数功能：为一个键设置线程数据。

参数说明如下。

key：标识一个线程数据的键值。

*value：指向线程数据的指针。

返回值：若设置成功，则返回 0；若失败，则返回出错编号。

注意：用该函数为一个键指定新的线程数据时，线程必须先释放原有的线程数据用以回收空间。

3. pthread_ getspecific 函数

所需的头文件：#include<pthread.h>

函数格式：void *pthread_getspecific(pthread_key_t key);

函数功能：从一个键读取线程数据。

参数说明如下。

key：标识一个线程数据的键值。

返回值：若读取成功，则返回存放线程数据的内存块指针，否则当没有线程数据与键关联时，返回 NULL。

4. pthread_key_delete 函数

所需的头文件：#include<pthread.h>

函数格式：int pthread_key_delete(pthread_key_t key);

函数功能：删除一个键。

参数说明如下。

key：标识一个线程数据的键值。

返回值：若删除成功，则返回 0；若失败，则返回出错编号。

使用 pthread_key_delete 可以销毁现有线程数据键。由于键已经无效，因此将释放与该键关联的所有内存。

如果一个键已被删除，则调用 pthread_setspecific 或 pthread_getspecific 引用该键时，将返回错误。

下面的例子创建了一个键，并将它和某个数据相关联。

例 7-6　分析下面的程序如何实现同一个线程中不同函数间共享数据的。

```
/*pthread6.c*/
#include<stdio.h>
#include<stdlib.h>
#include<pthread.h>
pthread_key_t key;
void func1()
{
    int *tmp = (int*)pthread_getspecific(key);
```

```
        printf("%d is fun is %s\r\n",*tmp,_ _func_ _);
    }
    void *tthread_fun(void *args)
    {
        pthread_setspecific(key,args);
        int *tmp = (int *)pthread_getspecific(key);
        printf("%d is in zhu %s\r\n",*(int *)args,_ _func_ _);
        *tmp+=1;
        func1();
        return (void *)0;
    }
    void *thread_fun(void *args)
    {
        pthread_setspecific(key,args);
        int *tmp = (int *)pthread_getspecific(key);    //获得线程的私有空间
        printf("%d is runing in %s\n",*tmp,_ _func_ _);
        *tmp = (*tmp)*100;        //修改私有变量的值
        func1();
        return (void *)0;
    }
    int main()
    {
        pthread_t pa,pb;
        pthread_key_create(&key,NULL);
        pthread_t pid[3];
        int a[3]={100,200,300};
        int i=0;
        for(i=0;i<3;i++)
        {
            pthread_create(&pid[i],NULL,tthread_fun,&a[i]);
            pthread_join(pid[i],NULL);
        }
        pthread_create(&pa,NULL,thread_fun,&a[i]);
        pthread_join(pa,NULL);
        return 0;
    }
```

程序运行结果如图 7-7 所示。

```
[root@localhost test]# ./pthread6
100 is in zhu tthread_fun
101 is fun is func1
200 is in zhu tthread_fun
201 is fun is func1
300 is in zhu tthread_fun
301 is fun is func1
3 is runing in thread_fun
300 is fun is func1
```

图 7-7　线程数据程序运行结果

7.4.2　互斥锁

在多线程编程中，一个共享的数据段在同一时间内可能有多个线程在操作。如果没有同步机制，将很难保证每个线程操作的正确性。

互斥锁(Mutex)是实现线程同步的一种机制，它提供一个可以在同一时间只让一个线程访问共享资源的操作接口。互斥锁是个提供线程同步的基本锁。可以把互斥锁看作某种意义上的全局变量，也称互斥量。对共享资源的访问，要对互斥量进行加锁，如果互斥量已经上了锁，那么调用线程会被阻塞，直到互斥量被解锁。

在互斥量被解锁后，如果有多个线程被阻塞，那么所有被阻塞的线程会被设为可执行状态。第一个执行的线程将获得对共享资源的访问权，并对互斥量进行加锁，其他线程继续被阻塞。可见，这把互斥锁使得共享资源按顺序在各个线程中操作。

互斥锁的操作主要包括以下几个步骤。

(1) 互斥锁初始化：pthread_mutex_init()。

(2) 互斥量上锁：pthread_mutex_lock()。

(3) 互斥量判断上锁：pthread_mutex_trylock()。

(4) 互斥量解锁：pthread_mutex_unlock()。

(5) 消除互斥锁：pthread_mutex_destroy()。

下面分别介绍与互斥锁操作相关的函数。

1. pthread_mutex_init 函数

所需的头文件：`#include<pthread.h>`

函数格式：`int pthread_mutex_init(pthread_mutex_t *restrict mutex,const pthread_mutexattr_t *restrict attr);`

函数功能：以动态方式创建互斥锁。

参数说明如下。

*restrict mutex：指向要初始化的互斥锁的指针。

*restrict attr：指向属性对象的指针，该属性对象定义要初始化的互斥锁的属性。如果该指针为 NULL，则使用默认的属性。

返回值：若创建成功，则返回 0；若失败，则返回出错编号。

此外，还可以用宏 PTHREAD_MUTEX_INITIALIZER 来初始化静态分配的互斥锁：

```
pthread_mutex_t mutex = PTHREAD_MUTEX_INITIALIZER;
```

对于静态初始化的互斥锁，不需要调用 pthread_mutex_init 函数。

2. pthread_mutex_lock 函数

所需的头文件：`#include<pthread.h>`

函数格式：`int pthread_mutex_lock(pthread_mutex_t *mutex);`

函数功能：对互斥量进行加锁。

参数说明如下。

*mutex：指向要加锁的互斥量的指针。

返回值：若加锁成功，则返回 0；若失败，则返回出错编号。

3. pthread_mutex_trylock 函数

所需的头文件：`#include<pthread.h>`

函数格式：`int pthread_mutex_trylock(pthread_mutex_t *mutex);`

函数功能：是 pthread_mutex_lock 函数的非阻塞版本。如果 mutex 参数所指定的互斥量已经被锁定，调用 pthread_mutex_trylock 函数不会阻塞当前线程，而是立即返回一个值来描述互斥锁的状况。

参数说明如下。

*mutex：指向要加锁的互斥量的指针。

返回值：若加锁成功，则返回 0；若失败，则返回出错编号。

如果一个线程不想被阻止，那么可以用 pthread_mutex_trylock 函数来上锁。

需要提出的是，在使用互斥锁的过程中很有可能会出现死锁：两个线程试图同时占用两个资源，并按不同的次序锁定相应的互斥锁，例如，两个线程都需要锁定互斥锁 1 和互斥锁 2，a 线程先锁定互斥锁 1，b 线程先锁定互斥锁 2，这时就出现了死锁。此时可以使用函数 pthread_mutex_trylock，当它发现死锁不可避免时，会返回相应的信息，程序员可以针对死锁作出相应的处理。

4. pthread_mutex_unlock 函数

所需的头文件：#include<pthread.h>

函数格式：int pthread_mutex_unlock(pthread_mutex_t *mutex);

函数功能：对互斥量进行解锁。

参数说明如下。

*mutex：指向要解锁的互斥量的指针。

返回值：若解锁成功，则返回 0；若失败，则返回出错编号。

5. pthread_mutex_destroy 函数

所需的头文件：#include<pthread.h>

函数格式：int pthread_mutex_destroy(pthread_mutex_t *mutex);

函数功能：消除互斥锁。

参数说明如下。

*mutex：指向要消除的互斥锁的指针。

返回值：若消除成功，则返回 0；若失败，则返回出错编号。

例 7-7　一个使用互斥锁来实现共享数据同步的例子。

```c
/*pthread7.c*/
#include<stdio.h>
#include<pthread.h>

void  fun_thread1(char *msg);
void  fun_thread2(char *msg);
int g_value = 1;
pthread_mutex_t mutex;

int main(int argc, char *argv[])
{
    pthread_t thread1;
    pthread_t thread2;
    if(pthread_mutex_init(&mutex,NULL) != 0 )
    {
        printf("Init metux error.");
        exit(1);
    }
    if(pthread_create(&thread1,NULL,(void *)fun_thread1,NULL) != 0)
    {
        printf("Init thread1 error.");
```

```
        exit(1);
    }
    if(pthread_create(&thread2,NULL,(void *)fun_thread2,NULL) != 0)
    {
        printf("Init thread2 error.");
        exit(1);
    }
    sleep(1);
    printf("I am main thread, g_vlaue is %d.\n",g_value);
    return 0;
}
void  fun_thread1(char *msg)
{
    int val;
    val = pthread_mutex_lock(&mutex);
    if(val != 0)
    {
        printf("lock error.");
    }
    g_value = 0;
    printf("thread 1 locked,init the g_value to 0, and add 5.\n");
    g_value += 5;
    printf("the g_value is %d.\n",g_value);
    pthread_mutex_unlock(&mutex);
    printf("thread 1 unlocked.\n");
}
void  fun_thread2(char *msg)
{
    int val;
    val = pthread_mutex_lock(&mutex);
    if(val != 0)
    {
        printf("lock error.");
    }
    g_value = 0;
    printf("thread 2 locked,init the g_value to 0, and add 6.\n");
    g_value += 6;
    printf("the g_value is %d.\n",g_value);
    pthread_mutex_unlock(&mutex);
    printf("thread 2 unlocked.\n");
}
```

在程序中有一个全局变量 g_value 和互斥锁 mutex，在线程 1 中，重置 g_value 值为 0，然后加 5；在线程 2 中，重置 g_value 值为 0，然后加 6；最后在主线程中输出 g_value 的值，这时 g_value 的值为最后线程修改过的值。

程序运行结果如图 7-8 所示。

```
[root@localhost wang]# ./pthread7
thread 1 locked,init the g_value to 0, and add 5.
the g_value is 5.
thread 1 unlocked.
thread 2 locked,init the g_value to 0, and add 6.
the g_value is 6.
thread 2 unlocked.
I am main thread, g_vlaue is 6.
```

图 7-8 互斥锁实现共享数据同步程序运行结果

例 7-8 分析下面的程序，注意 pthread_mutex_lock 函数与 pthread_mutex_trylock 函数的区别。

```c
/*pthread8.c*/
#include<stdlib.h>
#include<stdio.h>
#include<unistd.h>
#include<pthread.h>
#include<errno.h>
int a = 100;
int b = 200;
pthread_mutex_t lock;
void *threadA()
{
    pthread_mutex_lock(&lock);
    printf("thread A got lock!\n");
    a -= 50;
    sleep(3);
    b += 50;
    pthread_mutex_unlock(&lock);
    printf("thread A released the lock!\n");
    sleep(3);
    a -= 50;
}
void *threadC()
{
    sleep(1);
    while(pthread_mutex_trylock(&lock) == EBUSY) //轮询直到获得锁
    {
        printf("thread C is trying to get lock!\n");
        sleep(1);
    }

    a = 1000;
    b = 2000;
    printf("thread C got the lock! a=%d b=%d \n",a,b);
    pthread_mutex_unlock(&lock);
    printf("thread C released the lock!\n");

}
void *threadB()
{
```

```
        sleep(2);                 //让 threadA 能先执行
        pthread_mutex_lock(&lock);
        printf("thread B got the lock! a=%d b=%d\n", a, b);
        pthread_mutex_unlock(&lock);
        printf("thread B released the lock!\n", a, b);
    }
    int main()
    {
        pthread_t tida, tidb, tidc;
        pthread_mutex_init(&lock, NULL);
        pthread_create(&tida, NULL, threadA, NULL);
        pthread_create(&tidb, NULL, threadB, NULL);
        pthread_create(&tidc, NULL, threadC, NULL);
        pthread_join(tida, NULL);
        pthread_join(tidb, NULL);
        pthread_join(tidc, NULL);
        return 0;
    }
```

```
[root@localhost wang]# ./pthread8
thread A got lock!
thread C is trying to get lock!
thread C is trying to get lock!
thread A released the lock!
thread B got the lock! a=50 b=250
thread B released the lock!
thread C got the lock!a=1000 b=2000
thread C released the lock!
```

图 7-9   例 7-8 程序运行结果

程序运行结果如图 7-9 所示。

7.4.3   条件变量

互斥锁的一个明显缺点是它只有两种状态：锁定和非锁定。而条件变量通过允许线程阻塞和等待另一个线程发送信号的方法弥补了互斥锁的不足，它常和互斥锁一起使用。使用时，条件变量被用来阻塞一个线程，当条件不满足时，线程往往解开相应的互斥锁并等待条件发生变化。一旦其他的某个线程改变了条件变量，它将通知相应的条件变量唤醒一个或多个正被此条件变量阻塞的线程。这些线程将重新锁定互斥锁并重新测试条件是否满足。一般来说，条件变量被用来进行线程间的同步。

条件变量的基本操作有触发条件(当条件变为 true 时)、等待条件、挂起线程直到满足其他线程触发条件。下面将分别介绍相关函数。

1. pthread_cond_init 函数

所需的头文件：#include<pthread.h>

函数格式：int pthread_cond_init(pthread_cond_t *cond, const pthread_condattr_t *attr);

函数功能：用来初始化一个条件变量。

参数说明如下。

*cond：指向条件变量的指针。

*attr：指向条件变量属性的指针。

返回值：若成功，则返回 0；若失败，则返回出错编号。

pthread_cond_init 函数使用变量 attr 所指定的属性来初始化条件变量 cond，如果参数 attr 为空，那么它将使用缺省的属性来设置所指定的条件变量。

2. pthread_cond_destroy 函数

所需的头文件：#include<pthread.h>

函数格式：`int pthread_cond_destroy(pthread_cond_t *cond);`

函数功能：用来摧毁所指定的条件变量，同时释放给其分配的资源。

参数说明如下。

*cond：指向条件变量的指针。

返回值：若成功，则返回 0；若失败，则返回出错编号。

3. pthread_cond_wait 函数

所需的头文件：`#include<pthread.h>`

函数格式：`int pthread_cond_wait(pthread_cond_t *cond,pthread_mutex_t *mutex);`

函数功能：条件变量等待，函数将解锁 mutex 参数指向的互斥锁，并使当前线程阻塞在 cond 参数指向的条件变量上。

参数说明如下。

*cond：指向条件变量的指针。

*mutex：指向相关互斥锁的指针。

返回值：若成功，则返回 0；若失败，则返回出错编号。

线程解开 mutex 指向的锁并被条件变量 cond 阻塞。线程可以被函数 pthread_cond_signal 和函数 pthread_cond_broadcast 唤醒，但是需要注意的是，条件变量只是起阻塞和唤醒线程的作用，具体的判断条件还需用户给出，如一个变量是否为 0 等，这一点可从后面的例子中看到。线程被唤醒后，它将重新检查判断条件是否满足，如果还不满足，一般来说线程应该仍阻塞在这里，等待下一次被唤醒，这个过程一般用 while 语句实现。

条件变量等待必须和一个互斥锁配合，以防止多个线程同时请求 pthread_cond_wait 的竞争条件。mutex 互斥锁必须是普通锁（PTHREAD_MUTEX_TIMED_NP）或者适应锁（PTHREAD_MUTEX_ADAPTIVE_NP），且在调用 pthread_cond_wait 前必须由本线程加锁，而在更新条件等待队列以前，mutex 保持锁定状态，并在线程挂起进入等待状态前解锁。在条件满足从而离开 pthread_cond_wait 之前，mutex 将被重新加锁，以与进入 pthread_cond_wait 前的加锁动作对应。

4. pthread_cond_timedwait 函数

所需的头文件：`#include<pthread.h>`

函数格式：`int pthread_cond_timedwait(pthread_cond_t *cond, pthread_mutex_t *mutex, const struct timespec *abstime)`

函数功能：条件变量计时等待，函数到了一定的时间，即使条件未发生也会解除阻塞。这个时间由参数 abstime 指定。函数返回时，相应的互斥锁往往是锁定的，即使是函数出错返回。

参数说明如下。

*cond：指向条件变量的指针。

*mutex：指向相关互斥锁的指针。

*abstime：指向时间的指针。

返回值：若成功，则返回 0；若失败，则返回出错编号。

5. pthread_cond_signal 函数

所需的头文件：`#include<pthread.h>`

函数格式：int pthread_cond_signal(pthread_cond_t *cond);

函数功能：用来释放被阻塞在指定条件变量 cond 上的一个线程。

参数说明如下。

*cond：指向条件变量的指针。

返回值：若成功，则返回 0；若失败，则返回出错编号。

多个线程阻塞在此条件变量上时，哪一个线程被唤醒是由线程的调度策略所决定的。需要注意的是，必须在互斥锁的保护下使用相应的条件变量，否则对条件变量的解锁有可能发生在锁定条件变量之前，从而造成无限制的等待。如果没有线程被阻塞在条件变量上，那么调用 pthread_cond_signal 将没有作用。

6. pthread_cond_broadcast 函数

所需的头文件：#include<pthread.h>

函数格式：int pthread_cond_broadcast(pthread_cond_t *cond);

函数功能：唤醒所有被 pthread_cond_wait 函数阻塞在某个条件变量上的线程，参数 cond 被用来指定这个条件变量。

参数说明如下。

*cond：指向条件变量的指针。

返回值：若成功，则返回 0；若失败，则返回出错编号。

当没有线程阻塞在这个条件变量上时，pthread_cond_broadcast 函数无效。由于 pthread_cond_broadcast 函数唤醒所有阻塞在某个条件变量上的线程，这些线程被唤醒后将再次竞争相应的互斥锁，因此使用 pthread_cond_broadcast 函数时必须要小心。

例 7-9 条件变量举例。

```c
/*pthread9.c*/
#include<pthread.h>
#include<stdio.h>
#include<stdlib.h>

pthread_mutex_t mutex = PTHREAD_MUTEX_INITIALIZER;    /*初始化互斥锁*/
pthread_cond_t cond = PTHREAD_COND_INITIALIZER;       /*初始化条件变量*/

void *thread1(void *);
void *thread2(void *);

int i=1;
int main(void)
{
    pthread_t t_a;
    pthread_t t_b;
    pthread_create(&t_a,NULL,thread2,(void *)NULL);   /*创建线程t_a*/
    pthread_create(&t_b,NULL,thread1,(void *)NULL);   /*创建线程t_b*/
    pthread_join(t_b, NULL);                          /*等待线程t_b结束*/
    pthread_mutex_destroy(&mutex);
    pthread_cond_destroy(&cond);
    exit(0);
```

```
}
void *thread1(void *junk)
{
    for(i=1;i<=9;i++)
    {
        pthread_mutex_lock(&mutex);        /*锁住互斥量*/
        if(i%3==0)
            pthread_cond_signal(&cond);        /*条件改变，发送信号，通知t_b进程*/
        else
            printf("thead1:%d\n",i);
        pthread_mutex_unlock(&mutex);            /*解锁互斥量*/
        sleep(1);
    }
}


void *thread2(void *junk)
{
    while(i<9)
    {
        pthread_mutex_lock(&mutex);
        if(i%3!=0)
            pthread_cond_wait(&cond,&mutex);        /*等待*/
        printf("thread2:%d\n",i);
        sleep(1);
        pthread_mutex_unlock(&mutex);
        sleep(1);
    }
}
```

分析：程序创建了两个新线程使它们同步运行，实现进程 t_b 打印 9 以内 3 的倍数，t_a 打印其他数，程序开始线程 t_b 不满足条件等待，线程 t_a 运行使 i 循环加 1 并打印。直到 i 为 3 的倍数时，线程 t_a 发送信号通知进程 t_b，这时 t_b 满足条件，打印 i 值。

程序运行结果如图 7-10 所示。

```
[root@localhost wang]# ./pthread9
thead1:1
thead1:2
thread2:3
thead1:4
thead1:5
thread2:6
thead1:7
thead1:8
thread2:9
```

图 7-10　条件变量程序运行结果

7.4.4　信号量

信号量本质上是一个非负整数计数器。信号量通常用来控制对公共资源的访问，其中信号计数器会初始化为可用资源的数目。然后，线程在资源增加时会增加计数，在删除资源时会减小计数，这些操作都以原子方式执行。如果信号计数变为零，则表明已无可用资源。计数为零时，尝试减小信号的线程会被阻塞，直到计数大于零为止。

由于信号无须由同一个线程来获取和释放，因此信号可用于异步事件通知，如用于信号处理程序中。同时，由于信号包含状态，所以可以异步方式使用，而不用像条件变量那样要求获取互斥锁，但是信号的效率不如互斥锁高。默认情况下，如果有多个线程正在等待信号，则解除阻塞的顺序是不确定的。信号在使用前必须先初始化，但是信号没有属性。

下面介绍与信号量操作相关的函数。

1. sem_init 函数

所需的头文件：#include<semaphore.h>

函数格式：int sem_init(sem_t *sem, int pshared, unsigned int value);

函数功能：初始化信号量。

参数说明如下。

*sem：指向信号量结构的一个指针。

pshared：为 0 时此信号量只能在当前进程的所有线程间共享，否则在进程间共享。

value：指定信号量的初始值。

返回值：若成功，则返回 0；若失败，则返回出错编号。

2. sem_post 函数

所需的头文件：#include<semaphore.h>

函数格式：int sem_post(sem_t *sem);

函数功能：增加信号。

参数说明如下。

*sem：指向信号量结构的一个指针。

返回值：若成功，则返回 0；若失败，则返回出错编号。

当有线程阻塞在这个信号量上时，调用 sem_post 函数会使其中的一个线程不再阻塞，选择机制同样是由线程的调度策略决定的。

3. sem_wait 函数

所需的头文件：#include<semaphore.h>

函数格式：int sem_wait(sem_t *sem);

函数功能：用来阻塞当前线程直到信号量 sem 的值大于 0。

参数说明如下。

*sem：指向信号量结构的一个指针。

返回值：若成功，则返回 0；若失败，则返回出错编号。

解除阻塞后将 sem 的值减 1，表明公共资源经使用后减少。

4. sem_trywait 函数

所需的头文件：#include<semaphore.h>

函数格式：int sem_trywait(sem_t *sem);

函数功能：在计数大于 0 时，将信号量 sem 减 1。

参数说明如下。

*sem：指向信号量结构的一个指针。

返回值：若成功，则返回 0；若失败，则返回出错编号。

5. sem_destroy 函数

所需的头文件：#include<semaphore.h>

函数格式：int sem_destroy(sem_t *sem);

函数功能：释放信号量 sem。

参数说明如下。

*sem：指向信号量结构的一个指针。

返回值：若成功，则返回 0；若失败，则返回出错编号。

例 7-10　下面是一个使用信号量的例子。在这个例子中，一共有 4 个线程，其中的两个线程分别负责从两个文件读取数据到公共的缓冲区，另外两个线程负责从缓冲区读取数据并分别进行加和乘运算。

```c
/*pthread10.c*/
#include<stdio.h>
#include<pthread.h>
#include<semaphore.h>
#define MAXSTACK 100
int stack[MAXSTACK][2];
int size=0;
sem_t sem;

/*从文件1.dat读取数据，每读一次，信号量加1*/
void ReadData1(void){
  FILE *fp=fopen("1.dat","r");
  while(!feof(fp)){
    fscanf(fp,"%d %d",&stack[size][0],&stack[size][1]);
    sem_post(&sem);
    ++size;
  }
  fclose(fp);
}


/*从文件2.dat读取数据*/
void ReadData2(void){
  FILE *fp=fopen("2.dat","r");
  while(!feof(fp)){
    fscanf(fp,"%d %d",&stack[size][0],&stack[size][1]);
    sem_post(&sem);
    ++size;
  }
  fclose(fp);
}


/*阻塞等待缓冲区有数据，读取数据后，释放空间，继续等待*/
void HandleData1(void){
  while(1){
    sem_wait(&sem);
    printf("Plus:%d+%d=%d\n",stack[size][0],stack[size][1],
    stack[size][0]+stack[size][1]);
    --size;
  }
}
```

```
void HandleData2(void){
  while(1){
    sem_wait(&sem);
    printf("Multiply:%d*%d=%d\n",stack[size][0],stack[size][1],
    stack[size][0]*stack[size][1]);
    --size;
  }
}

int main(void){
  pthread_t t1,t2,t3,t4;
  sem_init(&sem,0,0);
  pthread_create(&t1,NULL,(void *)HandleData1,NULL);
  pthread_create(&t2,NULL,(void *)HandleData2,NULL);
  pthread_create(&t3,NULL,(void *)ReadData1,NULL);
  pthread_create(&t4,NULL,(void *)ReadData2,NULL);
  /*防止程序过早退出，让它在此无限期等待*/
  pthread_join(t1,NULL);
}
```

在 Linux 下，事先编辑好数据文件 1.dat 和 2.dat，假设它们的内容分别为 1 2 3 4 5 6 7 8 9 10 和 –1 –2 –3 –4 –5 –6 –7 –8 –9 –10，程序运行结果如图 7-11 所示，同时程序陷入无限期等待状态。

```
[root@localhost wang]# ./pthread10
Plus:1+2=3
Multiply:3*4=12
Plus:5+6=11
Multiply:7*8=56
Plus:9+10=19
Multiply:9*10=90
Plus:-1+-2=-3
Multiply:-3*-4=12
Plus:-5+-6=-11
Multiply:-7*-8=56
Plus:-9+-10=-19
Multiply:-9*-10=90
```

图 7-11   程序 pthread10 运行结果

从图 7-11 中可以看出各个线程间的竞争关系，而数值并未按原先的顺序显示出来，这是由于 size 这个数值被各个线程任意修改的缘故，这也往往是多线程编程要注意的问题。

本 章 小 结

和进程相比，多线程具有优势。本章首先进行了多线程概述，接下来依次介绍了线程程序设计、线程属性及线程的数据处理等内容。线程程序设计包括线程创建、线程退出、线程等待、线程清除等函数；线程属性包括线程的初始化、分离状态、继承性、调度策略、优先权、作用域、堆栈大小、堆栈地址等相关属性操作函数；线程的数据处理包括线程数据、互斥锁、条件变量及信号量等相关操作函数。每部分均配有相应的例题，便于读者深入学习和灵活掌握各种操作函数，深入理解线程同步。

习题与实践

1. 和进程相比，多线程有哪些优势？

2. 线程有哪几种退出方式？请分别说明其特点。

3. 有哪几种线程同步机制？它们各自有什么优缺点？

4. 多线程程序设计编程练习。

(1) 编写应用程序，创建一线程，并向该线程处理函数传递整型数和字符型数。

(2) 创建一线程，并对三种退出方式作对比：①return()；②pthread_exit()；③exit(0)。

(3) 编写应用程序，创建一线程，父进程需要等到该线程结束后才能继续执行。

(4) 编写应用程序，创建一线程，使用 pthread_cleanup_push 和 pthread_cleanup_pop 进行退出保护。

5. 阅读下面的程序 mutex_lianxi.c，分析程序运行结果。

```
/*mutex_lianxi.c*/
#include<stdio.h>
#include<pthread.h>
static pthread_mutex_t testlock;
pthread_t test_thread;
void *test()
{
    pthread_mutex_lock(&testlock);
    printf("thread Test() \n");
    pthread_mutex_unlock(&testlock);
}
int main()
{
    pthread_mutex_init(&testlock, NULL);
    pthread_mutex_lock(&testlock);
    printf("Main lock \n");
    pthread_create(&test_thread, NULL, test, NULL);
    sleep(1); //更加明显地观察到是否执行了创建线程的互斥锁
    printf("Main unlock \n");
    pthread_mutex_unlock(&testlock);
    sleep(1);
    pthread_join(test_thread,NULL);
    pthread_mutex_destroy(&testlock);
    return 0;
}
```

6. 编写程序完成如下五个功能。

(1) 有一个 int 型全局变量 g_Flag 初始值为 0。

(2) 在主线程中启动线程 1，打印 "this is thread1"，并将 g_Flag 设置为 1。

(3) 在主线程中启动线程 2，打印 "this is thread2"，并将 g_Flag 设置为 2。

(4) 线程 1 需要在线程 2 退出后才能退出。

(5) 主线程退出。

7. 阅读下面的程序 sem_lianxi.c，分析程序运行结果。

```
/*sem_lianxi.c*/
#include<semaphore.h>
#include<sys/types.h>
#include<stdio.h>
#include<unistd.h>
int number;            //被保护的全局变量
sem_t sem_id1, sem_id2;
void *thread_one_fun(void *arg)
{
    sem_wait(&sem_id1);
    printf("thread_one have the semaphore\n");
    number++;
    printf("number = %d\n",number);
    sem_post(&sem_id2);
}
Void *thread_two_fun(void *arg)
{
    sem_wait(&sem_id2);
    printf("thread_two have the semaphore \n");
    number--;
    printf("number = %d\n",number);
    sem_post(&sem_id1);
}
int main(int argc,char *argv[])
{
    number = 1;
    pthread_t id1, id2;
    sem_init(&sem_id1, 0, 1);        //空闲的
    sem_init(&sem_id2, 0, 0);        //忙的
    pthread_create(&id1,NULL,thread_one_fun, NULL);
    pthread_create(&id2,NULL,thread_two_fun, NULL);
    pthread_join(id1,NULL);
    pthread_join(id2,NULL);
    printf("main…\n");
    return 0;
}
```

第 8 章　嵌入式 Linux 网络编程

经过几十年的发展，Linux 已经成为一个功能强大而稳定的操作系统，目前已经发展到 4.0 的内核。Linux 的诞生、发展和壮大依赖于网络，目前依然掌控于 Linux 社区，遍布全球数以万计的志愿者参与 Linux 的开发。嵌入式 Linux 支持很多硬件平台，并广泛应用到手机、PDA 以及其他移动终端产品中，Linux 的许多特性使其网络编程更易于实现。

本章将主要介绍 Linux 系统网络模型、套接字编程函数、TCP 网络程序设计及 UDP 网络程序设计。

8.1　Linux 系统网络编程概述

近年来，随着网络技术的崛起，支持网络通信已成为计算机操作系统的基本功能之一。Linux 操作系统由于其完善的网络管理功能，成为当前计算机网络操作系统的主流。Linux 不但支持诸如 FTP（文件传送）、Telnet、Rlogin（远程登录）等传统的网络服务功能，而且支持多种不同类型的网络，如 OSI、IPX、UUCP 等，通过这些网络就可以与其他计算机共享文件、收发邮件、传递网络新闻等。

8.1.1　Linux 系统网络编程优势

随着 Linux 操作系统本身的不断完善，其在网络编程方面的优势越来越明显。

（1）Linux 操作系统支持 TCP/IP。任何系统必须遵循的网络协议是 TCP/IP，TCP/IP 对建网提出了统一的规范的要求。

（2）Linux 操作系统拥有许多网络编程的库函数，可以方便地实现客户端/服务器模型。

（3）Linux 的进程管理也符合服务器的工作原理。Linux 操作系统在运行过程中，每一个进程都有一个创建它的父进程，同时它可以创建多个子进程。因此在服务器端可以用父进程监听客户端的连接请求，当有客户端的连接请求时，父进程建立一个子进程与客户端建立连接并与之通信，而它本身可以继续监听其他客户端的连接请求，从而避免了当有一个客户端与服务器建立连接后其他客户端无法与服务器通信的问题。

（4）Linux 还继承了 UNIX 的一个优秀特征——设备无关性，即通过文件描述符实现统一的设备接口。网络的套接字数据传输就是一种特殊的接口，也是一种文件描述符。应用套接字编程接口可以编写网络通信程序，基于套接字可以开发各种类型的应用程序，包括 FTP 客户端/服务器、邮件客户端/服务器等。

8.1.2　网络模型

计算机网络中已经形成的网络体系主要有两个：OSI 参考模型和 TCP/IP 参考模型。

1. OSI 参考模型

OSI 参考模型（Open System Interconnection Reference Model），即开放式系统互连参考模

型，由国际标准化组织制定。它把网络协议从逻辑上分为七层。建立七层模型的主要目的是解决异种网络互连时所遇到的兼容性问题，其最主要的功能就是帮助不同类型的主机实现数据传输。它的最大优点是将服务、接口和协议这三个概念明确地区分开来，通过七个层次化的结构模型使不同的系统不同的网络之间实现可靠的通信。

| 应用层 |
| 表示层 |
| 会话层 |
| 传输层 |
| 网络层 |
| 数据链路层 |
| 物理层 |

图 8-1　OSI 七层网络模型

OSI 模型将网络结构划分为七层，即物理层、数据链路层、网络层、传输层、会话层、表示层和应用层，如图 8-1 所示。每一层均有自己的一套功能集，并与紧邻的上层和下层交互作用，在顶端与底端之间的每一层均能确保数据以一种可读、无错、排序正确的格式被发送。

物理层是 OSI 模型的最底层或第一层，该层包括物理联网媒介，如电缆连线连接器。物理层的协议产生并检测电压以便发送和接收携带数据的信号。尽管物理层不提供纠错服务，但它能够设定数据传输速率并监测数据出错率。网络物理问题，如电线断开，将影响物理层。

数据链路层是 OSI 模型的第二层，它控制网络层与物理层之间的通信。它的主要功能是将从网络层接收到的数据分割成特定的可被物理层传输的帧。帧是用来移动数据的结构包，它不仅包括原始（未加工）数据，或称有效荷载，还包括发送方和接收方的网络地址以及纠错和控制信息。其中的地址确定了帧将发送到何处，而纠错和控制信息则确保帧无差错到达。

网络层即 OSI 模型的第三层，其主要功能是将网络地址翻译成对应的物理地址，并决定如何将数据从发送方路由到接收方，为信息在网络中的传输选择最佳路径。例如，一个计算机有一个网络地址 10.34.99.12（若它使用的是 TCP/IP）和一个物理地址 0060973E97F3。

传输层主要负责确保数据可靠、顺序、无错地从 A 点到传输到 B 点（A、B 点可能在也可能不在相同的网络段上）。因为如果没有传输层，数据将不能被接收方验证或解释，所以传输层常被认为是 OSI 模型中最重要的一层。

会话层负责在网络中的两个节点之间建立和维持通信。术语"会话"指在两个实体之间建立数据交换的连接；常用于表示终端与主机之间的通信。会话层的功能包括：建立通信链接，保持会话过程通信链接的畅通，同步两个节点之间的对话，决定通信是否被中断以及通信中断时决定从何处重新发送。

表示层相当于应用程序和网络之间的翻译官，在表示层，数据将按照网络能理解的方式进行格式化；这种格式化也因所使用网络的类型不同而不同。表示层协议还对图片和文件格式信息进行解码和编码。

OSI 模型的顶端即第七层是应用层。应用层负责对软件提供接口，以使程序能使用网络服务。术语"应用层"并不是指运行在网络上的某个特别应用程序，应用层提供的服务包括文件传输、文件管理以及电子邮件的信息处理。

2. TCP/IP 参考模型

TCP/IP 参考模型是 Internet 的基础。TCP/IP 是一组协议的总称，TCP 和 IP 是其中最主要的两个协议。TCP/IP 参考模型遵守一个四层的模型概念：应用层、传输层、网络层及网络接口层。TCP/IP 结构模型如图 8-2 所示。

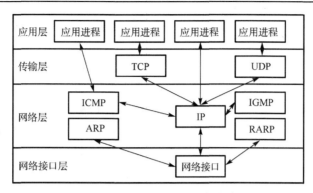

图 8-2　TCP/IP 结构模型

1) 网络接口层

模型的基层是网络接口层，负责数据帧的发送和接收，帧是独立的网络信息传输单元。网络接口层负责将数据帧发送在网上，或从网上把数据帧接收下来。

2) 网络层

网络层主要解决主机到主机的通信问题，它所包含的互连协议将数据包封装成 Internet 数据包，重新赋予主机一个 IP 地址来完成对主机的寻址，它还负责数据包在多种网络中的路由。该层有四个互连协议：网际协议、地址解析协议、网际控制报文协议和互连组管理协议。

(1) 网际协议(Internet Protocol，IP)：负责在主机和网络之间寻址和路由数据包。

(2) 地址解析协议(Address Resolution Protocol，ARP)：负责获得同一物理网络中的硬件主机地址。

(3) 网际控制报文协议(Internet Control Message Protocol，ICMP)：负责发送消息，并报告有关数据包的传送错误。

(4) 互连组管理协议(Internet Group Manage Protocol，IGMP)：被 IP 主机拿来向本地多路广播路由器报告主机组成员。

3) 传输层

其功能是在计算机之间提供通信会话。在传输层定义了两种服务质量不同的协议，即传输控制协议和用户数据报协议，传输协议的选择根据数据传输方式而定。

(1) 传输控制协议(Transmission Control Protocol，TCP)：为应用程序提供可靠的通信连接，适用于一次传输大批数据的情况，也适用于要求得到响应的应用程序。

(2) 用户数据报协议(User Datagram Protocol，UDP)：提供了无连接通信，且不对传送包进行可靠的保证，适用于一次传输少量数据的情况，可靠性则由应用层来负责。

4) 应用层

应用程序通过这一层访问网络。应用层包括一些服务，这些服务是与终端用户相关的认证、数据处理及压缩，应用层还负责告诉传输层哪个数据流是由哪个应用程序发出的。应用层包括的协议主要有：文件传输类协议 HTTP、FTP、TFTP，远程登录类协议 Telnet、电子邮件类协议 SMTP、网络管理类协议 SNMP、域名解析类协议 DNS。

(1) 超文本传输协议(Hypertext Transfer Protocol，HTTP)：是一个应用层的、面向对象的协议，它适用于分布式超媒体信息系统。Web 服务器使用的主要协议就是 HTTP，当然 HTTP 支持的服务器不限于 WWW。

(2) 文件传输协议(File Transfer Protocol，FTP)：是一个用于简化 IP 网络上系统之间文件传输的协议。采用 FTP，可以高效地从 Internet 上的 FTP 服务器下载大量的数据文件，以达到资源共享和传递信息的目的。

(3) 简单文件传输协议(Trivial File Transfer Protocol，TFTP)：是一个传输文件的简单协议，它基于 UDP 而实现，TFTP 在设计的时候是用于小文件传输的，它对内存和处理器的要求很低，因此它不具备 FTP 的许多功能，只能从文件服务器上获得或写入文件，不能列出目录，不进行认证，所以它没有建立连接的过程及错误恢复的功能，适用范围也不像 FTP 那么广泛。一个最常见的 TFTP 应用例子就是使用 TFTP 服务器来备份或恢复 Cisco 路由器、Catalyst 交换机的 IOS 镜像和配置文件。

(4) 远程登录协议(Telecommunication Network Protocol，Telnet)：是通过客户端与服务器之间的选项协商机制，实现了提供特定功能的双方通信。Telnet 可以让用户在本地主机上运行 Telnet 客户端，就可以登录到远端的 Telnet 服务器上。在本地输入的命令可以在服务器上运行，服务器把结果返回本地，如同直接在服务器控制台上操作，以实现在本地远程操作和控制服务器。

(5) 电子邮件类协议 SMTP(Simple Mail Transfer Protocol)：它使用由 TCP 提供的可靠的数据传输服务把邮件消息从发信人的邮件服务器传送到收信人的邮件服务器。跟大多数应用层协议一样，SMTP 也有客户端和服务器端，其客户端和服务器端同时运行在每个邮件服务器上。当一个邮件服务器在向其他邮件服务器发送邮件消息时，它是作为 SMTP 客户端在运行。当一个邮件服务器从其他邮件服务器接收邮件消息时，它是作为 SMTP 服务器在运行。SMTP 的一个重要特点是它能够在传送中接力传送邮件，传送服务提供了进程间通信环境，此环境可以包括一个网络、几个网络或一个网络的子网。

(6) 简单网络管理协议(Simple Network Management Protocol，SNMP)：它允许第三方的管理系统集中采集来自许多网络设备的数据，为网络管理系统提供底层网络管理的框架。利用 SNMP 可以远程管理所有支持这种协议的网络设备，包括监视网络状态、修改网络设备配置、接收网络事件警告等。SNMP 被设计成与协议无关，所以它可以被使用在 IP、IPX、AppleTalk、OSI 以及其他用到的传输协议上。

(7) 域名管理系统(Domain Name System，DNS)：是一台域名解析服务器，它在互联网中的作用是把域名转换成为网络可以识别的 IP 地址，例如，我们上网时输入的域名 www.sohu.com 会自动转换成为 IP地址 61.135.132.6。人们习惯记忆域名，但机器间互相只认 IP 地址，域名与 IP 地址是一一对应的，它们之间的转换工作称为域名解析，域名解析需要由专门的域名解析服务器来完成，整个过程是自动进行的。

3. TCP/IP 参考模型与 OSI 参考模型的关系

TCP/IP 参考模型与 OSI 参考模型有一种相对应的关系，如图 8-3 所示。

1) 应用层

应用层大致对应于 OSI 模型的应用层和表示层，应用程序通过该层利用网络。

2) 传输层

传输层大致对应于 OSI 模型的会话层和传输层，包

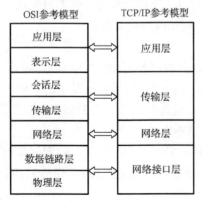

图 8-3　TCP/IP 与 OSI 模型的对应关系

括传输控制协议以及用户数据报协议，这些协议负责提供流控制、错误校验和排序服务。所有的服务请求都使用这些协议。

3）网络层

网络层对应于 OSI 模型的网络层，包括 IP、ICMP、IGMP 以及 ARP。这些协议处理信息的路由以及主机地址解析。

4）网络接口层

网络接口层大致对应于 OSI 模型的数据链路层和物理层。该层处理数据的格式化以及将数据传输到网络电缆。

8.1.3　TCP/IP 协议族

互联网协议族（Internet Protocol Suite，IPS），是一个网络通信模型，以及一整个网络传输协议家族，是互联网的基础通信架构。它常被通称为 TCP/IP 协议族（TCP/IP Protocol Suite 或 TCP/IP Protocol），简称 TCP/IP。因为这个协议族的两个核心协议 TCP 和 IP 为这个家族中最早通过的标准。由于在网络通信协议普遍采用分层结构，当多个层次的协议共同工作时，类似计算机科学中的堆栈，因此又被称为 TCP/IP 协议栈（TCP/IP Protocol Stack）。这些协议最早发源于美国国防部（United States Department of Defense，USDoD）的 ARPA 网项目，因此也被称为 DoD 模型。TCP/IP 提供了点对点的连接机制，将数据应该如何封装、寻址、传输、路由以及在目的地如何接收，都加以标准化。它将软件通信过程抽象化为四个抽象层，采取协议堆栈的方式，分别作出不同通信协议。

可将 TCP/IP 协议族分为以下三部分。

（1）IP。

（2）TCP 和 UDP。

（3）处于 TCP 和 UDP 之上的一组应用协议包括 Telnet、DNS 和 SMTP 等。

1. 网络层协议

第一部分称为网络层，主要包括 IP、ICMP 和 ARP。

1）IP

IP 被设计成互连分组交换通信网，以形成一个网际通信环境。它负责在源主机和目的地主机之间传输来自其较高层软件的称为数据报文的数据块，它在源和目的地之间提供非连接型传递服务。

2）ICMP

ICMP 实际上不是 IP 层部分，但直接同 IP 层一起工作，报告网络上的某些出错情况。允许网际路由器传输差错信息或测试报文。

3）ARP

ARP 实际上不是网络层部分，它处于 IP 和数据链路层之间，它是在 32 位 IP 地址和 48 位物理地址之间执行翻译的协议。

2. 传输层协议

第二部分是传输层协议，包括传输控制协议和用户数据报协议。

1）TCP

该协议对建立网络上用户进程之间的对话负责，以确保进程之间的可靠通信，所提供的功能如下。

（1）监听输入对话建立请求。

（2）请求另一网络站点对话。

（3）可靠地发送和接收数据。

（4）适度地关闭对话。

2）UDP

UDP 提供不可靠的非连接型传输层服务，它允许在源和目的地之间传送数据，而不必在传送数据之前建立会话。它主要用于那些非连接型的应用程序，如视频点播。

3. 应用层协议

应用层协议主要包括 Telnet、FTP、TFTP、SMTP 和 DNS 等协议。

8.1.4　TCP/IP 封装

1. TCP/IP 的封装过程

在使用 TCP 的网络程序中，用户数据从产生到从网卡发出去一般要经过如图 8-4 所示的逐层封装过程。

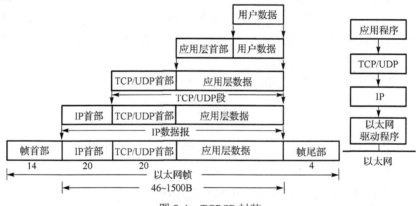

图 8-4　TCP/IP 封装

图 8-4 从下往上看，可以发现以下几点。

（1）数据链路层通过加固定长度的首部、尾部来封装 IP 数据报产生以太网帧，其中首部存在对封装数据的标识。

（2）网络层通过加首部来封装 TCP 段产生 IP 数据报，其中首部存在对封装数据的标识：是 ICMP（0x01）、IGMP（0x02）、TCP（0x06），还是 UDP（0x11）。

（3）传输层通过加首部来封装应用数据产生 TCP/UDP 段，其中首部存在对封装数据的标识——端口号，用来标识是哪个应用程序产生的数据。

（4）按这种处理逻辑，在应用层，对于我们要处理的应用数据也要加上固定长度的首部，首部中同样含有某些标识。一般会标识本次数据的业务意义，在程序中一般处理为业务集合（枚举型）的某个元素。如果是 TCP 应用，还可能包括应用数据总体长度。

协议采用分层结构，因此，数据报文也采用分层封装的方法。下面以应用最广泛的以太网为例说明其数据报文分层封装，如图 8-5 所示。

TCP/IP 是一个比较复杂的协议集，有兴趣的读者可以查看相关专业书籍。在此仅介绍其与编程密切相关的部分：以太网上 TCP/IP 的分层结构及其报文格式。

图 8-5　数据报文分层封装

由于 TCP/IP 采用分层模型，各层都有专用的报头，下面介绍以太网下 TCP/IP 各层报文格式，如图 8-6 所示。

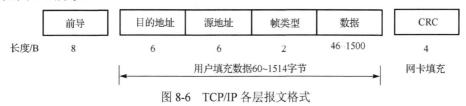

图 8-6　TCP/IP 各层报文格式

8B 的前导用于帧同步，CRC 域用于帧校验。这些用户不必关心，由网卡芯片自动添加。目的地址和源地址是指网卡的物理地址，即 MAC 地址，具有唯一性。帧类型或协议类型是指数据包的高级协议，如 0x0806 表示 ARP，0x0800 表示 IP 等。

2. IP 格式

IP 主要有四个功能：数据传送、寻址、路由选择及数据报文的分段。其主要目的是为数据输入/输出网络提供基本算法，为高层协议提供无连接的传送服务。这意味着在 IP 将数据递交给接收站点以前不在传输站点和接收站点之间建立会话，它只是封装和传递数据，但不向发送者或接收者报告包的状态，不处理所遇到的故障。

IP 包由 IP 协议头与协议数据两部分构成。IP 协议头格式如图 8-7 所示。

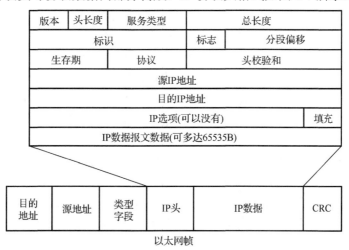

图 8-7　IP 协议头格式

在以太网帧中，IPv4 包头紧跟着以太网帧头，同时以太网帧头中的协议类型值设置为 0x0800。IP 协议头格式各项分别介绍如下。

1) 版本(Version)

用来指定 IP 的版本号，因为目前仍主要使用 IPv4 版本，所以这里的值通常是 0x4(注意：封包使用的数字通常都是十六进制的)，占 4 位。

2）头长度（Internet Header Length，IHL）

指明 IPv4 协议包头长度的字节数包含多少个 32 位，由于 IPv4 的包头可能包含可变数量的可选项，所以这个字段可以用来确定 IPv4 数据报中数据部分的偏移位置。IPv4 包头的最小长度是 20B，因此 IHL 这个字段的最小值用十进制表示就是 5，占 4 位。由于它是一个 4bit 字段，所以首部最长为 60B，但实际上目前最多仍为 24B。

3）服务类型（Type of Service，TOS）

定义 IP 封包在传送过程中要求的服务类型，共由 8bit 组成，其中每比特的组合分别代表不同的意思，4bit 中只能置其中 1bit，如果所有 4bit 均为 0，就意味着是一般服务。

4）总长度（Total Length，TL）

IP 协议头格式中指定 IP 包的总长，通常以字节为单位来表示该封包的总长度，此数值包括标头和数据的总和，它以字节为单位，占 16 位。利用首部长度字段和总长度字段，就可以知道 IP 数据报中数据内容的起始位置和长度。

由于该字段长 16 位，所以 IP 数据报最长可达 65535B。尽管可以传送一个长达 65535B 的 IP 数据报，但是大多数链路层都会对它进行分段，而且主机要求不能接收超过 576B 的数据报，由于 TCP 把用户数据分成若干段，因此一般来说这个限制不会影响 TCP。UDP 的应用（如 RIP、TFTP、BOOTP、DNS、SNMP 等）都限制用户数据报长度为 512B，小于 576B，但是事实上现在大多数的实现允许超过 8192B 的 IP 数据报。

总长度字段是 IP 首部中必要的内容，因为一些数据链路（如以太网）需要填充一些数据，以达到最小长度。尽管以太网的最小帧长为 46B，但是 IP 数据可能会更短。如果没有总长度字段，那么 IP 层就不知道 46B 中有多少是 IP 数据报的内容。

5）标识（Identification）

每一个 IP 封包都有一个 16 位的唯一识别码，当程序产生的数据要通过网络传送时都会被拆成封包形式发送，当封包要进行重组的时候这个 ID 就是依据了，占 16 位。

标识字段唯一地标识主机发送的每一份数据报。通常每发送一份消息它的值就会加 1。假设有两个连续的 IP 数据报，其中一个是由 TCP 生成的，而另一个是由 UDP 生成的，那么它们可能具有相同的标识字段。尽管这也可以照常工作（由重组算法来处理），但是在大多数从伯克利派生出来的系统中，每发送一个 IP 数据报，IP 层都要把一个内核变量的值加 1，不管交给 IP 的数据来自哪一层，核变量的初始值根据系统引导时的时间来设置。

6）标志（Flags）

这是当封包在传输过程中进行最佳组合时使用的 3bit 的识别记号。

7）分段偏移（Fragment Offset，FO）

IP 协议头格式规定，当封包被分段之后，由于网路情况或其他因素影响，其抵达顺序不会和当初切割顺序一致，所以当封包进行分段的时候会为各片段做好定位记录，以便在重组的时候能够对号入座其值为多少字节，如果封包并没有被分段，则 FO 值为 0，占 13 位。

8）生存期（Time To Live，TTL）

生存期字段设置了数据报可以经过的最多路由器数，占 8 位，表示数据报在网络上生存的时间。TTL 的初始值由源主机设置（通常为 32 或 64），一旦经过一个处理它的路由器，它的值就减去 1，当该字段的值为 0 时，数据报就被丢弃，并发送 ICMP 消息通知源主机，这样当封包在传递过程中由于某些原因而未能抵达目的地的时候，就可以避免其一直充斥在网路上面。

9) 协议(Protocol, PROT)

协议指该封包所使用的网络协议类型, 如 ICMP、DNS 等, 占 8 位。

10) 头校验和(Header Checksum)

指 IPv4 数据报包头的校验和, 这个数值用来检错, 以确保封包被正确无误地接收到。当封包开始进行传送后, 接收端主机会利用这个检验值来检验余下的封包, 如果一切无误就会发出确认信息表示接收正常, 与 UDP 和 TCP 协议包头中的校验和作用是一样的, 占 16 位。

首部检验和字段是根据 IP 首部计算的检验和码, 不对首部后面的数据进行计算。ICMP、IGMP、UDP 和 TCP 在它们各自的首部中均含有同时覆盖首部和数据的检验和码。

IP 协议头格式规定: 计算一份数据报的 IP 检验和时, 首先把检验和字段置为 0, 然后对首部中每个 16 位进行二进制反码求和(整个首部看成由一串 16 位的字组成), 结果存仕检验和字段中。当接收端收到一份 IP 数据报后, 同样对首部中每个 16 位进行二进制反码求和, 由于接收方在计算过程中包含了发送方存在首部中的检验和, 故如果首部在传输过程中没有发生任何差错, 那么接收方计算的结果应该为全 1, 如果结果不是全 1(检验和错误), IP 就丢弃收到的数据报, 但是不生成差错消息, 由上层去发现丢失的数据报并进行重传。

ICMP、IGMP、UDP 和 TCP 都采用相同的检验和算法, 尽管 TCP 和 UDP 除了本身的首部和数据外, 在 IP 首部中还包含不同的字段, 由于路由器经常只修改 TTL 字段(减 1), 所以当路由器转发一份消息时可以增加它的检验和, 而不需要对 IP 整个首部进行重新计算。

11) 源地址(Source Address, SA)

发送 IP 数据包的 IP 地址, 占 32 位。

12) 目的地址(Destination Address)

接收 IP 数据报的 IP 地址, 占 32 位。

13) 选项(Options)+填充(Padding)

这两个选项较少使用, 只有某些特殊的封包需要特定的控制才会用到, 共 32 位, 这些选项通常包括以下几项。

(1) 安全和处理限制: 用于军事领域。

(2) 记录路径: 让每个路由器都记下它的 IP 地址。

(3) 时间戳: 让每个路由器都记下它的 IP 地址和时间。

(4) 宽松的源站选路: 为数据报指定一系列必须经过的 IP 地址。

(5) 严格的源站选路: 与宽松的源站选路类似, 但是要求只能经过指定的这些地址, 不能经过其他地址。

以上这些选项很少被使用, 而且并非所有的主机和路由器都支持这些选项。选项字段一直都是以 32 位作为界限, 在必要的时候插入值为 0 的填充字节, 这样就保证 IP 首部始终是 32 位的整数倍(这是首部长度字段所要求的)。

从以上 IP 协议头格式可以看出, IP 协议包头大小也有两种: 当没有"选项"这个字段时, 为 160 位, 20B; 当有"选项"字段时为 192 位, 24B, 它与 TCP 协议包头大小是一样的。

3. TCP 格式

TCP 是重要的传输层协议, 目的是允许数据同网络上的其他节点进行可靠的交换。它能提供端口编号的译码, 以识别主机的应用程序, 而且完成数据的可靠传输。

TCP 具有严格的内装差错检验算法确保数据的完整性。TCP 是面向字节的顺序协议, 这

意味着包内的每个字节被分配一个顺序编号，并分配给每包一个顺序编号。TCP 格式如图 8-8
所示。

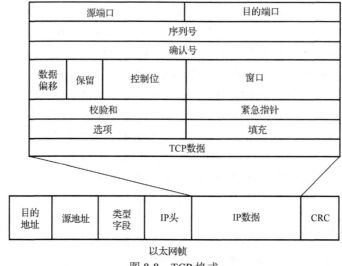

图 8-8 TCP 格式

其中各部分长度如下。

源端口：16 位。

目的端口：16 位。

序列号：32 位，当 SYN 出现时，序列码实际上是初始序列码(ISN)，而第一个数据字节
是 ISN+1。

确认号：32 位，如果设置了 ACK 控制位，那么这个值表示一个待接收包的序列码。

数据偏移：4 位，指示何处数据开始。

保留：6 位，这些位必须是 0。

控制位：6 位。

窗口：16 位。

校验和：16 位。

紧急指针：16 位，指向后面是优先数据的字节。

选项：长度不定，但长度必须以字节记，选项的具体内容需要结合具体命令来定。

填充：不定长，填充的内容必须为 0，它可以保证包头的结合和数据的开始处偏移量能
够被 32 整除。

4. UDP 格式

UDP 也是传输层协议，它是无连接的、不可靠的传输服务。当接收数据时它不向发送方
提供确认信息，它不提供输入包的顺序，如果出现丢失包或重复包的情况，也不会向发送方
发出差错报文。由于它执行功能时具有较低的开销，因而执行速度比 TCP 快。UDP 数据格式
如图 8-9 所示。

UDP 使用端口号为不同的应用保留其各自的数据传输通道。UDP 和 TCP 正是采用这一
机制实现对同一时刻内多项应用同时发送和接收数据的支持。数据发送一方(可以是客户端或
服务器端)将 UDP 数据报通过源端口发送出去，而数据接收方则通过目的端口接收数据。有
的网络应用只能使用预先为其预留或注册的静态端口；而另外一些网络应用则可以使用未被

注册的动态端口。因为 UDP 报头使用 2B 存放端口号，所以端口号的有效范围是 0～65535。一般来说，大于 49151 的端口号都代表动态端口。

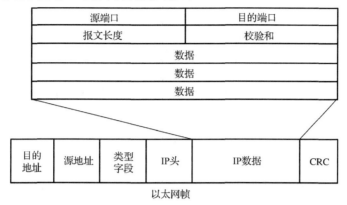

图 8-9　UDP 数据格式

报文长度是指包括报头和数据部分在内的总的字节数。因为报头的长度是固定的，所以该域主要被用来计算可变长度的数据部分(又称为数据负载)。数据报的最大长度根据操作环境的不同而各异。从理论上说，包含报头在内的数据报的最大长度为 65535B。不过，一些实际应用往往会限制数据报的大小，有时会降低到 8192B。

UDP 使用报头中的校验和来保证数据的安全。首先在数据发送方通过特殊的算法计算得出校验和，在传递到接收方之后，还需要再重新计算。如果某个数据报在传输过程中被第三方篡改或者由于线路噪声等原因受到损坏，发送方和接收方的校验计算值将不会相符，由此 UDP 可以检测是否出错。这与 TCP 是不同的，后者要求必须具有校验和。

5. UDP 与 TCP 比较

UDP 和 TCP 的主要区别是两者在如何实现信息的可靠传递方面不同。

TCP 中包含了专门的传递保证机制，当数据接收方收到发送方传来的信息时，会自动向发送方发出确认消息；发送方只有在接收到该确认消息之后才继续传送其他信息，否则将一直等待，直到收到确认信息为止。

与 TCP 不同，UDP 并不提供数据传送的保证机制。如果在从发送方到接收方的传递过程中出现数据报的丢失，协议本身并不能做出任何检测或提示。因此，通常人们把 UDP 称为不可靠的传输协议。

然而，在有些情况下 UDP 可能会变得非常有用，因为 UDP 具有 TCP 所无法比拟的速度优势。虽然 TCP 中植入了各种安全保障功能，但是在实际执行的过程中会占用大量的系统开销，无疑使速度受到严重的影响。而 UDP 由于排除了信息可靠传递机制，将安全和排序等功能移交给上层应用来完成，极大地缩短了执行时间，使速度得到了保证。

8.2　Linux 网络编程基础

8.2.1　套接字

多个 TCP 连接或多个应用程序进程可能需要通过同一个 TCP 端口传输数据。为了区别不同的应用程序进程和连接，许多计算机操作系统为应用程序与 TCP/IP 交互提供了称为套接字（Socket）的接口。Linux 中的网络编程正是通过 Socket 接口实现的，Socket 是一种文件描述符。

常用的 TCP/IP 有以下三种类型的套接字。

1. 流式套接字（SOCK_STREAM）

流式套接字用于提供面向连接的、可靠的数据传输服务。该服务将保证数据能够实现无差错、无重复发送，并按顺序接收。流式套接字之所以能够实现可靠的数据服务，原因在于其使用了 TCP。

2. 数据报套接字（SOCK_DGRAM）

数据报套接字提供了一种无连接的服务。该服务并不能保证数据传输的可靠性，数据有可能在传输过程中丢失或出现数据重复，且无法保证顺序地接收到数据。数据报套接字使用 UDP 进行数据的传输。由于数据报套接字不能保证数据传输的可靠性，对于有可能出现的数据丢失情况，需要在程序中作相应的处理。

3. 原始套接字（SOCK_RAW）

原始套接字与标准套接字（标准套接字指的是前面介绍的流式套接字和数据报套接字）的区别在于：原始套接字可以读写内核没有处理的 IP 数据报，而流式套接字只能读取 TCP 的数据，数据报套接字只能读取 UDP 的数据。因此，如果要访问其他协议发送的数据必须使用原始套接字。原始套接字允许对低层协议（如 IP 或 ICMP）直接进行访问，其主要用于新的网络协议的测试等。

8.2.2　网络地址

1. 网络地址格式

在 Socket 程序设计中，struct sockaddr 用于记录网络地址，其格式如下：

```
struct sockaddr
{
  u_short  sa_family;
  char  sa_data[14];
}
```

其中，sa_family 为协议族，采用 AF_XXX 的形式，例如，AF_INET（IP 协议族）；sa_data 为 14B 的特定协议地址。

编程中一般并不直接针对 sockaddr 数据结构操作，而是使用与 sockaddr 等价的 sockaddr_in 数据结构，其格式如下：

```
struct sockaddr_in
{
  short int sin_family;                /*Internet 地址族*/
  unsigned short int sin_port;         /*端口号*/
  struct in_addr sin_addr;             /*协议特定地址，如 IP 地址*/
  unsigned char sin_zero[8];           /*填 0*/
}
```

2. 地址转换

IP 地址通常由数字加点(如 192.168.0.1)的形式表示，而在 struct in_addr 中使用的 IP 地址是由 32 位整数表示的，为了实现这两种形式地址的转换，可以通过下面两个函数实现。

1) inet_aton 函数

所需的头文件：`#include<sys/socket.h>`

　　　　　　　　`#include<netinet/in.h>`

　　　　　　　　`#include<arpa/inet.h>`

函数格式：`int inet_aton(const char *cp,struct in_addr *inp)`

函数功能：将 *a.b.c.d* 字符串形式的 IP 地址转换为 32 位的网络序列的 IP 地址。

参数说明如下。

*cp：存放字符串形式的 IP 地址的指针。

*inp：存放 32 位的网络序列的 IP 地址。

返回值：如果转换成功，则函数的返回值非零，否则返回零。

2) inet_ntoa 函数

所需的头文件：`#include<sys/socket.h>`

　　　　　　　　`#include<netinet/in.h>`

　　　　　　　　`#include<arpa/inet.h>`

函数格式：`char *inet_ntoa(struct in_addr in)`

函数功能：将 32 位的网络序列的 IP 地址转换为 *a.b.c.d* 字符串形式的 IP 地址。

参数说明如下。

in：Internet 主机地址的结构。

返回值：若转换成功，则返回一个字符指针，否则返回 NULL。

8.2.3　字节序

不同类型的 CPU 对变量的字节存储顺序可能不同：有的系统是高位在前、低位在后，有的系统是低位在前、高位在后，而网络传输的数据顺序是必须统一的。所以当内部字节存储顺序和网络字节顺序不同时，一定要进行转换。

例如，32bit 的整数 0x01234567 从地址 0x100 开始存放，分别有下面两种存放顺序。

(1) 小端字节序：

	0x100	0x101	0x102	0x103	
…	67	45	23	01	…

(2) 大端字节序：

	0x100	0x101	0x102	0x103	
…	01	23	45	67	…

网络字节顺序是 TCP/IP 中规定好的一种数据表示格式，它与具体的 CPU 类型、操作系统等无关，从而可以保证数据在不同主机之间传输时能够被正确解释。网络字节顺序采用大端字节序方式。

为什么要进行字节序转换呢？举一个例子，Intel 的 CPU 使用的是小端字节序，而 Motorola 68K 系列 CPU 使用的是大端字节序，如果 Motorola 68K 发送一个 16 位数据 0x1234 给 Intel，传到 Intel 时，就被 Intel 解释为 0x3412。

正是因为网际协议采用的是大端字节序，在编程的时候才需要考虑网络字节序和主机字节序之间的转换。下面介绍四个转换函数。

1. htons 函数

所需的头文件：`#include<netinet/in.h>`

函数格式：`unsigned short int htons(unsigned short int hostshort);`

函数功能：将参数指定的 16 位主机字符顺序转换成网络字符顺序。

参数说明：

hostshort：待转换的 16 位主机字符顺序数。

返回值：返回对应的网络字符顺序数。

2. htonl 函数

所需的头文件：`#include<netinet/in.h>`

函数格式：`unsigned long int htonl(unsigned long int hostlong);`

函数功能：将参数指定的 32 位主机字符顺序转换成网络字符顺序。

参数说明：

hostlong：待转换的 32 位主机字符顺序数。

返回值：返回对应的网络字符顺序数。

3. ntohs 函数

所需的头文件：`#include<netinet/in.h>`

函数格式：`unsigned short int ntohs(unsigned short int netshort);`

函数功能：将参数指定的 16 位网络字符顺序转换成主机字符顺序。

参数说明：

netshort：待转换的 16 位网络字符顺序数。

返回值：返回对应的主机字符顺序数。

4. ntohl 函数

所需的头文件：`#include<netinet/in.h>`

函数格式：`unsigned long int ntohl(unsigned long int netlong);`

函数功能：将参数指定的 32 位网络字符顺序转换成主机字符顺序。

参数说明：

netlong：待转换的 32 位网络字符顺序数。

返回值：返回对应的主机字符顺序数。

8.2.4　Socket 编程常用函数

1. Socket 函数

所需的头文件：`#include<sys/types.h>`
　　　　　　　`#include<sys/socket.h>`

函数格式：`int socket(int domain, int type, int protocol);`

函数功能：创建一个套接字。

参数说明如下。

domain：即协议域，又称为协议族（Family）。

常用的协议族有 AF_INET、AF_INET6、AF_LOCAL（或称 AF_UNIX、UNIX 域 Socket）、AF_ROUTE 等。

协议族决定了套接字的地址类型，在通信中必须采用对应的地址，如 AF_INET 决定了要用 IPv4 地址（32 位）与端口号（16 位）的组合，AF_UNIX 决定了要用一个绝对路径名作为地址。

type：指定套接字类型，可以是 SOCK_STREAM、SOCK_DGRAM 或 SOCK_RAW。

protocol：指定协议。当 protocol 为 0 时，会自动选择 type 类型对应的默认协议。

返回值：若调用成功，则返回一个套接字描述符；如果出错，则返回–1。

2. bind 函数

所需的头文件：#include<sys/types.h>
　　　　　　　　#include<sys/socket.h>

函数格式：int bind(int sockfd, const struct sockaddr *addr, socklen_t addrlen);

函数功能：把套接字绑定到本地计算机的某一个端口上。

参数说明如下。

sockfd：是由 socket 函数返回的套接字描述符，bind 函数就是将给这个描述符绑定一个名字。

*addr：一个 const struct sockaddr *指针，指向要绑定给 sockfd 的协议地址。这个地址结构根据创建 socket 时的地址协议族的不同而不同，一般包含名称、端口和 IP 地址。

addrlen：对应的是地址的长度，可以设置为 sizeof(struct sockaddr)。

返回值：若成功，则返回 0；若出错，则返回–1，错误原因存于 errno 中。

3. listen 函数

所需的头文件：#include<sys/types.h>
　　　　　　　　#include<sys/socket.h>

函数格式：int listen(int sockfd, int backlog);

函数功能：侦听 socket 能处理的最大并发连接请求数，其最大取值为 128。

参数说明如下。

sockfd：为要侦听的 socket 描述字。

backlog：为相应 socket 可以侦听的最大并发连接请求数，在内核函数中，首先对 backlog 作检查，如果大于 128，则强制使其等于 128。socket 函数创建的 socket 默认是一个主动类型的，listen 函数将 socket 变为被动类型的，等待客户的连接请求。

4. connect 函数

所需的头文件：#include<sys/types.h>
　　　　　　　　#include<sys/socket.h>

函数格式：int connect(int sockfd, const struct sockaddr *addr, socklen_t addrlen);

函数功能：客户端通过调用 connect 函数来建立与 TCP 服务器的连接。

参数说明如下。

sockfd：客户端的 socket 描述字。

addr：服务器的 socket 地址。

addrlen：socket 地址的长度。

返回值：若成功，则返回 0；若失败，则返回−1，错误原因存于 errno 中。

5. accept 函数

所需的头文件：#include<sys/types.h>

#include<sys/socket.h>

函数格式：int accept(int sockfd, struct sockaddr *addr, socklen_t *addrlen);

函数功能：用来接受参数 sockfd 的 socket 连接。参数 sockfd 的 socket 必须先经 bind、listen 函数处理过，当有连线进来时 accept 会返回一个新的 socket 处理代码，往后的数据传送与读取就是经由新的 socket 处理，而原来参数 sockfd 的 socket 能继续使用 accept 来接受新的连线要求。accept 连线成功时，参数 addr 所指的结构会被系统填入远程主机的地址数据，参数 addrlen 为 sockaddr 的结构长度。

参数说明如下。

sockfd：服务器的 socket 描述字。

addr：指向 struct sockaddr 的指针，用于返回客户端的协议地址。

addrlen：协议地址的长度。

返回值：如果成功，那么其返回值是由内核自动生成的一个全新的描述字，代表与返回客户的 TCP 连接；如果失败，则返回−1，错误原因存于 errno 中。

6. recvfrom 函数

所需的头文件：#include<sys/types.h>

#include<sys/socket.h>

函数格式：int recvfrom(int sock, char FAR *buf, int len, int flags,struct sockaddr FAR *from, int FAR *fromlen);

函数功能：从套接字上接收一个数据报并保存源地址。

参数说明如下。

sock：标识一个已连接套接字的描述字。

buf：接收数据缓冲区。

len：接收数据缓冲区长度。

flags：调用操作方式。

from：(可选)指针，指向装有源地址的缓冲区。

fromlen：(可选)指针，指向 from 缓冲区长度值。

返回值：若成功，则返回读入的字节数；若失败，则返回−1。

7. sendto 函数

所需的头文件：#include<sys/types.h>

#include<sys/socket.h>

函数格式：int sendto(int sock, const char FAR *buf, int len, int flags, struct sockaddr FAR *to, int tolen);

函数功能：向一指定目的地发送数据。

参数说明如下。

sock：一个标识套接字的描述字。

buf：包含待发送数据的缓冲区。

len：buf 缓冲区中数据的长度。

flags：调用方式标志位，是以下零个或者多个标志的组合体，可通过 or 操作连在一起。

(1)MSG_DONTROUTE：不要使用网关来发送封包，只发送到直接联网的主机。这个标志主要用于诊断或者路由程序。

(2)MSG_DONTWAIT：操作不会被阻塞。

(3)MSG_EOR：终止一个记录。

(4)MSG_MORE：调用者有更多的数据需要发送。

(5)MSG_NOSIGNAL：当另一端终止连接时，请求在基于流的错误套接字上不要发送SIGPIPE 信号。

(6)MSG_OOB：发送 out-of-band 数据(需要优先处理的数据)，同时现行协议必须支持此操作。

to：(可选)指针，指向目的套接字的地址。

tolen：目的套接字地址的长度。

返回值：若成功，则返回所发送数据的总数；否则返回 SOCKET_ERROR 错误。

8.3　TCP 网络程序设计

网络程序和普通程序有一个最大的区别是网络程序是由两部分组成的，即客户端和服务器端。在网络程序中，如果一个程序主动和外面的程序通信，那么把这个程序称为客户端程序。被动地等待外面的程序来和自己通信的程序称为服务器端程序。

在网络应用中通信的两个进程间相互作用的主要模式是客户机/服务器模式(C/S 模式)，即客户机向服务器发出请求，服务器接收到请求后提供相应的服务。C/S 模式工作时要求有一套为客户机和服务器所共识的协议，在协议中有主从机之分。当服务器和应用程序需要和其他进程通信时就会创建套接字(socket)，Socket 主要完成配套接口和初始化、完成连接的系统调用、传送数据以及关闭接口等工作。

TCP 是一种面向连接的协议，当网络程序使用这个协议的时候，网络可以保证客户端和服务器端的连接是可靠的、安全的。Linux 系统是通过提供套接字来进行网络编程的，网络程序通过 Socket 和其他几个函数的调用，会返回一个通信的文件描述符，可以将这个描述符看成普通的文件描述符来操作，通过向描述符读写操作实现网络之间的数据交流。

基于 TCP 的服务器端程序设计步骤如下。

(1)用函数 socket 创建一个 Socket。

(2)用函数 bind 绑定 IP 地址、端口等信息到 Socket 上。

(3)用函数 listen 设置侦听的最大并发连接请求数。

(4)用函数 accept 接收客户端上来的连接。

(5)用函数 send 和 recv，或者 read 和 write 收发数据。

(6)关闭网络连接。

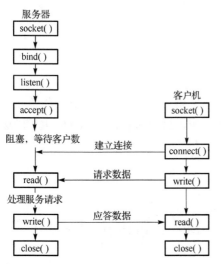

图 8-10　基于 TCP 的服务器端/客户端程序设计流程

基于 TCP 的客户端程序设计步骤如下。

（1）用函数 socket 创建一个 Socket。

（2）设置要连接的对方的 IP 地址和端口等属性。

（3）用函数 connect 连接服务器。

（4）用函数 send 和 recv，或者 read 和 write 收发数据。

（5）关闭网络连接。

基于 TCP 的服务器端/客户端程序设计流程如图 8-10 所示。

例 8-1　TCP 网络程序设计实例。

基于 TCP 的服务器端程序设计 tcp_server.c，服务器负责发送数据：

```c
/*tcp_server.c*/
#include<stdlib.h>
#include<stdio.h>
#include<errno.h>
#include<string.h>
#include<netdb.h>
#include<sys/types.h>
#include<netinet/in.h>
#include<sys/socket.h>
#define portnumber 3333

int main(int argc, char *argv[])
{
  int sockfd,new_fd;
  struct sockaddr_in server_addr;
  struct sockaddr_in client_addr;
  int sin_size;
  char hello[]="Hello! Are You Fine?\n";


  /*服务器端开始建立sockfd描述符*/
  if((sockfd=socket(AF_INET,SOCK_STREAM,0))==-1)
// AF_INET:IPV4;SOCK_STREAM:TCP
  {
      fprintf(stderr,"Socket error:%s\n\a",strerror(errno));
      exit(1);
  }

  /* 服务器端填充 sockaddr 结构 */
  bzero(&server_addr,sizeof(struct sockaddr_in));        //初始化,置 0
  server_addr.sin_family=AF_INET;                        //Internet
  server_addr.sin_addr.s_addr=htonl(INADDR_ANY);         //将本机器上的 long 数
```

据转化为网络上的 long 数据)和任何主机通信,INADDR_ANY 表示可以接收任意 IP 地址的数据,
即绑定到所有的 IP

```
server_addr.sin_port=htons(portnumber);
                    // (将本机器上的 short 数据转化为网络上的 short 数据)端口号

/*捆绑 sockfd 描述符到 IP 地址*/
if(bind(sockfd,(struct sockaddr *)(&server_addr),sizeof(struct sockaddr))==-1)
{
    fprintf(stderr,"Bind error:%s\n\a",strerror(errno));
    exit(1);
}

/*设置允许连接的最大客户端数*/
if(listen(sockfd,5)==-1)
{
    fprintf(stderr,"Listen error:%s\n\a",strerror(errno));
    exit(1);
}

while(1)
{
    /*服务器阻塞,直到客户程序建立连接*/
    sin_size=sizeof(struct sockaddr_in);
    if((new_fd=accept(sockfd,(struct sockaddr *)(&client_addr),&sin_size))==-1)
    {
        fprintf(stderr,"Accept error:%s\n\a",strerror(errno));
        exit(1);
    }
    fprintf(stderr,"Server get connection from %s\n",inet_ntoa(client_addr.sin_addr));
//将网络地址转换成字符串

    if(write(new_fd,hello,strlen(hello))==-1)
    {
        fprintf(stderr,"Write Error:%s\n",strerror(errno));
        exit(1);
    }
    /*这个通信已经结束*/
    close(new_fd);
    /*循环下一个*/
}

/*结束通信*/
close(sockfd);
exit(0);
}
```

基于 TCP 的客户端程序设计 tcp_client.c，客户端负责接收数据：

```
/*tcp_client.c*/
```

```c
#include<stdlib.h>
#include<stdio.h>
#include<errno.h>
#include<string.h>
#include<netdb.h>
#include<sys/types.h>
#include<netinet/in.h>
#include<sys/socket.h>

#define portnumber 3333

int main(int argc, char *argv[])
{
    int sockfd;
    char buffer[1024];
    struct sockaddr_in server_addr;
    struct hostent *host;
    int nbytes;

    /*使用 hostname 查询 host 名字*/
    if(argc!=2)
    {
        fprintf(stderr,"Usage:%s hostname \a\n",argv[0]);
        exit(1);
    }

    if((host=gethostbyname(argv[1]))==NULL)
    {
        fprintf(stderr,"Gethostname error\n");
        exit(1);
    }

    /*客户程序开始建立 sockfd 描述符*/
    if((sockfd=socket(AF_INET,SOCK_STREAM,0))==-1)
//AF_INET:Internet;SOCK_STREAM:TCP
    {
        fprintf(stderr,"Socket Error:%s\a\n",strerror(errno));
        exit(1);
    }

    /*客户程序填充服务器端的资料*/
    bzero(&server_addr,sizeof(server_addr));            //初始化,置 0
    server_addr.sin_family=AF_INET;                     //IPv4
    server_addr.sin_port=htons(portnumber);
                        //(将本机器上的 short 数据转化为网络上的 short 数据)端口号
    server_addr.sin_addr=*((struct in_addr *)host->h_addr); //IP 地址
```

```
/*客户程序发起连接请求*/
if(connect(sockfd,(struct sockaddr *)(&server_addr),sizeof(struct sockaddr))==-1)
{
    fprintf(stderr,"Connect Error:%s\a\n",strerror(errno));
    exit(1);
}

/*连接成功*/
if((nbytes=read(sockfd,buffer,1024))==-1)
{
    fprintf(stderr,"Read Error:%s\n",strerror(errno));
    exit(1);
}
buffer[nbytes]='\0';
printf("I have received:%s\n",buffer);

/*结束通信*/
close(sockfd);
exit(0);
}
```

分别运行服务器端和客户端程序，显示结果如图 8-11 和图 8-12 所示。

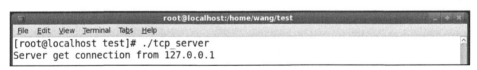

图 8-11　基于 TCP 的服务器端程序运行结果

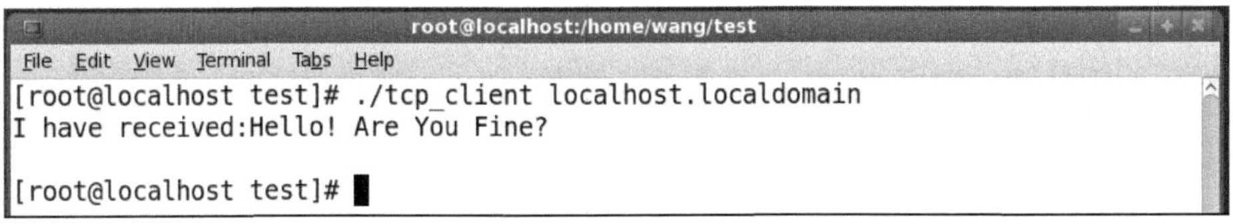

图 8-12　基于 TCP 的客户端程序运行结果

8.4　UDP 网络程序设计

UDP 是一种简单的传输层协议，是一种非连接的、不可靠的数据报文协议，完全不同于提供面向连接的、可靠的字节流的 TCP。虽然 UDP 有很多不足，但还是有很多网络程序使用它，如 DNS（域名解析服务）、NFS（网络文件系统）、SNMP 等。

通常，UDP 客户端程序不和服务器端程序建立连接，而是直接使用 sendto 来发送数据。同样，UDP 服务器端程序不需要允许 Client 程序的连接，而是直接使用 recvfrom 来等待，直到接收到客户端程序发送来的数据。

基于 UDP 的服务器端程序设计步骤如下。

（1）用函数 socket 创建一个 Socket。

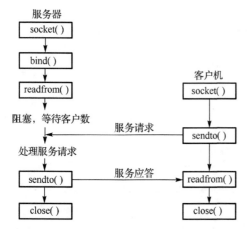

图 8-13　基于 UDP 的服务器端/客户端程序设计流程

(2) 用函数 bind 绑定 IP 地址、端口等信息到 Socket 上。

(3) 用函数 recvfrom 循环接收数据。

(4) 关闭网络连接。

基于 UDP 的客户端程序设计步骤如下。

(1) 用函数 socket 创建一个 Socket。

(2) 用函数 bind 绑定 IP 地址、端口等信息到 Socket 上。

(3) 设置要连接的对方的 IP 地址和端口等属性。

(4) 用函数 sendto 发送数据。

(5) 关闭网络连接。

基于 UDP 的服务器端/客户端程序设计流程如图 8-13 所示。

例 8-2　UDP 网络程序设计实例。

基于 UDP 的服务器端程序设计 udp_server.c，服务器负责接收数据：

```c
/*udp_server.c*/
#include<stdlib.h>
#include<stdio.h>
#include<errno.h>
#include<string.h>
#include<unistd.h>
#include<netdb.h>
#include<sys/socket.h>
#include<netinet/in.h>
#include<sys/types.h>
#include<arpa/inet.h>
#define SERVER_PORT 8888
#define MAX_MSG_SIZE 1024

void udps_respon(int sockfd)
{
    struct sockaddr_in addr;
    int addrlen,n;
    char msg[MAX_MSG_SIZE];

    while(1)
    {   /*从网络上读,并写到网络上*/
        bzero(msg,sizeof(msg)); //初始化,清零
        addrlen = sizeof(struct sockaddr);
        n=recvfrom(sockfd,msg,MAX_MSG_SIZE,0,(struct sockaddr*)&addr,&addrlen);
        //从客户端接收消息
        msg[n]=0;
        /*显示服务端已经收到了信息*/
        fprintf(stdout,"Server have received %s",msg);        //显示消息
```

```c
    }
}

int main(void)
{
    int sockfd;
    struct sockaddr_in addr;

    /*服务器端开始建立 socket 描述符*/
    sockfd=socket(AF_INET,SOCK_DGRAM,0);
    if(sockfd<0)
    {
        fprintf(stderr,"Socket Error:%s\n",strerror(errno));
        exit(1);
    }

    /*服务器端填充 sockaddr 结构*/
    bzero(&addr,sizeof(struct sockaddr_in));
    addr.sin_family=AF_INET;
    addr.sin_addr.s_addr=htonl(INADDR_ANY);
    addr.sin_port=htons(SERVER_PORT);

    /*捆绑 sockfd 描述符*/
    if(bind(sockfd,(struct sockaddr *)&addr,sizeof(struct sockaddr_in))<0)
    {
        fprintf(stderr,"Bind Error:%s\n",strerror(errno));
        exit(1);
    }

    udps_respon(sockfd);            //进行读写操作
    close(sockfd);
}
```

基于 UDP 的客户端程序设计 udp_client.c，客户端负责发送数据：

```c
/*udp_client.c*/
#include<stdlib.h>
#include<stdio.h>
#include<errno.h>
#include<string.h>
#include<unistd.h>
#include<netdb.h>
#include<sys/socket.h>
#include<netinet/in.h>
#include<sys/types.h>
#include<arpa/inet.h>
#define SERVER_PORT 8888
#define MAX_BUF_SIZE 1024
```

```
void udpc_requ(int sockfd,const struct sockaddr_in *addr,int len)
{
  char buffer[MAX_BUF_SIZE];
  int n;
  while(1)
  {    /*从键盘读入,写到服务器端*/
      printf("Please input char:\n");
      fgets(buffer,MAX_BUF_SIZE,stdin);
      sendto(sockfd,buffer,strlen(buffer),0,addr,len);
      bzero(buffer,MAX_BUF_SIZE);
  }
}

int main(int argc,char **argv)
{
  int sockfd;
  struct sockaddr_in addr;

  if(argc!=2)
  {
      fprintf(stderr,"Usage:%s server_ip\n",argv[0]);
      exit(1);
  }

  /*建立 sockfd 描述符*/
  sockfd=socket(AF_INET,SOCK_DGRAM,0);
  if(sockfd<0)
  {
      fprintf(stderr,"Socket Error:%s\n",strerror(errno));
      exit(1);
  }

  /*填充服务器端的资料*/
  bzero(&addr,sizeof(struct sockaddr_in));
  addr.sin_family=AF_INET;
  addr.sin_port=htons(SERVER_PORT);
  if(inet_aton(argv[1],&addr.sin_addr)<0)        /*inet_aton 函数用于把字符串型的
                                                 IP 地址转化成网络二进制数字*/
  {
      fprintf(stderr,"Ip error:%s\n",strerror(errno));
      exit(1);
  }

  udpc_requ(sockfd,&addr,sizeof(struct sockaddr_in)); //进行读写操作
  close(sockfd);
}
```

分别运行服务器端和客户端程序，显示结果如图 8-14 和图 8-15 所示。

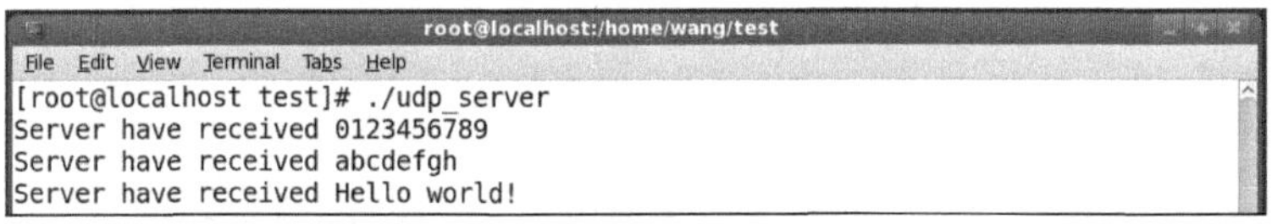

图 8-14　基于 UDP 的服务器端程序运行结果

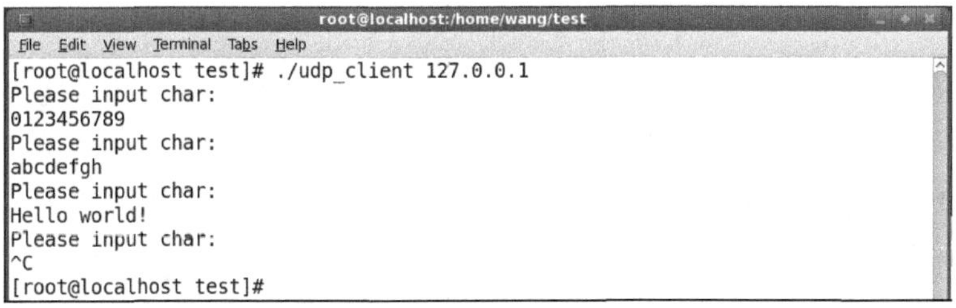

图 8-15　基于 UDP 的客户端程序运行结果

本 章 小 结

Linux 操作系统在网络编程方面的优势越来越明显。本章首先进行了 Linux 网络概述，内容包括 Linux 系统网络编程优势、网络模型、TCP/IP 协议族、TCP/IP 封装等；接下来介绍了 Linux 网络编程基础，包括套接字、网络地址、字节序转换及 Socket 编程常用函数。在此基础上又分别介绍了 TCP 网络程序设计和 UDP 网络程序设计，并配有相应的例题，便于读者深入学习 Linux 网络编程。

习题与实践

1．Linux 系统网络编程有哪些优势？

2．OSI 参考模型有几层？分别是什么？

3．TCP/IP 参考模型有几层？分别是什么？

4．TCP/IP 参考模型与 OSI 参考模型之间有怎样的对应关系？

5．TCP/IP 协议族分为哪几个部分？

6．简述 TCP/IP 的封装过程。

7．简述 IP 格式、TCP 格式及 UDP 格式。

8．TCP 与 UDP 有哪些区别？

9．什么是套接字？常用的 TCP/IP 有哪几种类型的套接字？分别应用在什么场合？

10．在 Linux 网络编程中，为什么要进行地址转换？

11．不同类型的 CPU 对变量的字节存储顺序有哪几种？网络字节顺序是哪一种？

12．请写出基于 TCP 的服务器端和客户端程序设计流程。

13．请写出基于 UDP 的服务器端和客户端程序设计流程。

14．基于 TCP 的编程练习。

(1)编写服务器程序和客户端程序，实现服务器发送数据，客户端接收数据。

(2)编写服务器程序和客户端程序，实现客户端从键盘输入待发送的数据，服务器接收数据。

(3)编写服务器程序和客户端程序，实现服务器和客户端互传数据。

15．基于 UDP 的编程练习：编写服务器程序和客户端程序，实现服务器和客户端互传数据。

第9章 嵌入式 Linux 系统构建

嵌入式系统属于跨平台开发，因此需要一个交叉开发环境。交叉开发是在一台通用计算机(一般选用 PC)进行软件的编辑和编译，然后下载到嵌入式设备中运行调试的开发方式。开发计算机一般称为宿主机，嵌入式设备称为目标板(也称开发板)，交叉开发环境提供调试工具对目标机上运行的程序进行调试，一般由运行于宿主机上的交叉开发软件、宿主机到目标板的调试通道组成。所以构建嵌入式 Linux 系统包含两部分，一部分是目标板硬件构建，另一部分是开发环境搭建。

9.1 目标板硬件构建

9.1.1 目标板硬件资源

硬件平台使用 Mini2440 开发板，它采用了 ARM920T 体系结构的 Samsung S3C2440 微处理器。

1. S3C2440 微处理器简介

S3C2440 16/32 位 RISC 微处理器，主频 400MHz，是一款专用的为手持设备而设计的芯片，其主要特点是低功耗和高速的处理计算能力。为了减少系统的功耗，S3C2440 使用了如下关键组件：基于 ARM920T 内核的 0.13μm CMOS 标准单元和存储单元复合体。它功耗极小以及简单稳定的设计非常适合对电源要求较高的产品。S3C2440 采用了新的总线构架(AMBA)，ARM920T 的内核实现了 MMU、AMBA BUS 和哈佛高速缓存体系构架，这一结构具有独立的 16KB 指令 Cache 和 16KB 数据 Cache，每个 Cache 都是由 8 字长的行组成。通过提供一套完整的通用系统外设，S3C2440 无须配置额外的组件，减少了整体系统的成本。S3C2440 为手持设备和通用嵌入式应用提供了片上集成系统解决方案，具有 16/32 位 RISC 体系结构和 ARM920T 内核强大的指令集。

S3C2440A 集成的片上功能如下。

(1)1.2V 内核供电，1.8V/2.5V/3.3V 存储器供电，3.3V 外部 I/O 供电，具备 16KB 的 I-Cache 和 16KB 的 D-Cache/MMU 微处理器。

(2)外部存储控制器(SDRAM 控制和片选逻辑)。

(3)LCD 控制器(最大支持 4K 色 STN 和 256K 色 TFT)提供 1 通道 LCD 专用 DMA。

(4)4 通道 DMA 并有外部请求引脚。

(5)通道 UART(IrDA1.0，64 字节 Tx FIFO 和 64 字节 Rx FIFO)。

(6)2 通道 SPI。

(7)1 通道 IIC-BUS 接口。

(8) 1 通道 IIS-BUS 音频编解码器接口。

(9) AC97 解码器接口。

(10) 兼容 SD 主接口协议 1.0 版和 MMC 卡协议 2.11 兼容版。

(11) 2 端口 USB 主机/1 端口 USB 设备(1.1 版)。

(12) 4 通道 PWM 定时器和 1 通道内部定时器/看门狗定时器。

(13) 8 通道 10bit ADC 和触摸屏接口。

(14) 具有日历功能的 RTC。

(15) 相机接口最大 4096×4096 像素的支持、2048×2048 像素的支持以及缩放。

(16) 130 个通用 I/O 口和 24 通道外部中断源。

(17) 具有普通、慢速、空闲和掉电模式。

(18) 具有 PLL 片上时钟发生器。

S3C2440 系统管理器特点如下。

(1) 支持大/小端方式。

(2) 支持高速总线模式和异步总线模式。

(3) 寻址空间：每 bank 128MB(总共 1GB)。

(4) 支持可编程的每 bank 8/16/32 位数据总线带宽。

(5) bank0～bank6 都采用固定的 bank 起始寻址。

(6) bank7 具有可编程的 bank 的起始地址和大小。

(7) 8 个存储器 bank：其中 6 个适用于 ROM、SRAM 和其他，另外 2 个适用于 ROM/SRAM 和同步 DRAM。

(8) 所有的存储器 bank 都具有可编程的操作周期。

(9) 支持外部等待信号延长总线周期。

(10) 支持掉电时的 SDRAM 自刷新模式。

(11) 支持各种型号的 ROM 引导(NOR/NAND Flash、EEPROM 或其他)。

2. Mini2440 开发板硬件资源特性

(1) CPU 处理器：Samsung S3C2440A，主频 400MHz，最高 533MHz。

(2) SDRAM 内存：在板 64M SDRAM，32bit 数据总线，SDRAM 时钟频率高达 100MHz。

(3) Flash 存储：在板 256M/1GB NAND Flash，掉电非易失(用户可定制 64M/128M/256M/512M/1G)；在板 2M NOR Flash，掉电非易失，已经安装 BIOS。

(4) LCD 显示：板上集成 4 线电阻式触摸屏接口，可以直接连接四线电阻触摸屏；支持黑白、4 级灰度、16 级灰度、256 色、4096 色 STN 液晶屏，尺寸为 3.5～12.1 英寸，屏幕分辨率可以达到 1024×768 像素；支持黑白、4 级灰度、16 级灰度、256 色、64K 色、真彩色 TFT 液晶屏，尺寸为 3.5～12.1 英寸，屏幕分辨率可以达到 1024×768 像素；标准配置为统宝 3.5"真彩 LCD，分辨率为 240×320，带触摸屏。

(5) 接口和资源：1 个 100M 以太网 RJ-45 接口(采用 DM9000 网络芯片)；3 个串行口；1 个 USB Host；1 个 USB Slave B 型接口；1 个 SD 卡存储接口；1 路立体声音频输出接口，一路麦克风接口；1 个 2.0mm 间距 10 针 JTAG 接口；4 USER Leds；6 个用户按钮(带引出座)；1 个 PWM 控制蜂鸣器；1 个可调电阻，用于 A/D 模数转换测试；1 个 I^2C 总线 AT24C08 芯片，用于 I²C 总线测试；1 个 2.0mm 间距 20pin 摄像头接口；板载实时时钟电池；电源接口(5V)，带电源开关和指示灯。

(6) 系统时钟源：12M 无源晶振。

(7) 实时时钟：内部实时时钟(带后备锂电池)

(8) 扩展接口：1 个 34 pin 2.0mm GPIO 接口；1 个 40 pin 2.0mm 系统总线接口。

(9) 规格尺寸：100mm×100mm。

(10) 操作系统支持：Linux 2.6.32.2 + Qtopia-2.2.0+QtE-4.6.1(独创双图形系统共存，无缝切换)；Windows CE.NET 6.0(R3)。

Mini2440 开发板硬件实物如图 9-1 所示。

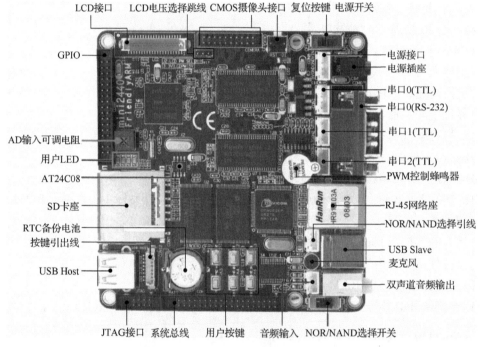

图 9-1　Mini2440 开发板硬件实物图

3. 地址空间分配和片选信号定义

S3C2440 支持两种启动模式：一种是从 NAND Flash 启动(Mini2440 即是此种)；另一种是从 NOR Flash 启动。每种启动方式都有自己对应的地址空间，且略有差别。在 NAND Flash 启动模式下，内部的 4KB BootSram 被映射到 nGCS0 片选的空间。在 NOR Flash 启动模式下与 nGCS0 相连的外部存储器 NOR Flash 就被映射到 nGCS0 片选的空间。具体存储空间映射如图 9-2 所示。

从图中可以看出无论采用哪种方式启动，内存空间(SDRAM)始终不变，地址范围是 0x30000000 ~ 0x34000000，总计 64MB。这里的 NOR Flash 采用了 A1~A22 总共 22 条地址总线和 16 条数据总线与 CPU 连接。NAND Flash 不具有地址线，它有专门的控制接口与 CPU 相连，数据总线为 8bit，所以对 NAND Flash 的读写与其他存储器不同，NAND Flash 控制器模块如图 9-3 所示。

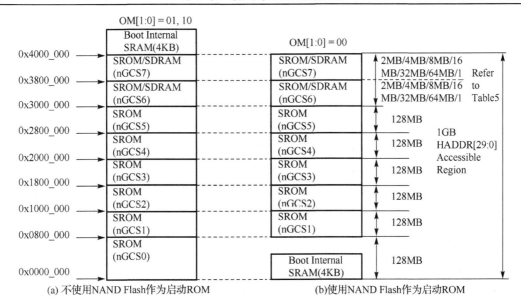

图 9-2　S3C2440 启动时存储空间映射图

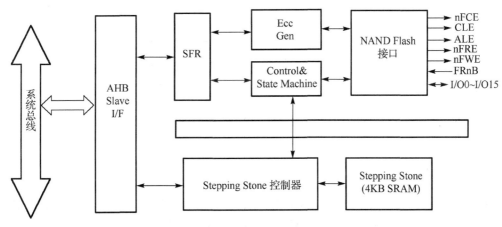

图 9-3　NAND Flash 控制器模块图

在以 NAND Flash 方式启动或复位时，NAND Flash 控制器首先从外部引脚状态获取连接着的 NAND Flash 信息，然后 NAND Flash 控制器自动装载 4KB 启动代码，装载启动代码完毕后在 Stepping Stone 中的启动代码将被执行，从而启动系统。

9.1.2　目标板外围接口电路原理图

1. SDRAM 存储系统

Mini2440 使用了两片外接的 32MB 总共 64MB 的 SDRAM 芯片（型号为：HY57V561620FTP/MT48LC16M16A2），一般称为内存，它们并接在一起形成 32bit 的总线数据宽度，这样可以增加访问的速度；因为是并接，故它们都使用了 nGCS6 作为片选，根据 S3C2440 CPU 手册中的介绍可知，这就决定了它们的物理起始地址为 0x30000000。SDRAM 原理如图 9-4 所示。

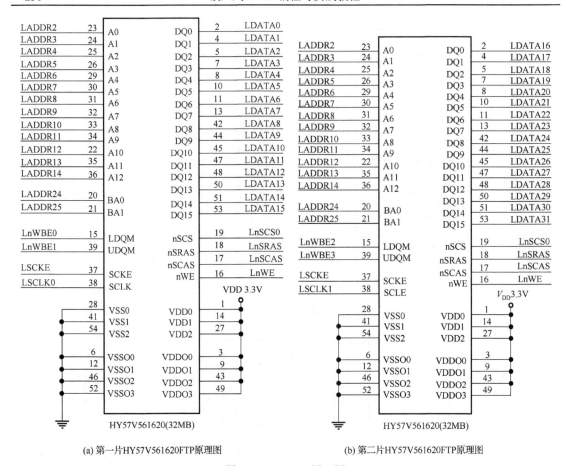

(a) 第一片HY57V561620FTP原理图　　　　　　　(b) 第二片HY57V561620FTP原理图

图 9-4　　SDRAM 原理图

2. Flash 存储系统

Mini2440 具备两种 Flash，一种是 NOR Flash，型号为 SST39VF1601（AM29LV160DB 与此引脚兼容），大小为 2MB；另一种是 NAND Flash，型号为 K9F1208，大小为 128MB。S3C2440 支持这两种 Flash 启动系统，通过拨动开关 S2，可以选择从 Nor 还是从 Nand 启动系统。实际的产品中大都使用一片 NAND Flash 就够了，但为了方便用户开发学习，还保留了 NOR Flash。NAND Flash 不具有地址线，它有专门的控制接口与 CPU 相连，数据总线为 8bit，但这并不意味着 NAND Flash 读写数据会很慢。大部分的 U 盘或者 SD 卡等都是 NAND Flash 制成的设备。从图 9-5 可以看出，NOR Flash 采用了 A1～A22 总共 22 条地址总线和 16 条数据总线与 CPU 连接，请注意地址是从 A1 开始的，这意味着它每次最小的读写单位是 2B，因此根据原理图，该设计总共可以兼容支持最大 8MB 的 NOR Flash，实际的开发板上只用了 A1～A20 的地址线，因为与 A21、A22 相连的 SST39V1601 的相应引脚是悬空的。

3. 电源系统及接口

Mini2440 开发板的电源系统比较简单，直接使用外接的 5V 电源，通过降压芯片产生整个系统所需要的三种电压，即 3.3V、1.8V、1.25V，电路原理如图 9-6 所示。请注意，本开发板并非面向手持移动设备设计，因此它并不具备完善的电源管理电路。整个系统的电源通断是由 S1 拨动开关控制的，它不能通过软件实现开关机。

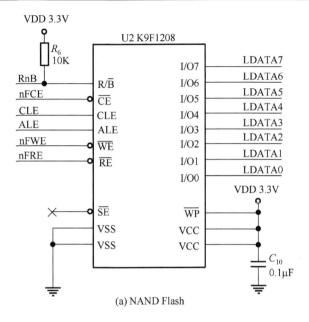

(a) NAND Flash

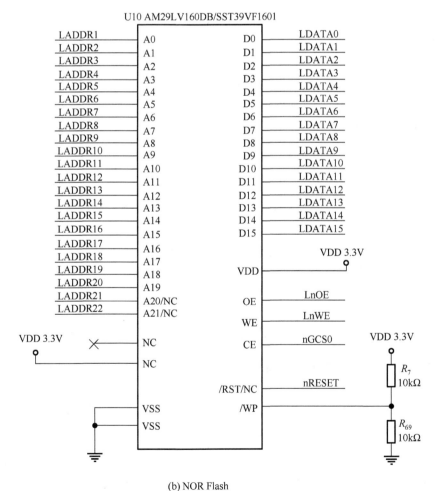

(b) NOR Flash

图 9-5　Flash 原理图

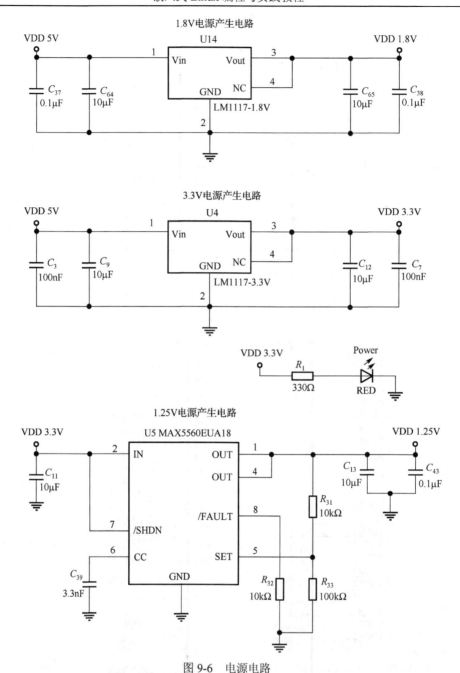

图 9-6　电源电路

　　为了方便用户外接其他电源，Mini2440 开发板还设计了一个电源接口 CON8，它是一个白色 2.0mm 间距的单排插座，中间均为"地"，两侧均为 5V。注意，这两个 5V 并非是相通的，其中一个连接了外部电源的 5V，另外一个则连接了经过拨动开关 S1 之后的 5V。它们的连接关系如图 9-7 所示。

4. 复位系统

　　Mini2440 开发板采用专业的复位芯片 MAX811 实现 CPU 所需要的低电平复位，如图 9-8 所示。

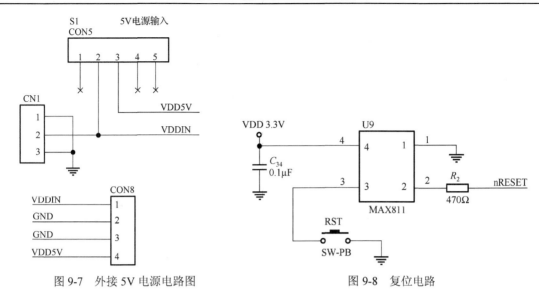

图 9-7　外接 5V 电源电路图　　　　　　　　图 9-8　复位电路

5. 用户 LED

LED 是最常用的状态指示设备，Mini2440 开发板具有 4 个用户可编程 LED，它们直接与 CPU 的 GPIO 相连接，低电平有效（点亮），详细的资源占用如表 9-1 所示。

表 9-1　LED 占用资源表

	LED1	LED2	LED3	LED4
GPIO	GPB5	GPB6	GPB7	GPB8
可复用为	nXBACK	nXREQ	nXDACK1	nDREQ1
在原理图中的名称	nLED_1	nLED_2	nLED_3	nLED_4

6. 用户按键

Mini2440 开发板总共有 6 个用户测试用按键，它们均从 CPU 中断引脚直接引出，属于低电平触发，这些引脚也可以复用为 GPIO 和特殊功能口，为了用户把它们引出用作其他用途，这 6 个引脚也通过 CON12 引出，6 个按键和 CON12 的定义如表 9-2 所示。

表 9-2　按键占用资源表

	K1	K2	K3	K4	K5	K6
对应的中断	EINT8	EINT11	EINT13	EINT14	EINT15	EINT19
复用的 GPIO	GPG0	GPG3	GPG5	GPG6	GPG7	GPG11
特殊功能口	无	nSS1	SPIMISO1	SPIMOSI1	SPICLK1	TCLK1
对应的 CON12 引脚	CON12.1	CON12.2	CON12.3	CON12.4	CON12.5	CON12.6

注：CON12.7 为电源（3.3V），CON12.8 为地（GND）。

按键电路原理如图 9-9 所示。

7. A/D 输入测试

Mini2440 开发板总共可以引出 4 路 A/D（模数转换）转换通道，它们位于板上的 CON4-GPIO 接口（详见 GPIO 接口介绍），为了方便测试，AIN0 连接到了开发板上的可调电阻 W1，原理图如图 9-10 所示。

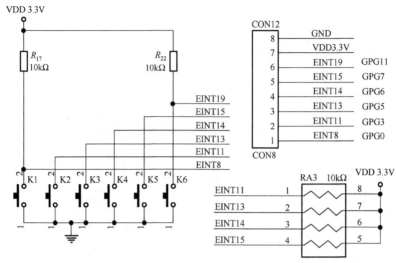

图 9-9　按键电路原理图

8. PWM 控制蜂鸣器

Mini2440 开发板的蜂鸣器 SPEAKER 是通过 PWM 控制的，电路原理如图 9-11 所示，其中 GPB0 可通过软件设置为 PWM 输出。

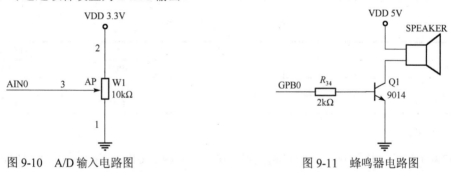

图 9-10　A/D 输入电路图　　　　　　　　图 9-11　蜂鸣器电路图

9. 串口

S3C2440 本身总共有 3 个串口 UART0、UART1、UART2，其中 UART0、UART1 可组合为一个全功能的串口，在大部分应用中，我们只用到 3 个简单的串口功能(Mini2440 开发板提供的 Linux 驱动也是这样设置的)，即通常所说的发送(TXD)和接收(RXD)，它们分别对应板上的 CON1、CON2、CON3，这 3 个接口都是从 CPU 直接引出的，是 TTL 电平。为了方便用户使用，其中 UART0 进行了 RS-232 电平转换，它们对应于 COM0，可以通过附带的直连线与 PC 互相通信。CON1、CON2、CON3 在 Mini2440 开发板上的原理图如图 9-12 所示。

10. USB 接口

Mini2440 开发板具有两种 USB 接口：一个是 USB Host，它和普通 PC 的 USB 接口是一样的，可以接 USB 摄像头、USB 键盘、USB 鼠标、U 盘等常见的 USB 外设；另外一种是 USB Slave，一般使用它来下载程序到目标板，当开发板装载了 WinCE 系统时，它可以通过 ActiveSync 软件和 Windows 系统进行同步，当开发板装载了 Linux 系统时，目前尚无相应的驱动和应用。为了方便用户通过程序控制 USB Slave 和 PC 的通断，开发板设置了 USB_EN 信号，如图 9-13 所示，它使用的 CPU 资源为 GPC5。

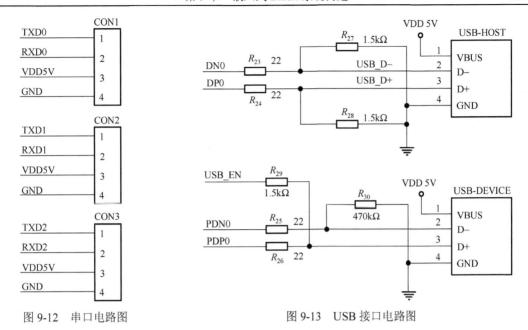

图 9-12　串口电路图　　　　　　　　　　　　图 9-13　USB 接口电路图

11. LCD 接口

Mini2440 开发板的 LCD 接口是一个 41pin 0.5mm 间距的白色座，其中包含了常见 LCD 所用的大部分控制信号(行场扫描、时钟和使能等)和完整的 RGB 数据信号(RGB 输出为 8:8:8，即最高可支持 1600 万色的 LCD)；为了用户方便试验，还引出了 PWM 输出(GPB1 可通过寄存器配置为 PWM) 和复位信号(nRESET)，其中 LCD_PWR 是背光控制信号。另外，37、38、39、40 为四线触摸屏接口，它们可以直接连接触摸屏使用。如图 9-14 所示。

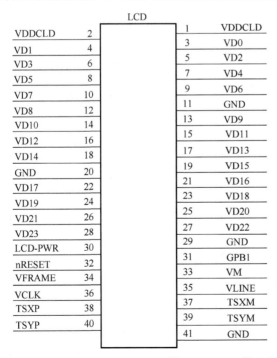

图 9-14　LCD 接口电路

12. EEPROM

Mini2440 开发板具有一个直接连接 CPU 之 I²C 信号引脚的 EEPROM 芯片 AT24C08，它的容量有 256B，在此主要是为了供用户测试 I²C 总线而用，它并没有存储特定的参数。EEPROM 接口电路如图 9-15 所示。

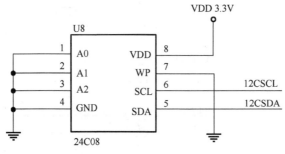

图 9-15　EEPROM 接口电路

13. 网络接口

Mini2440 开发板采用了 DM9000 网卡芯片，它可以自适应 10M/100M 网络，RJ-45 连接头内部已经包含了耦合线圈，因此不必另接网络变压器，使用普通的网线即可连接本开发板至路由器或者交换机。网络接口电路如图 9-16 所示。

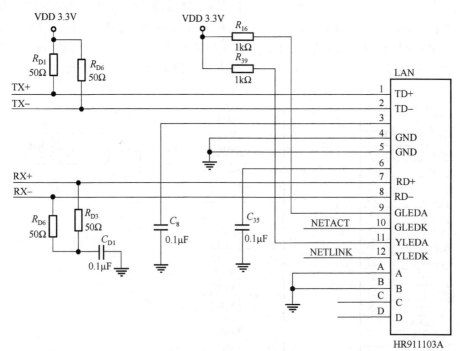

图 9-16　网络接口电路图

14. GPIO

GPIO 是通用输入/输出接口的简称，Mini2440 开发板带有一个 34 pin 2.0mm 间距的 GPIO 接口，标称为 CON4，如图 9-17 所示。实际上，CON4 不仅包含了很多富余的 GPIO 引脚，还包含了一些其他 CPU 引脚，如 AIN0-AIN3、CLKOUT 等。图 9-17 中的 SPI 接口、I²C 接口、

GPB0 和 GPB1 等，它们其实也是 GPIO，不过是以特殊功能接口来标称定义的，这些都可以通过相应的 CPU 寄存器来设置更改它们的用途，详细的接口资源如表 9-3 所示。

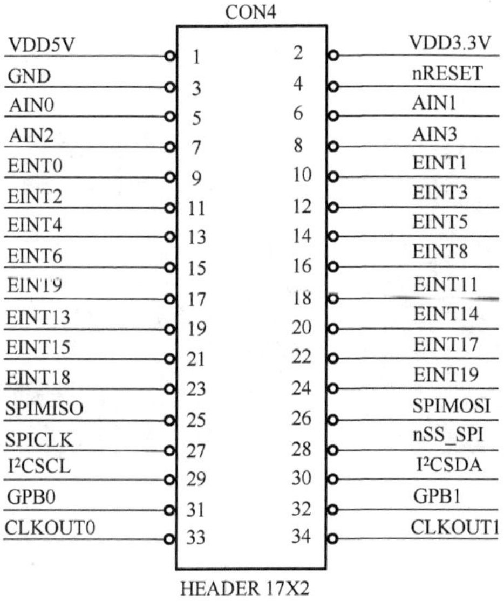

图 9-17　GPIO 电路原理图

表 9-3　接口资源表

CON4	网络名称	说明(有些端口可复用)	CON4	网络名称	说明(有些端口可复用)
1	VDD5V	5V 电源(输入或者输出)	18	EINT11	EINT11/GPG3/nSS1
2	VDD33V	3.3V 电源(输出)	19	EINT13	EINT13/GPG5/SPIMISO1
3	GND	地	20	EINT14	EINT14/GPG6/SPIMOSI1
4	nRESET	复位信号(输出)	21	EINT15	EINT15/GPG7/SPICLK1
5	AIN0	AD 输入通道 0	22	EINT17	EINT17/GPG9/nRST1
6	AIN1	AD 输入通道 1	23	EINT18	EINT18/GPG10/nCTS1
7	AIN2	AD 输入通道 2	24	EINT19	EINT19/GPG11
8	AIN3	AD 输入通 3	25	SPIMISO	SPIMISO/GPE11
9	EINT0	EINT0/GPF0	26	SPIMOSI	SPIMOSI/EINT14/GPG6
10	EINT1	EINT1/GPF1	27	SPICLK	SPICLK/GPE13
11	EINT2	EINT2/GPF2	28	nSS_SPI	nSS_SPI/EINT10/GPG2
12	EINT3	EINT3/GPF3	29	I^2CSCL	I^2CSCL/GPE14
13	EINT4	EINT4/GPF4	30	I^2CSDA	I^2CSDA/GPE15
14	EINT5	EINT5/GPF5	31	GPB0	TOUT0/GPBO
15	EINT6	EINT6/GPF6	32	GPBI	TOUT1/GPB1
16	EINT8	EINT8/GPG0	33	CLKOUT0	CLKOUT0/GPH9
17	EINT9	EINT9/GPG1	34	CLKOUT1	CLKOUT1/GPH10

9.2　开发环境搭建

9.2.1　宿主机开发环境搭建

1. Linux 操作系统安装

目前主流的 Linux 发行版本有 Ubuntu、DebianGNU/Linux、Fedora、openSUSE、RedHat 等，这里选择 Fedora 9。

本节以 Fedora 9 为例介绍其安装步骤。这里选择使用 U 盘方式安装操作系统，首先从网上下载 Fedora 9 系统的四个镜像文件，即 Fedora-9-i386-disc1.iso、Fedora-9-i386-disc2.iso、Fedora-9-i386-disc3.iso 和 Fedora-9-i386-disc4.iso。然后在 Windows 系统中运行 UltraISO 软件制作 U 盘启动盘。重新启动计算机设置 BIOS 从 U 盘启动，即可进入安装界面，根据提示操作即可完成安装。部分安装界面如图 9-18 所示。

图 9-18　Fedora 9 安装过程

安装完成后进入系统还需进行一些简单配置，如网络、软件源等，还需安装语言套件、Flash 插件、NVIDIA 驱动等。

2. 交叉编译环境构建

在 Linux 平台下，要为开发板编译内核、Boot Loader 及其他一些应用程序均需要交叉编译工具链。这里使用的是针对 Linux ARM 平台的 GCC 交叉编译器，即 arm-linux-gcc-4.4.3。只需对编译器压缩包进行解压即可完成安装，但是终端并不能识别编译相关命令，因为 shell 并不知道这些命令所在的路径。所以需要设置 shell 环境变量，将 arm-linux-gcc-4.4.3 所在的文件路径加入 shell 位置环境变量中，具体操作只需修改/.bashrc 文件即可，修改后在终端中输入命令查看版本信息，如图 9-19 所示。

图 9-19　交叉编译器版本信息

3. 其他工具安装

在嵌入式系统开发中，经常要使用串口来进行 debugging，在 Windows 下有系统自带的超级终端、SecurCRT 等软件，而在 Linux 下则可以使用 C-kermit、Minicom 等工具软件，相比之下，C-kermit 性能更好。C-kermit 是一款集成了网络通信、串口通信的工具，具有如下功能。

(1) 支持 kermit 文件传输协议。

(2) 自定义了一种脚本语言，它强大且易于使用，可用于自动化工作。

(3) 网络通信与串口通信，操作是一致的，并支持多种硬件、软件平台。

(4) 有安全认证、加密功能。

(5) 内建 FTP、HTTP 客户端功能及 SSH 接口。

(6) 支持字符集转换。

下载安装 C-kermit 后对串口波特率、位数、奇偶校验等进行设置即可与目标板进行通信，图 9-20 显示已经成功通过 USB 转串口线连接目标板。

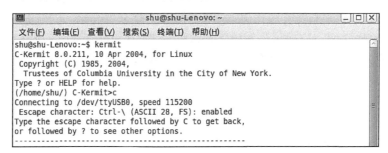

图 9-20　kermit 连接目标板

　　NFS 是 Network File System 的缩写，它的最大功能就是可以通过网络让不同的机器、不同的操作系统彼此共享文件，通过 NFS 挂载远程主机的目录，允许系统将其目录和文件共享给网络上的其他系统。通过 NFS 用户和应用程序可以访问远程系统上的文件，就像它们是本地文件一样，所以也可以简单地将它看作一个文件服务器。对于嵌入式开发而言，这种方式非常方便，将宿主机编译程序放在共享目录下，开发板挂载共享目录即可直接运行程序，省去了通过 TFTP 等其他方式将程序下载到开发板的麻烦。同时宿主机修改程序后，开发板端也将同步修改。

　　在 Fedora 系统下，若连接网络可使用"apt-get install nfs-kernel-serve"命令完成安装 NFS，重点是对它进行一些配置。NFS 允许挂载的目录及权限在文件/etc/exports 中进行定义，需要在/etc/exports 文件末尾添加如下一行：

　　　　/rootfs *(rw,sync,no_root_squash)

　　其中，../rootfs 是要共享的目录(根据具体情况改变)，*代表允许所有的网络段访问，rw是可读写权限，sync 是资料同步写入内存和硬盘，no_root_squash 是 Fedora NFS 客户端分享目录使用者的权限，如果客户端使用的是 root 用户，那么对于该共享目录而言，该客户端就具有 root 权限。图 9-21 显示已经成功启动 NFS 服务器。

图 9-21　NFS 成功启动界面

　　除上述工具外，还需安装的工具有 DNW for Linux(USB 方式下载文件)、Busybox、目标文件系统映像制作工具 mkyaffs2image、源代码查看工具 source insight 等，此处不再一一赘述。

9.2.2　基础软件移植

　　1. Bootloader 移植

　　PC 上的系统引导是由 BIOS 来完成的，它是系统上电后运行的第一段程序，而在嵌入式系统中虽然不存在 BIOS，但是同样需要一段程序来完成一些启动前的准备工作，如关闭Watchdog(看门狗)、设置系统时钟、初始化硬件设备、建立内存空间的映射、将操作系统的内核复制到内存中运行等，完成这一系列任务的程序被称为 Bootloader。通过 Bootloader 的引导，系统的软硬件环境将被带到一个合适的状态，以便为最终调用操作系统内核做好准备。Bootloader 的主要功能有以下几点。

　　(1) 设置中断及异常向量。

　　(2) 设置 CPU 时钟及频率。

　　(3) 设置 ARM 处理器寄存器及部分外设。

　　(4) 初始化 RAM 及设置启动参数。

（5）调用 Linux 内核镜像。

Bootloader 是严格依赖于底层硬件而实现的，在嵌入式系统中硬件配置各不相同，即便是使用相同型号的微处理器，其外设配置也往往不同，因此，试图建立一个通用的 Bootloader 以支持所有的嵌入式系统是不可能的，即使是支持 CPU 架构众多的 U-Boot，在实际使用时，也需要进行一些移植。

1）嵌入式 Linux 系统的软件结构

嵌入式 Linux 系统在软件方面通常分为以下四层。

（1）引导加载程序：即 Bootloader，这是嵌入式 Linux 系统上电后执行的第一段代码。

（2）嵌入式 Linux 内核：是针对特定嵌入式系统硬件专门定制的嵌入式 Linux 内核。内核的启动参数一般是由 Bootloader 传递给它的。

（3）文件系统：包括根文件系统和建立在 Flash 内存中的文件系统，其中包含 Linux 系统能够运行所必需的应用程序和库等，如提供给用户控制界面的 shell 程序、动态链接库 glibc 或 uClibc 等。

（4）用户应用程序：即用户专用的程序。有时在用户应用程序和内核层之间还会有一个嵌入式图形用户界面（GUI），常用的嵌入式 GUI 有 Qtopia 和 MiniGUI 等。

在嵌入式系统的固态存储设备上，软件各层的典型空间分配结构如图 9-22 所示。

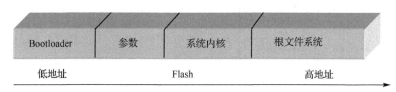

图 9-22　固态存储设备的典型空间分配结构图

其中，在"参数"分区中存放着一些可以设置的参数，如 IP 地址、串口波特率、将要传递给内核的命令行参数等。

2）Bootloader 启动流程分析

常用的 Bootloader 有 U-Boot、vivi、grub 等，由于 U-Boot 功能强大，下面主要介绍 U-Boot。U-Boot 的全称是 Universal Boot Loader，是遵循 GPL 条款的开放源码项目，是在 PPCBoot 及 ARMBoot 的基础上发展而来的，较为成熟和稳定，已经在许多嵌入式系统开发过程中被采用，且支持的开发板众多。

U-Boot 的工作模式有启动加载模式和下载模式。启动加载模式是 Bootloader 的正常工作模式，嵌入式产品发布时，Bootloader 必须工作在这种模式下，Bootloader 将嵌入式操作系统从 Flash 中加载到 SDRAM 中运行，整个过程是自动的。下载模式就是 Bootloader 通过某些通信手段将内核映像或根文件系统映像等从 PC 中下载到目标板的 Flash 或 RAM 中。同时可以利用 Bootloader 提供的一些命令接口来完成自己想要的操作。

U-Boot 启动过程分为两个阶段：第一阶段用汇编语言来实现，完成一些依赖于 CPU 体系结构的初始化任务，同时调用第二阶段的程序；第二阶段通常用 C 语言实现，以便实现更加复杂的功能，且代码具有更好的可读性和移植性。

第一阶段对应的文件是 cpu/arm920t/start.S 和 board/samsung/mini2440/lowlevel_init.S，第一阶段启动流程如图 9-23 所示。

在图 9-23 中，硬件设备初始化一般包括：关闭 Watchdog、关中断、设置 CPU 的速度和

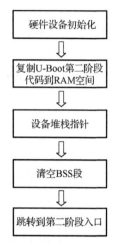

图 9-23　U-Boot 第一阶段启动流程

时钟频率、RAM 初始化等，具体操作与 CPU 的型号相关，例如，S3C2410/S3C2440 开发板所使用的 U-Boot，就将 CPU 的速度和时钟频率的设置放在第二阶段。清空 BSS 段指清空用户堆栈区。

在第一阶段结束时执行语句"_start_armboot: .word"跳转至 start_armboot 函数，而这是 U-Boot 第二阶段代码的入口。为了方便开发嵌入式系统，至少要初始化一个串口，以便程序员与 U-Boot 进行交互。

U-Boot 启动第二阶段流程如图 9-24 所示。

main_loop 函数主要用于设置时间等待，从而确定目标板是进入下载模式还是装载镜像文件启动内核。在设定的延时范围内，目标板将在串口等待输入指令（一般为任意按键指令），系统进入下载模式。在延时到后，如果没有收到相关命令，系统将自动进入装载模式，执行 bootm 30008000 命令，程序进入 do_bootm_linux 函数，调用内核启动函数启动内核。

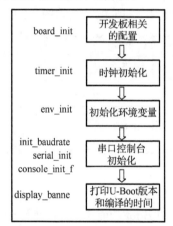
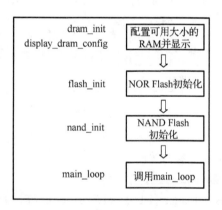

图 9-24　U-Boot 第二阶段启动流程图

3）U-Boot 移植

移植 U-Boot 需要详细了解硬件资源，仔细阅读处理器芯片数据手册。具体移植步骤如下。

（1）从网上下载 U-Boot 源码压缩包并解压。

（2）根据开发板硬件资源情况修改相应的配置文件及头文件。在 U-Boot 源码 Board 中找一款与目标开发板配置相近的文件夹，这里进入 board/samsung 目录，把 smdk2410 复制一份并命名为 mini2440，进入 mini2440 目录，将里面的 smdk2410.c 改成 mini2440.c，同时 Makefile 中也要作相应的更改。进入 include/configs 目录，将 smdk2410.h 复制一份并命名为 mini2440.h。

（3）修改 Makefile 文件，加入开发板对应编译命令。打开 U-Boot 根目录下的 Makefile 文件，定位到 smdk2410_config: unconfig 处，对照该格式在下面添加如下两行：

```
mini2440_config:unconfig
 @$(MKCONFIG) $(@:_config=) arm arm920t mini2440 samsung s3c24x0
```

（4）设置编译器为 arm-linux-gcc 后执行 make 命令。

（5）下载编译生成镜像 Uboot.bin 到开发板运行。

当然，为了使编译出来的这个 U-Boot 能真正适用于我们的目标板，还有很多工作要做，包括处理器工作状态、存储器映射设置、网卡驱动的移植等，这里不再赘述。使用 H-JTAG 等工具将 Uboot.bin 镜像文件下载到 Flash 的起始地址处，然后重启开发板进入下载模式，使用 Uboot 命令设置环境参数及启动参数，具体设置详见 Uboot 命令或在下载模式下输入"？"查看。配置好的参数如图 9-25 所示。

图 9-25　U-Boot 下载模式下打印出的配置参数

其中 baudrate 为串口波特率；ethaddr 为网卡 MAC 地址；netmask 为子网掩码，即 255.255.255.0；ipaddr 为目标板 IP 地址，即 192.168.1.230；serverip 为宿主机 IP 地址，即 192.168.1.111；gatewayip 地址为网关 IP 地址。为了能够使宿主机与开发板通过网线通信，要求三者 IP 地址必须在同一网段。stdin、stdout、stderr 分别为标准输入、标准输出、标准错误输出，这里均设置为串口。bootargs 后为内核启动参数，bootcmd 后为启动命令。启动参数的含义为文件系统通过 NFS 方式挂载宿主机上的共享目录 rootfs_qtoqia_qt4，控制台为串口 ttySAC0（波特率为 1152000），内存大小为 64M 等。

启动命令表示含义为：通过 NFS 方式将内核镜像文件从宿主机复制到开发板起始内存地址为 0x30008000 的位置，然后执行 bootm 命令启动内核。

2. 嵌入式 Linux 内核定制与编译

嵌入式系统软硬件可以灵活裁剪，所以定制适合特定功能的内核显得很有必要。下面将对 2.6.32 版本的 Linux 内核进行定制。Linux 内核定制有以下三种模式。

（1）make config：以字符方式进入内核定制界面。

（2）make xconfig：以图形界面方式进入内核定制界面。

（3）make menuconfig：以菜单界面方式进入内核定制界面。

这里采用比较简单、常用且易操作的第三种模式，以菜单方式进行内核参数及相关外设驱动配置，界面如图 9-26 所示。

其中，"*"代表选择支持，对于驱动"*"代表选择编译进内核；"M"表示将驱动编译为模块，使用时需要手动加载。根据目标板硬件资源和对应的驱动，具体选择的配置项包括 CPU 平台选择、网卡驱动、USB 摄像头万能驱动、音频驱动、串口驱动、SD/MMC 卡驱动、看门狗驱动、LED 驱动、PWM 蜂鸣器驱动、按键驱动、AD 转换驱动、RTC 实时时钟驱动、

I^{2}C-EEPROM 驱动、yaff2s 文件系统支持和 ext2、VFAT 、NFS 文件系统支持等，具体操作这里不再赘述。

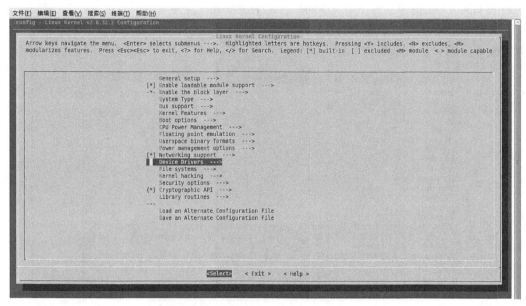

图 9-26　菜单模式内核定制界面

　　配置完成后退出，设置交叉编译工具链为 arm-linux-gcc，在终端中执行 make 编译内核。在../arch/arm/boot 目录下可看到生成的内核映像文件 zImage。

　　在 U-Boot 中用 bootm 命令引导内核的时候，bootm 需要读取一个 64B 的文件头，来获取这个内核映像所针对的 CPU 体系结构、操作系统、加载到内存中的位置、在内存中入口点的位置以及映像名等信息，这样 bootm 才能为操作系统设置好启动环境，并跳入内核映像的入口点，所以需要用 mkimage 工具在生成的内核镜像头部添加 64B 的文件头。具体操作命令如下：

```
mkimage -n 'mini2440_linux' -A arm -O linux -T kernel -C none -a 0x30008000
-e 0x30008040 -d zImage  uImage
```

　　到此为止，就可以在 U-Boot 下载模式下通过 TFTP 等方式将 uImage 内核镜像下载到开发板内存运行或烧入 Flash 中，亦或将镜像文件放在 NFS 共享目录下，在 U-Boot 中通过 NFS 方式将内核加载到开发板内存启动系统。

　　3．验证 U-Boot 成功烧写到 Mini2440 开发板

　　1)配置超级终端

　　为了通过串口连接开发板，必须使用一个模拟终端程序，几乎所有的类似软件都可以使用，其中 MS-Windows 自带的超级终端是最常用的选择。

　　打开超级终端，这时要求为新建连接命名，如图 9-27 所示，这里命名为 ttyS0，Windows 系统不允许取类似 COM1 这样的名字，因为这个名字被系统占用了。

　　命名完成以后，又会出现一个对话框，需要选择连接开发板的串口，这里选择串口 1，如图 9-28 所示。

　　最后，最重要的一步是设置串口，注意必须选择无流控制，否则或将只能看到输出而不能输入。另外，开发板工作时的串口波特率是 115200，如图 9-29 所示。

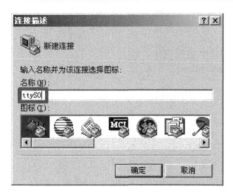

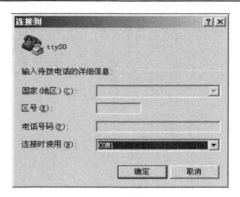

图 9-27　为新建连接命名　　　　　　　　　　图 9-28　选择串口

　　当所有的连接参数都设置好以后，打开电源开关，系统会出现 vivi 启动界面。选择超级终端“文件”菜单下的“另存为”命令，保存该连接设置，以后再连接时就不必再重新执行上面的设置步骤了。

　　2) 启动开发板

　　将串口线一端连接到 Mini2440 开发板，一端连接到 PC，打开开发板电源，出现如图 9-30 所示界面，表示 U-Boot 烧写成功。

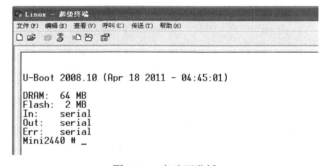

图 9-29　设置串口　　　　　　　　　　图 9-30　启动开发板

　　3) 设置系统启动参数

　　启动开发板成功后，接下来需要设置系统启动参数。启动命令设置如图 9-31 所示。

```
setenv ethaddr 12:34:56:78:9A:BC
setenv ipaddr 192.168.1.182
setenv serverip 192.168.1.183
setenv bootcmd tftp 31000000 uImage\; bootm 31000000
setenv    bootargs    root=nfs    nfsroot=192.168.1.183:/nfsroot/rootfs
console=ttySAC0,115200 init=/linuxrc ip=192.168.1.182 devfs=mount
saveenv//将设置的信息保存在 flash 中，这是必须的
```

　　接下来重启开发板，输入 printenv 命令查看设置是否成功，如果出现如图 9-32 所示界面，则表示 U-Boot 参数设置成功了。

　　4) 设置 kernel 和文件系统

　　按照下面的步骤设置 Linux 操作系统的 kernel 和文件系统。

```
Mini2440 #
Mini2440 # setenv ethaddr 12:34:56:78:9A:BC
Mini2440 # setenv ipaddr 192.168.1.182
Mini2440 # setenv serverip 192.168.1.183
Mini2440 # setenv bootcmd tftp 31000000 uImage\; bootm 31000000
Mini2440 # setenv bootargs root=nfs nfsroot=192.168.1.183:/nfsroot/rootfs consol
e=ttySAC0,115200 init=/linuxrc ip=192.168.1.182 devfs=mount
Mini2440 # saveenv
Saving Environment to Flash...
Un-Protected 1 sectors
Erasing Flash...
 done
Erased 1 sectors
Writing to Flash... done
Protected 1 sectors
Mini2440 #
```

图 9-31　设置系统启动参数

```
Mini2440 # printenv
bootdelay=3
baudrate=115200
filesize=F0000
fileaddr=31000000
netmask=255.255.255.0
stdin=serial
stdout=serial
stderr=serial
ethaddr=12:34:56:78:9A:BC
ipaddr=192.168.1.182
serverip=192.168.1.183
bootcmd=tftp 31000000 uImage; bootm 31000000
bootargs=root=nfs nfsroot=192.168.1.183:/nfsroot/rootfs console=ttySAC0,115200 i
nit=/linuxrc ip=192.168.1.182 devfs=mount

Environment size: 405/65532 bytes
Mini2440 #
```

图 9-32 U-Boot 参数设置成功

(1) 将实验文件提供的 drives 目录复制到 PC 的共享目录下，然后在 Linux 终端中进入该共享目录，复制 uImage 文件到 tftpboot 目录下，命令如下：

```
[root@localhost shared]# cp  uImage /tftpboot/
```

(2) 复制 rootfs.tar 压缩文件到 nfsroot 目录，命令如下：

```
[root@localhost shared]# cp  rootfs.tar  /nfsroot/
```

(3) 跳转到 nfsroot 目录将 rootfs.tar 压缩文件解压，命令如下：

```
[root@localhost nfsroot]# tar  xvf  rootfs.tar
```

(4) 重启开发板，如果出现如图 9-33 所示界面，表示嵌入式 Linux 的开发环境搭建成功。

图 9-33　开发环境搭建成功界面

本 章 小 结

对于嵌入式系统的开发，交叉开发环境的搭建与目标板硬件配置紧密相关。本章从两方面介绍了如何构建嵌入式 Linux 系统，一方面是目标板硬件构建，另一方面是开发环境搭建。在目标板硬件构建部分包括目标板硬件资源介绍和目标板外围接口电路设计；在开发环境搭建部分包括宿主机开发环境搭建和基础软件移植，并有关键操作步骤的详细说明，便于读者学习和掌握嵌入式 Linux 系统的构建方法。

习题与实践

1. 什么是嵌入式系统的交叉开发？
2. 什么是宿主机和目标板？
3. 简述 S3C2440 微处理器的特点。
4. S3C2440 支持哪两种启动模式？它们各自有什么特点？
5. Mini2440 开发板上外接有多大的 SDRAM 内存空间？
6. Mini2440 开发板上有哪几种电源电路？分别是如何设计的？
7. Mini2440 开发板上分别设置了几个用户 LED 和用户按键？其引脚分别是如何分配的？
8. Mini2440 开发板具有哪几种 USB 接口?各自有什么用途？
9. 请在 PC 上安装 Fedora 9 操作系统、GCC 交叉编译器、C-kermit 工具软件及 NFS。
10. 请将 U-Boot 移植到 Mini2440 目标板上，并完成嵌入式 Linux 内核定制。

第 10 章　嵌入式 Linux 数据采集系统开发

本章采用 Mini2440 开发板设计实现一套嵌入式 Linux 数据采集系统，具有温度采集与显示、照片拍摄和显示、视频录制和播放等功能。以此为例介绍嵌入式系统的开发过程，包括嵌入式系统开发流程、数据采集系统服务器端软件系统设计和数据采集系统客户端软件系统设计。

10.1　嵌入式系统开发流程

最初的嵌入式系统只是为了实现某个控制功能，随着各种操作系统开发的简单实现和相关技术的迅猛发展，设计者需要采用更强大的嵌入式处理器。而嵌入式系统资源有限，一般不具备在其平台上的自主开发能力，产品发布后用户通常不能够对其中的软件进行修改，这意味着嵌入式系统的开发需要专门的工具和特殊的方法。一个嵌入式系统开发过程需经历三个过程，即系统总体设计、软硬件设计和系统测试发布，嵌入式系统完整的开发流程如图 10-1 所示。

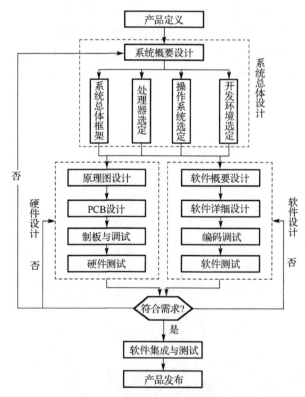

图 10-1　嵌入式系统开发流程

一旦产品概念形成和功能定义后就进入了初步开发阶段，在系统总体设计阶段需要完成的任务包括：确定系统整体架构，根据功能性能成本的要求选定处理器类型，选定系统要使用的操作系统，搭建好所需要的开发环境。在软件设计方面，嵌入式应用软件是实现各种功能的关键，好的应用软件可以使同样的硬件平台更好、更高效地完成系统功能，使得系统具有更大的经济价值。所以嵌入式软件不仅要保证准确性、安全性、稳定性以满足应用要求，还要尽可能地优化。除使用常规的软件工程方法外，由于嵌入式软件以任务为基本执行单元，所以常用多个并发任务来代替通用软件中的多个模块，此外还会使用实时结构化分析设计方法，同时还需要考虑硬件进行协同设计。嵌入式系统产品软件开发除遵循软件工程的基本原则外，由于嵌入式系统特殊的跨平台性，还用到了特殊的方法——交叉编译开发法。具体过程如图 10-2 所示。本章将介绍的嵌入式 Linux 数据采集系统是在 Mini2440 板上开发的，相当于硬件系统是现成的，因此下面主要介绍软件设计过程。

　　本章设计实现了一种 B/S 架构的嵌入式数据采集系统，实现了数据的获取、传送、查询及信息提取，软件系统设计包括两部分，即服务器端的软件系统设计和客户端的软件系统设计。

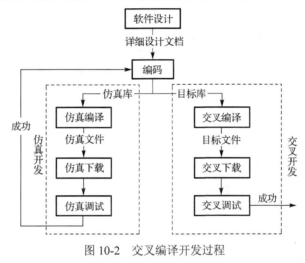

图 10-2　交叉编译开发过程

10.2　数据采集系统服务器端软件系统设计

10.2.1　服务器端数据采集系统组成

　　根据预定功能及软硬件资源,嵌入式 Linux 数据采集系统的服务器端结构如图 10-3 所示,采用 B/S 架构。

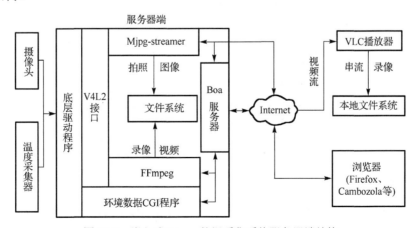

图 10-3　嵌入式 Linux 数据采集系统服务器端结构

数据采集系统服务器端的软件系统包括底层驱动程序、V4L2 视频采集接口程序、环境数据通用网管界面(Common Gateway Interface，CGI)程序、Mjpg-streamer 远程摄像头软件、FFmpeg 软件、文件系统、Boa 服务器、VLC 播放器、本地文件系统及浏览器。Boa 服务器是一款单任务的 HTTP 服务器，通过建立 HTTP 请求列表来处理多路 HTTP 连接请求，同时它只为 CGI 程序创建新的简称，在最大程度上节省了系统资源，这对于资源有限的嵌入式系统来说非常重要，同时它还具有自动生成目录、自动解压文件等功能，因此 Boa 服务器具有很高的 HTTP 请求处理速度和效率，特别适合应用在嵌入式系统中。

在服务器端，Boa 服务器获取浏览器端的请求通过 CGI 控制 Mjpg-streamer 的启动和停止，FFmpeg 的启动、停止及录像，环境数据的获取及发送。Mjpg-streamer 和 FFmpeg 通过 V4L2 接口从万能摄像头驱动程序获取图像数据，Mjpg-streamer 将其流化发送到 Internet 或以 jpg 格式图片保存在服务器端文件系统，FFmpeg 则可将获取的图像编码压制成 avi 等格式的视频保存到服务器端文件系统。需要时在浏览器端可以查看所拍照片(保存在服务器端的图片)，同时也可通过浏览器中的插件(如 VLC 播放器)查看服务器端录制的视频。由于服务器端外部存储空间极为有限，所以图片、视频采用循环覆盖的方式存储，一旦存储数量达到上限值就开始覆盖之前存储的信息。

在浏览器上除正常通过网页查看摄像头图像数据及环境数据外，还可以通过 VLC 播放器以串流方式将需要捕获的图像信息压制成视频保存在浏览器端本地，可实现打开和关闭视频、拍摄和浏览照片、拍摄和播放录像、显示环境温度等功能。

10.2.2　Mjpg-streamer 软件移植

1. Mjpg-streamer 简介

Mjpg-streamer 是一个开源工具软件，也是一个可以从单一组件获取图像并传输到多个输出组件的命令行式的应用程序，它可以将 JPEG 的文件视频流化并通过互联网将视频流从网络摄像头传送到如 Firefox、VLC、带有浏览器的移动设备等显示装置。它主要针对 RAM 和 CPU 资源有限的嵌入式设备而编写，为了减小 CPU 的负担，它充分利用了网络摄像头一定程度上的硬件压缩能力，主要通过输入插件从摄像头获取图像后再通过网页输出插件将图像输出，故它对 CPU 的占用率较低。Mjpg-streamer 代码简洁，组件功能明确，衔接清晰明了，使用 Linux C 语言开发，可根据开源软件 GPL V2 的条款进行改进和发行，并可移植到不同的计算机平台，比较适合嵌入式系统。其系统工作原理如图 10-4 所示。

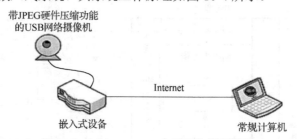

图 10-4　Mjpg-streamer 主要工作原理图示

2. 源码主程序分析

Mjpg-streamer 软件程序源代码共由 78 个文件组成，www 文件下为网页文件，具体源代码目录树参照关系如图 10-5 所示。

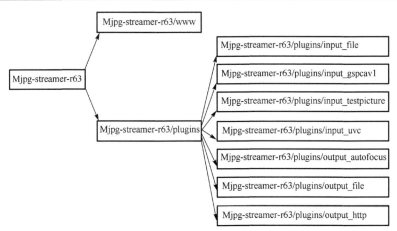

图 10-5　Mjpg-streamer 目录树关系图

　　由图 10-5 所示的目录树可以看出 Mjpg-streamer 开源软件比较大，它又可以划分为如图 10-6 所示的模块组件。在图 10-6 中，主程序在 Mjpg-streamer.c 文件中，其左侧为输入模块组件，右侧为输出模块组件。其中 Input_gspcav1 为 CMOS 摄像头输入组件，Input_uvc 为支持 uvc 的 USB 摄像头输入组件，而其他输入组件为测试用。输出组件中，Output_file 将采集到的图像以 jpg 格式的图像输出到指定的文件目录，Output_http 则会通过 HTTP 方式将图像视频输出，同时输出必要的网页内容，这是 Mjpg-streamer 最主要的输出方式。通过启动 Mjpg-streamer 时的输入参数选择使用哪个组件，同时传递参数给组件。

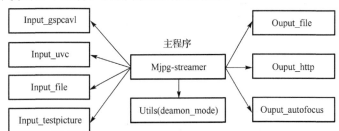

图 10-6　Mjpg-streamer 模块组件

　　在整个 Mjpg-streamer 开源软件中，核心模块为主程序模块，即 Mjpg-streamer.c 文件和 Mjpg-streamer.h 文件，它根据用户输入的参数选择性地调用其他模块中的函数。Utils.c 文件中的 deamon_mode 函数会让程序以守护进程的方式运行，即用 fork 函数创建子进程进行操作。在整个程序中全局结构体变量 global 的作用包括程序运行状态记录、重要参数存储和数据缓存，其结构体类型名为 _globals，其内部成员变量如图 10-7 所示。

　　其中，buf 为图像帧数据全局缓冲区（相当于一种共享资源），size 为缓冲区的大小，db 为缓冲区的互斥锁，db_update 为条件变量，stop 为全局结束标志（将其置为 1 则程序终止），in、out 均为结构体变量（包含组件名、描述符、参数、函数指针等），分别为调用输入输出组件的接口，outcnt 记录输出组件的个数。在此数据结构基础下，主程序（Mjpg-streamer.c）中进行的操作流程如图 10-8 所示。

　　主程序中根据用户选择的组件，dlopen 函数以指定模式打开指定的动态链接库文件，并返回一个句柄（指针）给调用进程，此指针作为 dlsym 的参数，通过 dlsym 检索库内的 run、init、stop 等函数，返回相关函数的函数指针供调用使用。而在主程序中会将返回的函数指针赋给 global 中的输入输出组件接口。

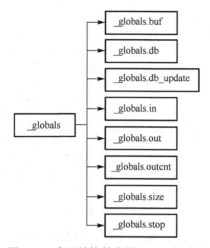

图 10-7　全局结构体变量 global 的成员

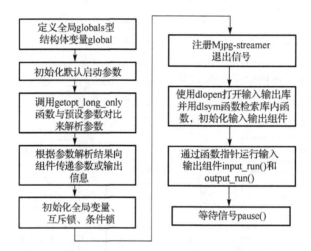

图 10-8　Mjpg-streamer 主程序流程图

3. 源码输入组件分析

当选择使用 USB 摄像头时，input_uvc 将是一个必选的输入组件，其主要功能是获取摄像头拍摄的图像并进行压缩编码，将处理好的图像复制到全局图像缓冲区。此输入组件文件参照关系如图 10-9 所示。

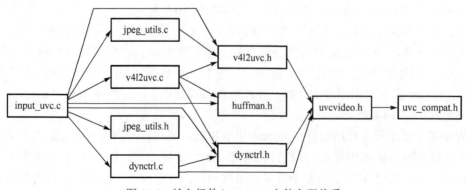

图 10-9　输入组件 input_uvc 文件参照关系

与其他组件一样，input_uvc 有 5 个接口函数，分别为 input_init、input_run、input_stop、input_cmd、help。具体函数定义在 input_uvc.c 文件内。下面重点对两三个函数进行分析，了解具体的模块化设计思路及图像输入的工作原理。input_init 为输入组件初始化函数，其操作流程如图 10-10 所示。

在初始化函数中用到的网络摄像头设备描述数据结构，它包含 V4L2 接口信息、图片大小尺寸、图片格式、从摄像头抓取方式等，具体的数据结构 vdIn 定义如下：

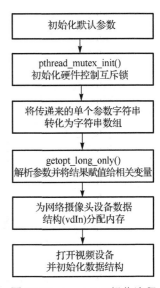

图 10-10　input_init 操作流程

```
struct vdIn{
    int fd;
    char *videodevice;
    char *status;
    char *pictName;
    struct v4l2_capability cap;
    struct v4l2_format fmt;
    struct v4l2_buffer buf;
    struct v4l2_requestbuffers rb;
    void *mem[NB_BUFFER];
    unsigned char *tmpbuffer;
    unsigned char *framebuffer;
    int isstreaming;
    int grabmethod;
    int width;
    int height;
    int fps;
    int formatIn;
    int formatOut;
    int framesizeIn;
    int signalquit;
    int toggleAvi;
    int getPict;
    int rawFrameCapture;
    /*raw frame capture*/
    unsigned int fileCounter;
    /*raw frame stream capture*/
    unsigned int rfsFramesWritten;
    unsigned int rfsBytesWritten;
    /*raw stream capture*/
    FILE *captureFile;
    unsigned int framesWritten;
    unsigned int bytesWritten;
    int framecount;
    int recordstart;
    int recordtime;
};
```

在 input_run 函数中创建了描述符为 cam 的线程，线程调用函数为 cam_thread，然后调用

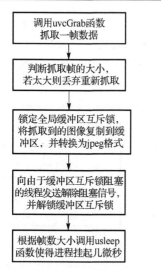

图 10-11　工作线程 cam_thread 操作流程

pthread_detach（cam），将此线程设置为 detached（分离状态），这样该线程运行结束后会自动释放所有资源，且不必阻塞其他线程而等待它结束。工作线程 cam_thread 的操作流程如图 10-11 所示。

4. 源码输出组件分析

在输出组件中，最常用的是 output_http，在结构方面和其他组件一样，有五个接口函数 output_init、output_run、output_stop、output_cmd 和 help。在 output_run 创建 server_thread 的线程中，通过 TCP 与浏览器建立连接，具体过程为：打开一个套接字等待客户端连接，一旦收到连接请求建立连接后则启动 client_thread 线程服务于这个建立的连接，主要功能为信息收发。具体操作流程如图 10-12 所示。

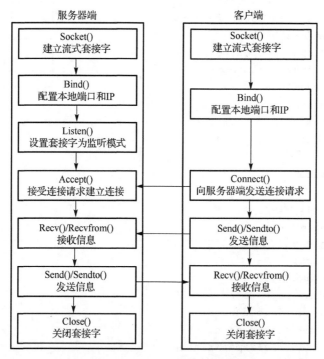

图 10-12　TCP Socket 流程图

在 client_thread 线程中，通过解析从端口收到的浏览器端的请求来进行不同的响应。例如，若收到"action=snapshot"，则调用 send_snapshot 函数从全局缓冲区复制出一帧图像并向浏览器端以 http /1.0 传输协议发送一张复制过来的 jpg 格式的图片。其他类似的函数还有 send_file、send_stream、send_error。

5. 多线程运行分析

为了缩短输入组件与输出之间的延时和提高程序执行效率，Mjpg-streamer 开源软件采用多线程方式。目前许多流行的多任务操作系统都提供线程机制，线程是一个进程内的基本调度单位，也可以称为轻量级进程。线程是在共享内存空间中并发的多道执行路径，它们共享一个进程的资源，如文件描述和信号处理。因此，大大减少了上下文切换的开销。一个进程可以有多个线程，也就是有多个线程控制表及堆栈寄存器，却共享一个用户地址空间。利用多线程进行程序设计，就是将一个程序(进程)的任务划分为执行的多个部分(线程)，每一个线程为一个顺序的单控制流，而所有线程都是并发执行的，这样多线程程序就可以实现并行计算，高效利用多处理器。线程可分为用户级线程和内核级线程两种基本类型。Mjpg-streamer 中为用户级线程，用户级线程不需要内核支持，可以在用户程序中实现，线程调度、同步与互斥都需要用户程序自己完成。内核级线程需要内核参与，由内核完成线程调度并提供相应的系统调用，用户程序可以通过这些接口函数对线程进行一定的控制和管理。当系统使用 input_uvc、output_http、output_file 组件时，涉及的线程及数据如图 10-13 所示。

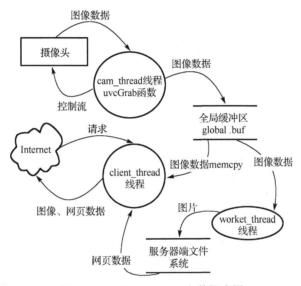

图 10-13　Mjpg-streamer 主数据流图

从图 10-13 可以看出，有若干并行的线程处理图像等数据，同时多个线程都对内存中的同一段区域(全局缓冲区 global.buf)操作，这一段内存区域相当于线程间的共享资源。当 client_thread 线程或 worker_thread 线程对这段全局缓冲区读取数据时，要保证这时 cam_thread 线程不能对全局缓冲区进行写操作，否则 client_thread 线程或 worker_thread 线程读取的数据将是错误的，为了保证线程之间这种顺序执行和避免并发冲突需要寻求一种机制来进行线程同步。

通常情况下线程同步有三种方式，即互斥锁、条件变量和信号灯。在 Mjpg-streamer 中使用的是互斥锁和条件变量的方式，通常这两种方式配合一起使用。互斥锁机制用于多线程中，防止两个线程同时对一公共共享资源(如全局缓冲区)进行读写操作。只有对共享资源上锁的线程才有权限对公共资源进行操作，其他试图对共享资源进行操作的线程都会被阻塞，对共享资源上锁的线程在对共享资源操作结束后需要解锁，以备其他线程对共享资源进行操作。与互斥锁不同，条件变量是用来等待而不是用来上锁的。条件变量用来自动阻塞一个线程，直到某特殊情况发生为止。条件变量是利用线程间共享的全局变量进行同步的一种机制，主要包括两个动作：一个线程由于等待条件变量的条件成立而挂起；另一个线程则使条件成立(给出条件成立信号)。条件的检测是在互斥锁的保护下进行的。如果一个条件为假，一个线程自动阻塞，并释放等待状态改变的互斥锁。如果另一个线程改变了条件，它发信号给关联的条件变量，唤醒一个或多个等待它的线程，重新获得互斥锁，重新评价条件。

在 Mjpg-streamer 中，cam_thread 对全局缓冲区进行写帧操作之前调用 pthread_mutex_lock（&pglobal->db）锁住互斥锁，然后向缓冲区写帧。写帧结束后调用 pthread_cond_broadcast（&pglobal->db_update）函数通知线程条件已经满足，即向线程或条件变量发送信号，解除相关线程的阻塞。对共享资源操作结束之后调用 pthread_mutex_unlock（&pglobal->db）解锁互斥锁。而在 client_thread 和 work_thread 中，在从全局缓冲区复制帧出来之前都会调用 pthread_cond_wait（&pglobal->db_update, &pglobal->db）等待全局缓冲区中的帧更新，当前线程被阻塞，一旦帧更新后会收到由 cam_thread 发送来的信号，进而解除当前线程的阻塞，从全局缓冲区复制帧出来。最后完成复制并调用 pthread_mutex_unlock（&pglobal->db）后解锁互斥锁。采用这种机制来实现多个线程之间的同步。

解决了线程同步的问题后，注意到还有一个问题，如果线程在运行时非正常终止，那么它所占用的资源如何释放呢？非正常终止是线程在其他线程的干预下，或者由于自身运行出错（如访问非法地址）而退出，这种退出方式是不可预见的，如果没有一种机制来保证线程非正常终止时也能释放其所占有的资源，那么将会导致内存泄露等严重问题，甚至导致系统崩溃。在 POSIX 线程 API 中提供了一对函数 pthread_cleanup_push 和 pthread_cleanup_pop 用于自动释放资源，从 pthread_cleanup_push 的调用点到 pthread_cleanup_pop 之间的程序段中的终止动作（包括调用 pthread_exit 和取消点终止）都将执行 pthread_cleanup_push 所指定的清理函数。在 Mjpg-streamer 中采用 pthread_cleanup_push 和 pthread_cleanup_pop 函数对来实现线程资源的完全回收，特别是对于临界区。例如，在 cam_thread 线程中，在线程开始前执行 pthread_cleanup_push（cam_cleanup, NULL）将清理函数 cam_cleanup 压入清理函数栈，在线程结束时调用 pthread_cleanup_pop（1）从函数栈中弹出清理函数，只要 push 和 pop 之间线程被异常终止都将调用 cam_cleanup 函数释放 cam_thread 线程所占用资源。同时由于在线程结束时调用的 pthread_cleanup_pop（1）中传递的参数为 1，所以在弹出清理函数 cam_cleanup 的同时会执行它，释放资源。若参数为 0，则弹出时不执行它。

6. 部分源码介绍

可在深入学习 Mjpg-streamer 源码的基础上，对它进行修改以实现拍照的功能。实现拍照的具体思路是，当服务器端收到浏览器端发来的"action=snapshot"时，除向浏览器发送从全局缓冲区复制出的一帧图像外，还将此图像以 jpg 格式图片写入服务器端文件系统。考虑到嵌入式服务器端的外部存储资源有限，采用了循环覆盖存储的方法。实现拍照的具体做法是在 http.c 文件中的 send_snapshot 函数中添加如下代码：

```
/*grab a photo and save it*/
int fdd;
char namebuffer[200]={0};
snprintf(namebuffer,sizeof(buffer),"/www/test%d.jpg",counter++);
if(counter>10)  //最多存 11 张，多余的循环覆盖之前的
    counter=0;
    /*open file for write*/
if( (fdd = open(namebuffer, O_CREAT|O_WRONLY|O_TRUNC,
S_IRUSR|S_IWUSR|S_IRGRP|S_IROTH)) < 0 )
{
```

```
    OPRINT("could not open the file %s\n", namebuffer);
    return ;
}
    /*save picture to file*/
if(write(fdd, frame, frame_size) < 0)
{
    OPRINT("could not write to file %s\n", namebuffer);
    perror("write()");
    close(fdd);
    return ;
}
close(fdd);
/*end  of  photo*/
```

7. 编译下载测试

由于程序最终运行在 ARM 平台的开发板上，所以在编译之前还需要修改项目中所有 Makefile 中的交叉编译工具链为 arm-linux-gcc，具体做法是将源码文件中的所有 Makefile 文件中的"CC = gcc"修改成"CC=arm-linux-gcc"，例如，源码主目录中修改后的 Makefile 如下：

```
CC = arm-linux-gcc
CFLAGS += -O3 -DLINUX -D_GNU_SOURCE -Wall
#CFLAGS += -O2 -DDEBUG -DLINUX -D_GNU_SOURCE -Wall
LFLAGS +=  -lpthread -ldl

APP_BINARY=mjpg_streamer
OBJECTS=mjpg_streamer.o utils.o
all: application plugins
clean:
    make -C plugins/input_uvc $@
    make -C plugins/input_testpicture $@
    make -C plugins/output_file $@
    make -C plugins/output_http $@
    make -C plugins/output_autofocus $@
    make -C plugins/input_gspcav1 $@
    make -C plugins/input_s3c2410 $@
    rm -f *.a *.o $(APP_BINARY) core *~ *.so *.lo test_jpeg
    ...
```

执行 make 命令进行编译。最终输入输出组件都会编译为.so 的库文件，库文件是一些预先编译好的函数的集合，这些函数都是按照可再使用的原则编写的，它们通常由一组相互关联的用来完成某项常见工作的函数构成。库文件分为静态和共享两种格式，本系统使用的是共享库，程序执行时所需要的代码是在运行时动态加载的，在内存中只有一份动态库函数。而静态库在编译时是静态加载的，如果在同一时间多个程序调用同一库中的函数，那么内存中就会有库中函数的多个备份，而且程序文件也会有多个备份，这会消耗大量的内存和磁盘空间。默认情况下 Linux 将用户库文件放在/usr/lib 目录下，所以需要将 input_uvc.so、output_http.so 等动态库复制到/usr/lib 目录下。同时将编译生成的可执行文件及 www 的文件夹通过 NFS 或 TFTP 等方式下载至目标板文件系统完成移植。

接下来需要根据 Mjpg-streamer 可执行程序存放路径及硬件环境编写 shell 脚本，需要传递给 Mjpg-streamer 合适的参数，如视频帧数和图像大小等。最终编写的简单 shell 测试脚本（start.sh）如下：

```
#!/bin/sh
./mjpg_streamer -i "input_uvc.so -d /dev/vidio0 -f 15" -o "output_http.so -w ./www"
```

其中，输入组件中-d 选项后的/dev/video0 表示选用的设备，-f 选项表示视频帧数，这里即 15 帧/秒；输出组件中，-w 选项后的参数为网页文件所在目录。

将 USB 摄像头连接到 Mini2440 开发板，并将开发板连接网络，在开发板上执行 start.sh 的 shell 脚本以运行 Mjpg-streamer。在与目标板同一网段的宿主机上打开 Firefox 浏览器，输入对应网址可看到摄像头图像，效果如图 10-14 所示。

图 10-14　Mjpg-streamer 在 Firefox 浏览器上的测试效果

打开 VLC 播放器，选择打开串流，输入"http://192.168.1.230:8080/?action=strean"，单击"确定"按钮即可播放。播放画面如图 10-15 所示，其中 192.168.1.230 为 Mini2440 开发板的 IP 地址，8080 为端口号。

图 10-15　通过 VLC 查看摄像头采集到的视频

可以看出视频清晰度尚可，一个嵌入式服务器可被多个播放器或浏览器访问，意味着可有多路输出（根据处理器负载程度当前设定最多为 10 路），由于多个程序直接存在共享资源，为了实现同步需要相互锁定，故多个输出之间有一定的视频延时。

10.2.3　FFmpeg 移植

FFmpeg 是一个开源免费跨平台的视频和音频流方案，属于自由软件，采用 LGPL 或 GPL 许可证。FFmpeg 是一套可以用来录制、转换数字音频与视频，并能将其转化为流的开源计算机程序，它包含了非常先进的音频/视频编解码库 libavcodec 等。　FFmpeg 是在 Linux 下开发出来的，但它可以在包括 Windows 在内的大多数操作系统中编译。本系统使用 FFmpeg 从摄像头获取图像并录制视频，FFmpeg 也是通过 V4L2 接口从摄像头获取图像，然后调用内部库进行视频的压缩编码，最终将录制的视频写入文件系统。

FFmpeg 移植过程主要有以下几步。

1. 下载 FFmpeg 开源源代码

我们从网络下载的版本为 ffmpeg version 0.8.2。

2. 对 FFmpeg 进行配置

具体操作为进入源码文件根目录后执行如下命令：

```
./configuration --cross-prefix=arm-linux- --enable-cross-compile --target-os=
linux   --cc=arm-linux-gcc   --arch=arm   --prefix=../ff  --enable-shared
--disable-static --enable-gpl --enable-nonfree --enable-ffmpeg --disable-ffplay
--enable-ffserver --enable-swscale --enable-pthreads --disable-armv5te
--disable-armv6 --disable- armv6t2 --disable-yasm --disable-stripping
```

配置命令具体含义为：使用 arm-linux-gcc 交叉编译器，目标运行系统为 Linux，目标运行系统的体系结构为 ARM 系统结构，使能多线程编码，使能 GPL 协议等。

3. 执行 make

第 2 步中的配置完成后，通过 automake 工具在源码文件树中会自动产生 makefile 文件，执行 make 命令对软件进行联编。由于该开源项目比较大，文件较多，约五六分钟后 make 命令方可执行完成。若无错误即可进行下一步操作，若出现错误提示则联编失败，根据错误提示修改配置或添加库，重新执行以上步骤。

4. 执行 make install

根据第 2 步中配置的安装路径，执行 make install 后会将编译生成的可执行文件、库文件、头文件等复制到安装路径，这里为与源码文件夹同一目录的 ff 文件夹。

5. 运行 FFmpeg

将上一步中的 ff 文件夹下的所有文件下载到开发板或者复制到 NFS 共享目录中，即可在开发板上运行 FFmpeg。

在目标板的控制终端中，首先将当前目录改变到 FFmpeg 可执行文件所在的位置，然后在终端中执行如下命令：

```
./ffmpeg -f video4linux2 -s 320*240 -r 10 -i /dev/video0  test.avi
```

将会从摄像头采集图像并录制成 test.avi 的视频。其中-f video4linux2 表示强制使用 video4linux2 接口格式，-s 320*240 表示图像的大小，-r 10 表示采集图像速度为每秒 10 帧，-i /dev/video0 表示使用的输入设备为 video0。最终启动 FFmpeg 后的终端显示如图 10-16 所示。

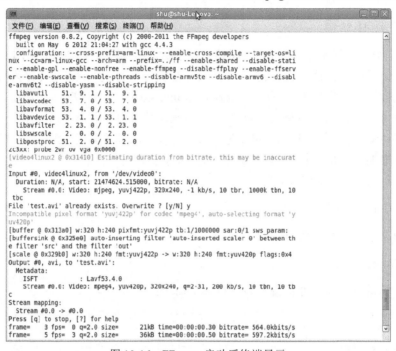

图 10-16　FFmpeg 启动后终端显示

10.2.4　温度采集程序设计

传统的模拟温度测量虽然响应快，但是抗干扰能力差，放大电路零点漂移大，导致测量误差大，不能达到所需精度。在实际中多使用抗干扰能力强的数字温度传感器。DS18B20 是 Dallas 公司生产的数字温度传感器，具有体积小、适用电压宽及成本低等优点。它的全部传感元件及转换电路集成在一个形如三极管的集成电路内。DS18B20 有电源线、地线及数据线 3 根引脚线，工作电压范围为 3～5.5 V，支持单总线接口。有关 DS18B20 的工作原理及详细操作详见其数据手册，此处不再赘述。DS18B20 与主机硬件连接比较简单，除电源线和地线外，数据线 DQ 与 Mini2440 开发板的 GPB1 引脚连接。

1. 驱动程序设计

在 Linux 系统中，驱动程序是内核的一部分，它屏蔽了具体的硬件操作细节，是整个系统的基础。对 DS18B20 的操作以单总线方式进行，Mini2440 只能以位的方式进行操作，故 DS18B20 属于字符型设备。一般驱动程序的开发流程如图 10-17 所示。

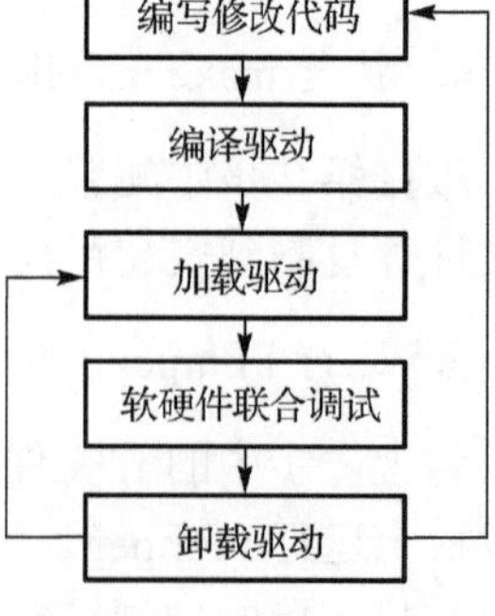

在 Linux 操作系统下，硬件设备驱动程序开发的一般步骤如下。

图 10-17　Linux 驱动开发流程图

1)注册设备

在系统启动或模块加载时，需要将设备和重要的数据结构登记到内核的设备数据中，并确定该设备的主次设备号。设备号分配有两种方式，一种是静态分配，即驱动程序开发者静态地指定一个设备号；一种是动态分配，由系统完成动态分配。静态分配设备号很可能造成设备号冲突，影响设备的使用，所以本系统使用动态分配法分配设备号。通过函数 alloc_chrdev_region() 向系统申请一个或者多个设备号。

所需的头文件：#include<fs/char_dev.c>

函数格式：int alloc_chrdev_region(dev_t *dev, unsigned baseminor, unsigned count, const char*name);

函数功能：动态分配设备编号。

参数说明如下。

dev：作为输出参数，用来保存自动分配的设备号，函数有可能申请一段连续的设备号，这时 dev 返回第一个设备号。

baseminor：表示要申请的第一个次设备号，通常设为 0。

count：表示要分配的设备数。

name：表示设备名。

返回值：成功时返回 0，失败时返回-1。

2) 定义操作集

驱动程序中要通过一系列函数完成对设备的各种操作，这些操作在面向对象的编程中也称为方法,该操作集通过数据结构图 file_operations 实现。内核内部通过 file 结构识别设备，通过 file_operations 数据结构提供的文件系统的入口函数访问设备。file_operations 定义在头文件<linux/fs.h>中，其定义如下：

```
struct file_operations
{
    int (*seek) (struct inode *, struct file *, off_t, int);
    int (*read) (struct inode *, struct file *, char, int);
    int (*write) (struct inode *, struct file*, off_t, int);
    int (*readdir) (struct inode *, struct file*, struct dirent *, int);
    int (*select) (struct inode *, struct file*, int , select_table *);
    int (*ioctl) (struct inode *, struct file*, unsined int, unsigned long);
    int (*mmap) (struct inode *, struct file*, struct vm_area_struct *);
    int (*open) (struct inode *, structfile *);
    int (*release) (struct inode *, struct file*);
    int (*fsync) (struct inode *, struct file *);
    int (*fasync) (struct inode *, struct file *, int);
    int (*check_media_change) (struct inode *, struct file*);
    int (*revalidate) (dev_t dev);
}
```

这个结构的每一个成员的名字对应一个系统调用，在用户程序利用这些系统调用对设备文件进行诸如读/写操作时，系统调用会通过设备文件的主设备号找到相应的驱动程序，然后读取这个数据结构相应的函数指针，把控制权交给该函数。对于具体的设备驱动程序并不需要实现结构中所有的系统调用，只要完成设备功能就可以了。本系统定义的操作集如下：

```
static struct file_operations ds18b20_dev_fops = {
    .owner = THIS_MODULE,
```

```
    .open = ds18b20_open,
    .read = ds18b20_read,
};
```

3) 加载模块

加载驱动模块的方法通常有两种，一种方法是直接编译进内核，另一种方法是模块加载方式。由于驱动程序并不成熟，本系统采用模块加载方式。采用模块形式加载的驱动程序会以模块形式存放在文件系统中，需要时动态加载到内核。按需加载节省内存，驱动程序独立于内核，升级、授权方式灵活。

4) 卸载模块

当不再需要使用一个模块或设备时，需要从内核中将该模块卸载，这时会调用模块中的 module_exit 函数，本系统调用的是 module_exit（ds18b20_dev_exit），最终执行的函数为 ds18b20_dev_exit，其定义如下：

```
static void _ _exit ds18b20_dev_exit(void)
{
    cdev_del(&ds18b20_devp->cdev);
    kfree(ds18b20_devp);
    unregister_chrdev_region(MKDEV(ds18b20_major, 0), ds18b20_nr_devs);
    device_unregister(ds18b20_class_dev);
    class_destroy(ds18b20_class);
}
```

2. 服务器端温度采集测试

为了测试验证所编写的驱动，编写一个简单的测试程序，从 DS18B20 温度传感器读取数据并经计算转换为实际温度，通过标准输出设备显示温度。测试程序主函数设计如下：

```
int main(int argc,char *argv[])
{
    int fd;
    unsigned char result[2];
    float temperature = 0;
    fd = open("/dev/ds18b20", 0);  //打开设备
    if(fd < 0)
    {
        perror("open device failed\n");
        exit(-1);
    }
    while(1)
    {
        read(fd, &result, sizeof(result));      //读取温度数据
        temperature = (float)(result[0]+(result[1] & 0x07)*256)*0.0625;
                                                //计算转换
        if(result[1]>7)                         //判断温度是否为零下
            temperature=-temperature;
        printf("Current Temperature:%6.4f\n", temperature);   //打印输出温度
        ds18b20_delay(500);
```

```
    }
    return 0;
}
```

实际测试效果如图 10-18 所示，界面中的数据显示体表温度下降到室温的过程。

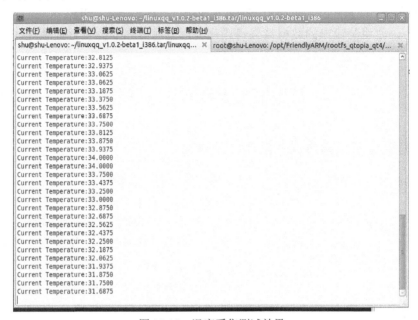

图 10-18 温度采集测试效果

10.2.5 网页交互程序设计

为了实现与浏览器端的动态交互，同时使得网页动态化，需要设计编写 CGI 程序，本节主要介绍与服务器端数据采集程序密切相关的 CGI 程序，主要包括 FFmpeg 启停控制程序、Mjpg-streamer 启停控制程序、温度数据读取及传送程序。由于 Mjpg-streamer 和 FFmpeg 都从摄像头端获得图像数据，而摄像头只能由一个程序控制，所以在启动 FFmpeg 录像时就必须将 Mjpg-streamer 关闭。同时为了循环覆盖存储视频，在开始新的视频录像之前还需要删除以前的视频录像。根据以上功能要求使用 shell 脚本编写的 FFmpeg 启动控制 CGI 程序（FFmpeg_strart.cgi）如下：

```
#!/bin/sh
loacation_ff="/home/FFmpeg/bin/ffmpeg"
#output the html header to tell the brower what the next is
echo "Content-type: text/html"
echo ""
echo ""
#close the mjpg-streamer
pid='ps | grep mjpg'
echo $pid
kill $pid
#remove the previous video record
rm -f fftest.avi
#start the FFmpeg to record the video
```

```
$loacation_ff -f video4linux2 -s 320*240 -r 10 -i /dev/video0 /www/fftest.avi
echo "ffmpeg have run"
exit 0
```

其他用 shell 脚本编写的 CGI 程序与之类似,这里不再一一列举。而温度数据的读取和向网页发送数据的 CGI 程序是在测试程序基础上改写的,需要根据 CGI 接口规范向浏览器输出 HTML 文档头,并将要输出的数据结果格式化为网络服务器和浏览器能够理解的文档,即 HTML 网页。

10.3　数据采集系统客户端软件设计

10.3.1　数据采集系统客户端开发环境的搭建

嵌入式设备由于其资源有限,没有像 PC 那样简便的开发和编译环境,它只能执行编译好的程序。整个开发过程都是在主机上完成,通过交叉编译之后编译成目标机上能够执行的二进制文件,然后下载到目标板上运行。数据采集系统客户端的开发架构如图 10-19 所示。

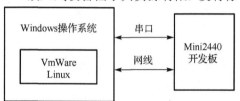

图 10-19　客户端开发架构

在主机端采用 Windows 操作系统,利用虚拟机装上 Linux 操作系统,使用交叉编译器 arm-linux-4.4.3 进行交叉编译,移植嵌入式 Linux 版本为 Linux-2.6.32.2。应用程序开发使用 NFS 文件挂载到开发板上,进行开发和调试,程序稳定之后存放到根文件系统中。虚拟机进行程序开发更为方便,并且避免了不断往开发板中下载程序的麻烦。下面介绍配置网络共享系统的步骤。

(1)安装 Linux 虚拟机,本系统所用的 Linux 系统版本为 RHEL5。

(2)建立交叉编译环境,将 arm-linux-4.4.3.tar.gz 解压,把编译器路径加入系统环境变量,保存并退出。

(3)解压创建目标文件系统,在工作目录/opt/FriendlyARM/mini2440 下创建 rootfs_qtopia_qt4 目录,该目录和 Mini2440 开发板上使用的文件系统内容是完全一样的。

(4)设置共享目录,编辑 NFS 服务的配置文件,添加以下内容:

```
/opt/FriendlyARM/mini2440/rootfs_qtopia_qt4  *(rw,sync,no_root_squash)
```

其中,/opt/FriendlyARM/mini2440/rootfs_qtopia_qt4 表示 NFS 共享目录,它可以作为开发板的根文件系统通过 NFS 挂接;*表示所有的客户机都可以挂接此目录;rw 表示挂接此目录的客户机对该目录有读写的权力;no_root_squash 表示允许挂接此目录的客户机享有该主机的 root 身份。

(5)在命令行输入 lokkit 命令,打开防火墙设置界面,关闭防火墙。

(6)在命令行下运行#/etc/init.d/nfs start,启动 NFS 服务。

当 NFS 服务设置好并启动后,就可以把 NFS 作为根文件系统来启动开发板了。通过使用 NFS 作为根文件系统,开发板的"硬盘"就可以变得很大,因为使用的是主机的硬盘,这也是 Linux 开发经常使用的方法。

（7）设置目标板启动方式为 NOR Flash 启动，接好串口线、网线，打开超级终端，开机后输入 q 就进入了 vivi 模式，输入以下命令：

```
param set linux_cmd_line "console=ttySAC0 root=/dev/nfs nfsroot=192.168.1.4: /opt
/FriendlyARM/mini2440/rootfs_qtopia_qt4 ip=192.168.1.230:192.168.1.4: 192.168.1.1
:255.255.255.0:sbc2440.arm9.net:eth0:off"
```

其中，param set linux_cmd_line 是设置启动 Linux 时的命令参数，其各参数的含义如下。

nfsroot：自己开发主机的 IP 地址。

"ip="后面各项说明如下：

第一项(192.168.1.230)是开发板的临时 IP。

第二项(192.168.1.4)是开发主机的 IP。

第三项(192.168.1.1)是开发板上网关的设置。

第四项(255.255.255.0)是子网掩码。

第五项(sbc2440.arm9.net)是开发主机的名称。

eth0：是网卡设备的名称

（8）输入 boot，就可以通过 NFS 启动系统了。

通过 NFS 可以在宿主机上进行修改程序的操作，交叉编译之后放到共享目录下，就可以通过串口终端在开发板上运行调试。

10.3.2　客户端网页设计

客户端网页主体是采用 HTML 编写的，编写软件为 Macromedia Dreamweaver 8，页面外观顶部是当前温度的显示，当没有温度输入时，显示为 Temperature:off；左上角显示当前的日期、时间；底部有 8 个控制按钮，当鼠标指针移动到按钮上的时候，图标会动态变大，这 8 个按钮的作用分别是打开视频、关闭视频、拍照、查看照片、开始录像、停止录像、观看录像以及显示温度，网页页面如图 10-20 所示。

图 10-20　客户端网页

顶部的温度显示 HTML 代码如下，这部分代码定义了一个表格元素，元素属性包括宽度属性 width、边框属性 border、水平对齐属性 align 等，包含一个行元素，ID 为 Temperature，用来显示温度，初始值为 Temperature:off。

```
<table width="95%" border="0" align="center" style="border: lpx solid
    #000000;" bgcolor="#333333" cellspacing="1">
    <tr>
        <td align="center"><span class="STYLE3"
        id="Temperature">Temperature: off</span></td>
    <tr>
</table>
```

底部的 8 个按钮的部分 HTML 代码如下，按钮是由图片和文字说明组成的，图片的 onclick 属性定义了单击图片时的动作。

```
<div id="div1">
    <img src="images/03.png" width="64" onclick="camera_open();"/>
    <span class="STYLE4" id="cam_open">CamOpen</span>

    <img src="images/1111.png" width="64" onclick="camera_off();"/>
    <span class="STYLE4" id="cam_off">CamOff</span>

    <img src="images/4.png" width="64" onclick="photo_take();"/>
    <span class="STYLE4" id="photo_take">Photograph</span>
```

当鼠标指针移动到图片附近时，图片会动态变大，这是用 JavaScript 代码实现的，代码如下。

```
document.onmousemove=function(ev)
{
    var oEvent=ev || event;
    var oDiv=document.getElementById('div1');
    var aImg=oDiv.getElementsByTagName('img');
    var d=0;
    var iMax=200;
    var i=0;
    function getDistance(obj)
    {
        return Math.sqrt
        (
            Math.pow(obj.offsetLeft+oDiv.offsetLeft-oEvent.clientX+
                obj.offsetWidth/2,2)+
            Math.pow(obj.offsetTop+oDiv.offsetTop-oEvent.clientY
                +obj.offsetHeight/2,2)
        );
    }
    for(i=0;i<aImg.length;i++)
    {
        d=getDistance(aImg[i]);
        d=Math.min(d, iMax);
```

```
            aImg[i].width=((iMax-d)/iMax)*64+64;
        }
    };
```

首先设置了一个函数，触发动作为 document.onmousemove，即在文档对象上移动光标，创建 3 个新变量：oEvent，当 ev 为 NULL 时，其值为 event，否则为 ev；oDiv 被赋值为 HTML 页面中名称为 div1 的模块；aImg 数组，被赋值为 HTML 中标签为 img 的模块。

函数 getDistance(obj)的作用是计算鼠标指针到图片的距离，其中 obj.offsetLeft 是指某个图片离上层控件的距离，oDiv.offsetLeft 是指 div1 模块距离页面左边框的距离，oEvent.clientX 是指鼠标当前位置距页面左边框的距离，obj.setWidth 是指图片的宽度。类似地，下面一个表达式的各个部分是指竖直方向的距离。这样，通过计算鼠标与某个图像的横向和纵向距离，求平方和并开方，就可以得到鼠标离图片的距离。之后，在这个距离和最大距离之间取最小值，将图片的宽度设为((iMax−d)/iMax)×64+64，因此，当鼠标指针到达图片中心时，图片的宽度达到最大值，为正常情况下的 2 倍。

页面的左上角为显示当前日期、时间、星期的部分，它是用 JavaScript 实现的，具体程序代码如下。

用于实现日期时间的显示函数为 tick，显示控件名称为 www_zzjs_net，其中先定义了一个 Date 对象 today，然后通过 showLocal(today)得到当前的年、月、日、时、分、秒、日期，将组合成的字符串赋值给 str，最后利用 DOM，将名称为 www_zzjs_net 的模块的 innerHTML 属性改为 str。

```
<.body>
    <span id=www_zzjs_net></span>
    <script type="text/javascript">
    function showLocale(objD)
{

    var str, colorhead, colorfoot;
    var yy = objD.getYear();
    if (yy<1900) yy=yy+1900;
    var MM=objD.getMonth()+1;
    if (MM<10) MM='0'+MM;
    var dd=objD.getDate();
    if (dd<10) dd='0'+dd;
    var hh=objD.getHours();
    if (hh<10) hh='0'+hh;
    var mm=objD.getMinutes();
    if (mm<10) mm='0'+mm;
    var ss=objD.getSeconds();
    if (ss<10) ss='0'+ss;
    var ww=objD.getDay();
    if (ww==0) colorhead="<font color=\"#FF0000\">";
    if (ww==0) ww="Sunday";
    if (ww==1) ww="Monday";
    if (ww==2) ww="Tuesday";
    if (ww==3) ww="Wednesday";
```

```
        if(ww==4)  ww="Thursday";
        if(ww==5)  ww="Friday";
        if(ww==6)  ww="Saturday";
        colorfoot="</font>"
                str=colorhead+yy+"."+MM+"."+dd+" "+hh+":"+mm+":"+ss+" "+ww
                    +colorfoot;
        return(str);
    }
function tick()
        var today;
        today=new Date();
        document.getElementByID("www_zzjs_net").innerHTML=showLocale(today);
        window.setTimeout("tick()",1000);
    }
tick();
</script>
```

10.3.3　HTTP 网页请求分析

HTTP 网页客户端是通过发送请求来与服务器端连接的，而连接的前提是客户端和服务器端要在同一网段。由于开发板的 IP 地址为 192.168.1.230，因此每次要通过客户端浏览服务器提供的网页时，要先设置客户端的 IP 地址，如图 10-21 所示，设置 Windows 主机的 IP 地址为 192.168.1.3。

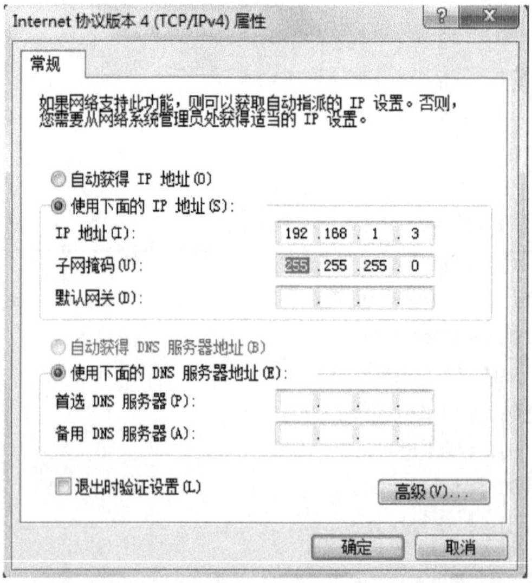

图 10-21　设置 Windows 主机 IP 地址

除了 Windows 主机的 IP 地址需要设置以外，还有宿主机 Linux 的 IP 地址需要重新设置，因为共享系统是从宿主机通过网络传到开发板上的。设置 Linux 的 IP 地址如图 10-22 所示，设置 Linux 宿主机的 IP 地址为 192.168.1.4。

Firefox 的 Web 控制台工具可以显示当前网页发送的请求信息。刷新网页时，会发送 HTTP 请求获得当前页面需要的图片、CSS 文件、JavaScript 文件等，将请求到的文件显示在当前页面上，如图 10-23 所示。

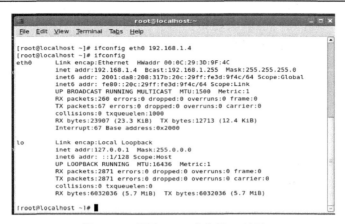

图 10-22　设置 Linux 宿主机 IP 地址

图 10-23　刷新当前网页发送的请求

具体单击某个请求的链接，可以看到具体的请求代码，如图 10-24 所示。

图 10-24　请求及响应代码

从图 10-24 可以看到，请求头包括的各个项目依次为 Accept、Accept-Encoding、Accept-Language、Cache-Control、Connection、Host、If-Modified-Since、Referer、User-Agent。此外还包括响应头，包括 Connection、Content-Type、Date、Server 项目。响应状态为 HTTP/1.0 304 NotModified，表示要求浏览器进行进一步动作。响应头的 Server 一项为 Boa/0.94.13，代表开发板上的 HTTP 服务器，Boa 是一种小型的 Web 服务器，只有约 60KB，因为它能支持 CGI，实现动态网页，所以在设计中采用它作为开发板上的 Web 服务器。

10.3.4　Mjpg-streamer 响应分析

从发送请求到得到服务器反馈并局部刷新网页的过程，用到的是 Boa 服务器，但是要从服务器上得到实时的视频流，是使用 Mjpg-streamer 实现的。Mjpg-streamer 模块组件在 10.2.2 节已介绍，此处只介绍其中的 output_http 响应代码。

Mjpg-streamer 中的 output_http 组件是用于将从摄像头获得的图像信息输出到 HTTP 网页上的，这里就涉及有关 HTTP 请求与 HTTP 响应的内容。

首先，分析 output_http 组件里的程序，包括 httpd.h、httpd.c 以及 output_http.c 三个 C 程序文件。其中涉及 HTTP 响应的内容有以下三项。

(1) httpd.h 文件中有如下宏定义

```
#define  STD_HEADER  "Connection: close\r\n"\
                     "Server: MJPG-Streamer/0.2\r\n"\
                     "Cache-Control:no-store,
                     no-cache,must-revalidate,pre-check=0,post-che
                     "Pragma: no-cache\r\n"\
                     "Expires: Mon,Jan 2000 12:34:56 GMT\r\n"
```

这个宏定义定义了 HTTP 的响应头标，其中包括 Connection、Server、Cache-Control、Pragma、Expires 的头标信息。

(2) httpd.c 文件中的 send_snapshot 函数用于向客户端发送照片，其中相应部分的源代码如下。

```
/*write the response*/
sprint(buffer "HTTP/1.0 200 OK\r\n"\STD_HEADER\"Content-type:image/
        jpeg\r\n"\" \r\n");
/*send header and image now */
if(write(fd, buffer, strlen(buffer))<0)
{
    free(frame);
    return;
}
write(fd, frame, frame_size);
free(frame);
```

第一部分是 HTTP 响应的状态行 HTTP/1.0 200 OK\r\n；第二部分是在前面 httpd.h 中定义的响应头标，在响应头标中加入了 Content-type 一项；第三部分是一个空白行\r\n；最后是发送图片的消息正文。

（3）httpd.c 文件中的 send_stream 函数用于向客户端发送视频流；send_file 函数用于向客户端发送文件，send_stream 函数的源代码如下。

```
sprint( buffer, "HTTP/1.0  200  OK\r\n" \STD_HEADER\"Content-Type:
         multipart / x-mixed-replace; boundary=" BOUNDARY "\r\n"\"\r\n"\
         "--" BOUNDARY "\r\n");
if(write(fd, buffer, strlen(buffer))<0)
{
    free(frame);
    return;
}
```

10.3.5　基于 Ajax 与 CGI 技术的 HTML 网页设计

1.　打开和关闭视频流的实现

客户端 HTML 网页中的前两个按钮的功能是实现打开和关闭视频流，实现方式用到了 Ajax 技术，打开视频流的具体实现过程如下。

（1）单击"打开"按钮，"打开"按钮的 on_click=camera_open()。

（2）camera_open()函数的具体代码如下。其执行过程是：首先用事先定义好的函数 createXHR 来创建一个 XMLHttpRequest 对象。如果创建成功，就通过 xhr.open 函数请求服务器端的 camera_open.cgi，通过"xhr.onreadystatechange= callback_camera_open"语句设置响应 XMLHttpRequest 对象状态变化函数为 callback_camera_open，否则输出警告"浏览器不支持，请更换浏览器！"。

```
/*camera_open()函数代码*/
function camera_open()
{
    xhr = createXHR();
    if(xhr)
    {
        xhr.onreadystatechange=callback_camera_open;
        xhr.open("GET","camera_open.cgi");
        xhr.send(null);
    }
    else
    {
        alert("浏览器不支持，请更换浏览器！");
    }
}
```

（3）callback_camera_open 函数首先检查"xhr.readyState==4"和"xhr.status==200"，以判断异步调用是否成功，如果成功，将显示视频流的控件 mjpg 的图片源地址设为 CGI 的返回值，实现页面的局部更新，否则返回错误信息，具体代码如下。

```
/*callback_camera_open()函数代码*/
function callback_camera_open()
{
```

```
    if(xhr.readyState==4)
    {
        if(xhr.Status==200)
        {
            var returnValue = xhr.responseText;
            if(returnValue!=null&&returnValue.length>0)
            {
                document.getElementById("mjpg").src=returnValue;
            }
            else
            {
                alert("结果为空!");
            }
        }
        else
        {
            alert("页面出现异常!");
        }
    }
}
```

（4）camera_open.cgi 在这个过程中的作用是返回 mjpg 的地址，camera_open.c 的定义如下，包含了相应的头文件，main 函数首先输出标准响应头，之后输出 mjpg 的图片源地址。

```
/*camera_open.c 程序代码*/
  #include<stdio.h>
  #include<stdlib.h>
  #include<unistd.h>
  #include<sys/stat.h>
  #include<fcntl.h>
  #include<string.h>
  #include<errno.h>
  int main (void)
  {
        printf("Content-Type:text/html;charset=gb2312\n\n");
        printf("http://192.168.1.230:8080/?action=stream");
        return 0;
  }
```

关闭视频流的过程类似，只是 camera_off.cgi 输出的图片源地址为空地址。

2. 拍照的实现

客户端 HTML 网页中的第三个和第四个按钮的作用是拍照和浏览照片。实现方式同样用到了 CGI 技术和 Ajax 技术，拍照的实现过程如下。

（1）单击"拍照"按钮，"拍照"按钮的 on_click=photo_take()。

（2）photo_take 函数的具体代码如下。其执行过程与 camera_open 函数相似，此处不再赘述。

```
/*photo_take 函数代码*/
function photo_take()
{
    xhr = createXHR();
    if(xhr)
    {
        xhr.onreadystatechange=callback_photo_take;
        xhr.open("GET","photo_take.cgi");
        xhr.send(null);
    }
    else
    {
        alert("浏览器不支持，请更换浏览器!");
    }
}
```

（3）callback_photo_take 函数首先检查"xhr.readyState==4"和"xhr.status==200"，以判断异步调用是否成功，如果成功，将显示视频流的控件 mjpg 的图片源地址设为 CGI 的返回值，实现页面的局部更新，否则返回错误信息，具体代码如下。

```
/*callback_photo_take 函数代码*/
function callback_photo_take()
{
    if(xhr.readyState==4)
    {
        if(xhr.Status==200)
        {
            var returnValue = xhr.responseText;
            if(returnValue!=null&&returnValue.length>0)
            {
                alert("photo taken!");
            }
            else
            {
                alert("结果为空!");
            }
        }
        else
        {
            alert("页面出现异常! ");
        }
    }
}
```

（4）photo_take.cgi 在这个过程中的作用是返回 mjpg 的地址，photo_take.c 的定义如下，包含了相应的头文件，main 函数首先输出标准响应头，之后输出 mjpg 的图片源地址，由于 snapshot 可以实现拍照，所以 CGI 输出 snapshot 时，可以得到拍照图像。

```
/*photo_take.c 程序代码*/
```

```
#include<stdio.h>
#include<stdlib.h>
#include<unistd.h>
#include<sys/stat.h>
#include<fcntl.h>
#include<string.h>
#include<errno.h>
int main(void)
{
        printf("Content-Type:text/html;charset=gb2312\n\n");
        printf("http://192.168.1.230:8080/?action=snapshot");
        return 0;
}
```

由于 snapshot 可以将照片以 jpg 的格式存储在开发板中的/www/picture 目录下，所以可以读取开发板上存储的照片，并将其显示到新打开的网页上。显示按钮触发的代码如下，新打开开发板上位于/www 下的一个新网页 imgshow.html。

```
<img src="image/11.png" width="64" onclick="window.showModalDialog('imgshow.
html');"/>
<span class="STYLE4" id="photo_browse">PhotoBrowse</span>
```

imgshow.html 的 HTML 代码如下，为了可以显示最新的图片，在网页中添加了刷新当前页面的函数，每次拍照结束后，都可以预览当前拍到的图片。

```
/*imgshow.html 的 HTML 代码*/
<!DOCTYPE html PUBLIC "-//W3C//DTD XHTML 1.0 Transitional//EN"
"http://www.w3.org/TR/xhtml1/DTD/xhtml1-transitonal.dtd">
<html xmlns="http://www.w3.org/1999/xhtml">
<head>
<meta http-equiv="Content-Type" content="text/html; charset=gb2312"/>
<title></title>
<script type="text/ javascript">
Function shx()
{
    location.reload();
}
setTimeout("shx()", 1000);
function loadimg()
{
    var obj="/b1.jpg";
    document.getElementById("abc").src = obj;
}
window.returnValue="say";
</script>
</head>
<body onload="loadimg();">
<img id='abc' width='640px' height='480px'/>
</body>
</html>
```

3. 录像的实现

客户端 HTML 网页中的第五个、第六个按钮的作用是开始和停止录像，第七个按钮的作用是观看录像文件。由于 Mjpg-streamer 输出的文件为视频流，即由一帧一帧的图片组成，将其编码为视频文件的过程较为复杂，设计中移植了 FFmpeg 进行录像的实现。在客户端采用 Ajax 技术异步调用实现录像的开始和停止，服务器端采用以 shell 文件编写的 CGI 程序调用 FFmpeg 命令。客户端实现录像的流程如下。

（1）单击"拍照"按钮，"拍照"按钮的 on_click=video_open()。

（2）video_open 的执行过程是这样的：首先用事先定义好的函数 createXHR 来创建一个 XMLHttpRequest 对象，如果创建成功，就通过 xhr.open 函数请求服务器端的 ffmpeg_start.cgi，通过 xhr.onreadystatechange=callback_video_open 设置响应 XMLHttpRequest 对象状态变化函数为 callback_video_open，否则输出警告"浏览器不支持，请更换浏览器！"，具体代码如下。

```
/*video_open 函数代码*/
function video_open()
{
    xhr = createXHR();
    if(xhr)
    {
        xhr.onreadystatechange=callback_video_open;
        alert("aaaaa");
        xhr.open("GET","ffmpeg_start.cgi");
        xhr.send(null);
    }
    else
    {
        alert("浏览器不支持，请更换浏览器！");
    }
}
```

（3）callback_camera_open 函数首先检查"xhr.readyState==4"和"xhr.status==200"，以判断异步调用是否成功，如果成功，将弹出对话框提示"录像开始！"，否则返回错误信息，具体代码如下。

```
/*callback_camera_open 函数代码*/
function callback_video_open()
{
    if(xhr.readyState==4)
    {
        if(xhr.Status==200)
        {
            var returnValue = xhr.responseText;
            if(returnValue!=null&&returnValue.length>0)
            {
                alert("录像开始！");
            }
            else
```

```
        {
            alert("结果为空!");
        }
    }
    else
    {
        alert("页面出现异常!");
    }
  }
}
```

（4）ffmpeg_start.cgi 是用 shell 脚本编写的命令行程序，用来启动 FFmpeg 的录像功能，ffmpeg_start.cgi 的代码如下，首先输出标准响应头，删除上一次存储的 fftest.avi 文件，因为开发板的容量比较小，不能存储过多的录像文件，之后输入启动 FFmpeg 录制功能的 shell 脚本，录像文件存储到/www 文件夹中，命名为 fftest.avi。

```
/*ffmpeg_start.cgi 程序代码*/
#! /bin/sh
loacation_ff="/home/FFmpeg/bin/ffmpeg"
echo "Content-type: text/html"
echo " "
echo " "
rm -f fftest.avi
$loacation_ff -f video4linux2 -s 320*240 -r 10 -i /dev/video0 /
www/ fftest.avi
echo "ffmpeg have run"
exit 0
```

停止录像部分的客户端程序类似，为了停止录像，需要在 ffmpeg_stop.cgi 中停止 FFmpeg 进程，首先找到 FFmpeg 进程号，然后对进程号执行 kill 命令。ffmpeg_stop.cgi 的代码如下。

```
/*ffmpeg_stop.cgi 程序代码*/
#! /bin/sh
echo "Content-type: text/html"
echo " "
echo " "
pid='ps | grep ffmpeg'
echo $pid
kill $pid
exit 0
```

由于 FFmpeg 可以将录像以 avi 的格式存储在开发板的/www 文件夹中，命名为 fftest.avi，所以可以读取开发板上存储的录像，并将其在新打开的网页上进行播放。显示按钮触发的代码如下，新打开开发板上位于/www 下的一个新网页 videoplay.html。

```
<img src="image/66.png" width="64" onclick=
"window.showModalDialog('videoplay.html');"/>
<span class="STYLE4" id="video_list">VideoList</span>
```

为了能够在网页上播放视频，需要将播放器内嵌到网页中。VLC 播放器是 Linux 的开源软件，可以内嵌到 Firefox 网页之中。首先需要在 Windows 之中下载并安装 VLC 播放器，之后在网页中编写代码实现嵌入，具体代码如下。观看录像页面可以实现视频的播放、暂停和全屏功能。

```
<!DOCTYPE html PUBLIC "-//W3C//DTD XHTML 1.0 Transitional//EN"
"http://www.w3.org/TR/xhtml1/DTD/xhtml1-transitonal.dtd">
<html xmlns="http://www.w3.org/1999/xhtml">
<head>
<link href="miaov_style.css" rel="stylesheet" type="text/css" />
<meta http-equiv="Content-Type" content="text/html; charset=utf-8" />
<title>VLC Mozilla plugin test page</title>
<script type="text/ javascript" src="miaov.js"></script>
<style type="text/css">
    <!--
    .STYLE4{
        font-family: "微软雅黑";
        color: #0000FF;
    }
-->
</style>
<script language="Javascript">
function play(tgt)
{
    var uri="http://192.168.1.230/fftest.avi";
    var tgt=document.getElementById(tgt);
    tgt.playlist.clear();
    tgt.playlist.add(uri);
    tgt.playlist.play();
    tgt.video.fullscreen=false;
}
function fullscreen(tgt)
{
    var tgt=document.getElementById(tgt);
    tgt.video.toggleFullscreen();
}
function pause(tgt)
{
    var tgt=document.getElementById(tgt);
    tgt.playlist.togglePause();
}
</script>
</head>
<body>
   <embed type="application/x-vlc-plugin" pluginspage=http://www.videolan.org
version="VideoLAN.VLCPlugin.2"
    width="640"
    height="480"
    id="vlc">
```

```
        </embed>
        <div id="div1">
            <img src="images/03.png" width="64" onClick="play('vlc')"/>
            <span class="STYLE4" id="video_play">   Play  
        </span>
            <img src="images/1111.png" width="64" onClick="pause('vlc')"/>
            <span class="STYLE4" id="video_pause">   Pause  
        </span>
            <img src="images/2222.png" width="64" onClick="fullscreen('vlc')"/>
            <span class="STYLE4" id="video_fullscreen">Fullscreen</span>
        </div>
        </body>
        </html>
```

4. 温度显示功能

客户端 HTML 页面最后一个按钮的功能是显示 DS18B20 温度传感器测量的温度数据，显示位置在页面上方中央。控制温度显示用到了 Ajax 技术，接收 CGI 程序传回的温度数据，局部更新后显示在温度显示模块，具体实现过程如下。

（1）单击开启温感按钮，开启温感按钮的 on_click=temperature_show()。

（2）temperature_show 的执行过程是这样的：首先用事先定义好的函数 createXHR 来创建一个 XMLHttpRequest 对象，如果创建成功，就通过 xhr.open 函数请求服务器端的 ds18b20.cgi，通过 xhr.onreadystatechange=callback_temperature_show 设置 XMLHttpRequest 对象状态变化函数为 callback_temperature_show，否则输出警告"浏览器不支持，请更换浏览器！"，具体代码如下。

```
        /*temperature_show 函数代码*/
        function temperature_show()
        {
            xhr = createXHR();
            if(xhr)
            {
                xhr.onreadystatechange=callback_temperature_show;
                xhr.open("GET","ds18b20.cgi");
                xhr.send(null);
            }
            else
            {
                alert("浏览器不支持，请更换浏览器!");
            }
        }
```

（3）callback_camera_open 函数首先检查"xhr.readyState==4"和"xhr.status==200"，以判断异步调用是否成功，如果成功，将 ds18b20.cgi 返回的温度数值赋给 ID 名为 Temperature 的温度显示模块的 innerHTML 属性，否则返回错误信息。

（4）ds18b20.cgi 在这个过程中的作用是返回 Temperature 的数值，temperature_show.cgi 的执行过程是：首先输出标准响应头，然后初始化 DS18B20 设备，如果没有发现 DS18B20 设备，则输出"open device failed"，否则从 DS18B20 读取温度数值，经过编码转换为可以显示的温度格式，最后用 printf 函数输出，赋值 Temperatrue 模块的 innerHTML 属性就实现了温度的显示，代码如下。

```c
/*ds18b20.cgi 代码*/
#include<stdio.h>
#include<stdlib.h>
#include<unistd.h>
#include<linux/ioctl.h>
void ds18b20_delay(int i)
{
        int j, k;
        for(j=0; j<i; j++)
            for(k=0; k<50000; k++);
}
int main(int argc, char *argv[])
{
        int fd, i=1;
        unsigned char result[2];
        unsigned char integer_value=0;
        float temperature = 0;
        if(getenv("QUERY_STRING"));
            fprintf (stdout, "Content-type: text/html \n\n");
        fd = open ("/dev/ds18b20",0);
        if(fd<0)
        {
            perror("open device failed\n");
            exit(-1);
        }
        while(i)
        {
            i--;
            read (fd, &result, sizeof(result));
            temperature = (float) (result[0]+(result[1]&0x07)*256)*0.0625;
            if (result[i]>7)
            {
                temperature = - temperature;
            }
            printf ("%6.4f\n", temperature);
            ds18b20_delay(500);
        }
        return 0;
}

/*函数 callback_temperature_show 代码*/

function callback_temperature_show()
{
```

```
if(xhr.readyState==4)
{
    if(xhr.Status==200)
    {
        var returnValue = xhr.responseText;
        if(returnValue!=null&&returnValue.length>0)
        {
            document.getElementById("Temperature").innerHTML="Temperature:"
                    +returnValue;
        }
        else
        {
            alert("结果为空！");
        }
    }
    else
    {
        alert("页面出现异常！");
    }
}
```

10.4　B/S 架构嵌入式数据采集系统测试

10.4.1　服务器端系统测试

1. 服务器端测试环境的搭建

B/S 架构嵌入式数据采集系统服务器端测试环境如图 10-25 所示，开发板与宿主机通过网线连接，摄像头接在开发板的 USB 接口上，DS18B20 接在开发板的 GPIO 引脚上，所处网络环境为局域网环境。

图 10-25　服务器端测试实物环境

2. 各项功能测试

在搭建好服务器端测试环境后，与浏览器端进行联合测试，分别对用户权限验证、查看摄像头图像、拍照、录像、环境温度显示等功能进行测试。

在查看摄像头信息时需要进行用户权限验证，验证采用密码口令机制。需要输入正确的用户名和密码。在 Firefox 浏览器中的实际测试效果如图 10-26 所示。

图 10-26　Firefox 浏览器端密码登录显示

用户权限验证通过后就可以看到摄像头摄取到的图像，同时在图像上方可以看到当前的环境温度，测试效果如图 10-27 所示。

图 10-27　Firefox 浏览器显示摄像头图像

　　单击 videoOpen 按钮即调用 CGI 程序启动 FFmpeg 开始录像，单击 VideoOff 按钮调用服务器端的 CGI 程序终止 FFmpeg 程序录像。单击 VideoList 按钮会弹出一个窗口，使用 VLC 插件播放录制的视频，播放过程可以进行暂停、全屏等操作，如图 10-28 所示。

图 10-28　Firefox 播放视频画面

使用 VLC 播放器串流录像到本地的操作配置如图 10-29 所示。

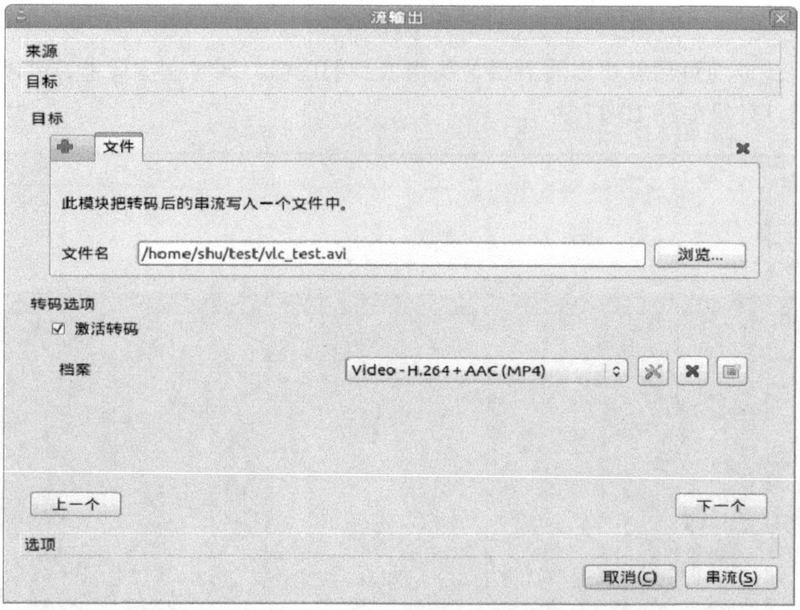

图 10-29　VLC 录像操作配置

　　VLC 播放器串流录像到本地文件系统所使用的视频来源为 http://192.168.1.230:8080/?action=stream，这是由 Mjpg-streamer 发出的视频流。最终录像在本地浏览器端播放效果如图 10-30 所示。

图 10-30　VLC 录像播放效果

综合测试结果，整个系统运行良好。服务器端能够正确及时地响应浏览器端的请求，从设备获取数据并传送回浏览器，实现了数据的实时显示。服务器端的设计基本实现了预期的设计目标。

10.4.2　客户端系统测试

客户端实现了视频的开关、拍照、录像及温度传感器采集数据的显示等功能，下面对各项功能进行测试。

单击 CamOpen 按钮，执行 camera_open 函数，实现在客户端打开视频的功能，如图 10-31所示。

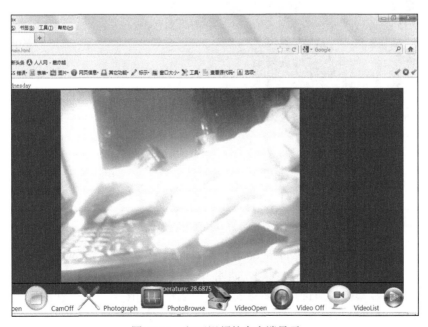

图 10-31　打开视频的客户端显示

　　单击 CamOff 按钮，执行 camera_off 函数实现在客户端关闭视频的功能，如图 10-32 所示。

图 10-32　关闭视频的客户端显示

　　单击 Photograph 按钮，执行 photo_take 函数实现拍照功能。单击 PhotoBrowse 按钮，实现在客户端浏览照片的功能，如图 10-33 所示。

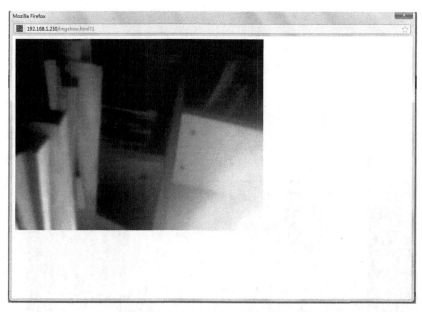

图 10-33　客户端拍照并浏览照片

　　单击 VideoOpen 按钮，执行 video_open 函数开始录像。单击 VideoOff 按钮，停止录像。单击 VideoList 按钮，在客户端播放视频，如图 10-34 所示。

　　在客户端用户权限验证通过后，可以看到摄像头摄取的图像，同时在图像上方可以看到当前的环境温度，如图 10-35 所示。

图 10-34　客户端播放视频

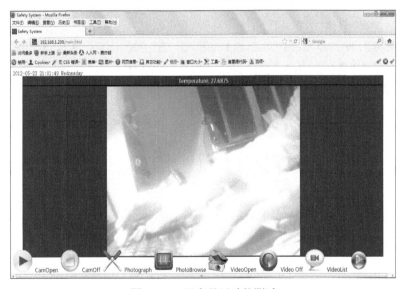

图 10-35　温度显示功能测试

本 章 小 结

　　本章介绍了一个嵌入式 Linux 数据采集系统的设计与实现过程，包括系统总体设计、软硬件设计、系统测试等几个环节，涉及 Mjpg-streamer 软件移植、FFmpeg 移植、JavaScript 和 XML 技术、CGI 等技术，并有详细的设计步骤，便于读者深入学习嵌入式 Linux 系统的设计方法。

习题与实践

1. 请写出一个嵌入式系统的完整开发流程。
2. 请设计一个嵌入式 Linux 应用系统，并写出详细的软硬件设计步骤及测试过程。

参 考 文 献

曹忠明，程姚根. 2012. 从实践中学嵌入式 Linux 操作系统. 北京：电子工业出版社.

陈晴. 2011. 基于 ARM 处理器与嵌入式 Linux 的信号采集系统设计与开发. 长春理工大学学报, 6(1)：95-96.

范永开，杨爱林. 2006. Linux 应用开发技术详解. 北京: 人民邮电出版社.

高九岗，庄阿龙. 2010. 基于嵌入式 WEB 数据库远程气象监测系统. 核电子学与探测技术, (12): 1672-1676.

何立民. 2004. 嵌入式系统的定义与发展历史. 单片机与嵌入式系统应用, (1): 6-8.

金伟正. 2011. 嵌入式 Linux 系统开发与应用. 北京：电子工业出版社.

马忠梅，李善平，康慨. 2004. ARM &Linux 嵌入式系统教程. 北京:北京航空航天大学出版社.

钱华明，刘英明，张振旅. 2009. 基于 S3C2410 嵌入无线视频监控系统的设计. 计算机测量与控制, 17(6): 1132-1134.

沈传强. 2013. 基于 linux 的嵌入式虚拟驱动的研究与实现. 长春:吉林大学硕士学位论文.

王田苗. 2002. 嵌入式系统设计与实例开发. 北京：清华大学出版社.

温尚书，陈刚，冯利美. 2012. 从实践中学嵌入式 Linux 应用程序开发. 北京：电子工业出版社.

曾宏安. 2012. 从实践中学嵌入式 Linux C 编程. 北京：电子工业出版社.

朱小远，谢龙汉. 2012. Linux 嵌入式系统开发. 北京：电子工业出版社.

邹思轶. 2002. 嵌入式 Linux 设计与应用. 北京：清华大学出版社.